高职高专"十二五"规划教材

★ 农林牧渔系列

观赏鱼养殖技术

GUANSHANGYU
YANGZHI
JISHU

刘贤忠　张荣森　主编

化学工业出版社

·北京·

内容提要

本书介绍了观赏鱼养殖的基本知识和操作技能,主要内容包括:观赏鱼养殖的设备与水环境、金鱼养殖、锦鲤养殖、热带观赏鱼养殖、海水观赏鱼养殖、观赏鱼的饵料、水草栽培及水族造景、观赏鱼的疾病防治等。本书编写从观赏鱼行业对人才能力需求出发,体现高等职业教育"培养高技能人才"的特点,力求教学内容实用,选取观赏鱼养殖的基本理论知识,并注重实践操作技能的培养,加大实训内容的比重。

本书适合用于高职高专水产养殖、渔业综合技术、观赏渔业等专业的教材,亦可用作社会相关从业人员、技术人员的参考用书。

图书在版编目(CIP)数据

观赏鱼养殖技术/刘贤忠,张荣森主编. —北京:
化学工业出版社,2011.8(2024.8重印)
高职高专"十二五"规划教材★农林牧渔系列
ISBN 978-7-122-11954-4

Ⅰ.观… Ⅱ.①刘… ②张… Ⅲ.观赏鱼类-鱼类养殖-高等职业教育-教材 Ⅳ.S965.8

中国版本图书馆CIP数据核字(2011)第149129号

责任编辑:梁静丽 李植峰　　　　　文字编辑:焦欣渝
责任校对:蒋　宇　　　　　　　　　装帧设计:史利平

出版发行:化学工业出版社(北京市东城区青年湖南街13号　邮政编码100011)
印　　装:北京缤索印刷有限公司
787mm×1092mm　1/16　印张14½　字数360千字　2024年8月北京第1版第15次印刷

购书咨询:010-64518888　　　　　　　售后服务:010-64518899
网　　址:http://www.cip.com.cn
凡购买本书,如有缺损质量问题,本社销售中心负责调换。

定　价:45.00元　　　　　　　　　　　　　　　　　　　　版权所有　违者必究

《观赏鱼养殖技术》编写人员名单

主　　编　刘贤忠　张荣森

编　　者　（按姓名汉语拼音排列）

　　　　　　迟进坤　辽宁医学院高等职业技术学院

　　　　　　刘贤忠　日照职业技术学院

　　　　　　伦　峰　信阳农业高等专科学校

　　　　　　王维新　辽宁医学院高等职业技术学院

　　　　　　徐亚超　盘锦职业技术学院

　　　　　　叶建生　江苏畜牧兽医职业技术学院

　　　　　　游剑涛　厦门海洋职业技术学院

　　　　　　张荣森　黑龙江生物科技职业学院

　　　　　　郑振华　日照职业技术学院

前言 PREFACE

观赏鱼养殖是一门古老而新兴的渔业生产技术，其历史无论在国内还是国外都可追溯到上千年以前，自古以来，人们除了食用外，就有对鱼美的欣赏与追求。近半个世纪以来，观赏鱼养殖在世界范围内快速发展兴起，养殖观赏鱼已成为人们工作闲暇之余的高雅爱好。在我国，随着人们生活水平的提高，家庭、公共场所养殖观赏鱼越来越普遍。观赏渔业也已形成一个世界性的庞大产业，年交易额在百亿美元以上。我国是世界观赏鱼养殖大国，中国金鱼被奉为"东方圣鱼"，曾经为我国出口创汇作出贡献。现在国内的观赏鱼产业已迅速发展壮大，专业人才短缺，近年来相关水产专业的高等院校相继开设观赏鱼养殖技术专业或课程，但一直以来观赏鱼养殖技术课程没有形成系统完整、适用于教学的专门教材，实际教学中多借鉴使用一些科普性、介绍性书籍。

本教材编写过程中，经过参编老师的集体讨论，确定观赏鱼养殖技术教材应涵盖观赏鱼养殖的生活环境与控制、种类及生物学习性、饲养繁育技术、病害防治及水族景观的建造维护等方面，体现高等职业教育"培养高技能人才"的特点，力求教学内容实用，选取观赏鱼养殖的基本理论知识，并注重实践操作技能的培养，加大实践教学内容的比重，在观赏鱼养殖的设备与水环境、金鱼养殖、锦鲤养殖、热带观赏鱼养殖、海水观赏鱼养殖、观赏鱼的饵料及其准备方法、水草栽培及水族造景等章节介绍基本养殖知识后都增加了相关实训项目，以增强学生的知识转化和动手能力。

本书由日照职业技术学院、黑龙江生物科技职业学院、盘锦职业技术学院、辽宁医学院高等职业技术学院、江苏畜牧兽医职业技术学院、信阳农业高等专科学校、厦门海洋职业技术学院等7所高等院校的老师参与编写。

感谢化学工业出版社的组织协调及各位参编老师的积极参与和辛勤劳动，同时在编写过程中参考了大量的国内外著作文献，一并向原作者和出版单位表示感谢。由于编者水平有限，加之时间仓促，书中难免有疏漏和不妥之处，殷切希望广大师生和读者提出宝贵意见，以便今后更改完善。

编者

2011年3月

目录 CONTENTS

第一章 绪论　　1

一、观赏鱼的定义及分类　1
二、鱼类的观赏文化　2
三、观赏鱼的养殖历史及现状　4
四、我国观赏渔业的发展前景　6
【思考题】　8

第二章 观赏鱼养殖的设备与水环境　　9

第一节 水族箱的种类　9
一、水族箱的概念　9
二、水族箱的历史及其发展　10
三、水族箱的分类　10
四、几种常见水族箱的特点　11
五、水族箱的规格及其安全性　12
六、水族箱的选择与放置　13

第二节 水族箱的水循环处理设备　14
一、过滤系统的作用　14
二、过滤器的种类　16
三、过滤器的滤材　17
四、净水微生物　18

第三节 观赏鱼生活条件与水族环境控制　20
一、水温与水温控制　20
二、光照　21
三、水质　22
四、换水　25
【思考题】　25
【实训一】 水族箱及其养殖器具的消毒　26
【实训二】 水族箱的换水操作　26

第三章 金鱼养殖　　28

第一节 金鱼的生物学特性　28
一、金鱼的生态学地位　28
二、金鱼的演化历史　29
三、金鱼的外部形态及其各部分的测量方法　29
四、金鱼的外部形态变异　31

第二节 金鱼的分类与鉴赏　36
一、金鱼的分类　36
二、金鱼的主要品种　37
三、金鱼的代表品种及鉴赏　42
四、金鱼的评选标准及命名　50

第三节 金鱼的饲养管理及其繁育技术　52
一、金鱼的饲养管理　52
二、金鱼的繁育技术　55
【思考题】　60
【实训三】 金鱼的人工繁育　60

第四章　锦鲤的养殖　　63

第一节　锦鲤的品种和鉴赏　63
一、红白锦鲤　63
二、大正三色　65
三、昭和三色　66
四、写鲤　67
五、别光锦鲤　68
六、浅黄鲤　68
七、秋翠鲤　69
八、衣锦鲤　70
九、变种鲤　71
十、黄金锦鲤　74
十一、花纹皮光鲤　76
十二、光写锦鲤　77
十三、金银鳞锦鲤　78
十四、丹顶　78

第二节　锦鲤的饲养与繁殖技术　79
一、锦鲤的生物学特性　79
二、锦鲤的繁育技术　80
三、锦鲤的饲养管理　83

【思考题】　86
【实训四】　锦鲤的人工繁育　86

第五章　热带观赏鱼养殖　　88

第一节　热带观赏鱼的自然分布及生态条件　88
一、热带鱼的自然分布状况　88
二、生态条件　88

第二节　常见热带观赏鱼的种类及特征　90
一、多鳍鱼科　90
二、骨舌鱼科　91
三、脂鲤科　94
四、胸斧鱼科　96
五、鲤科　96
六、鳅科　98
七、鲶科　99
八、美鲶科　100
九、溪鳉科　102
十、花鳉科　102
十一、丽鱼科　104
十二、丝足鱼科　107
十三、斗鱼科　107
十四、吻鲈科　108
十五、射水鱼科　109

第三节　热带鱼的饲养及繁育技术　109
一、热带观赏鱼的饲养管理　109
二、热带观赏鱼的繁育技术　112

【思考题】　114
【实训五】　孔雀鱼的人工繁育　115

第六章　海水观赏鱼养殖　　116

第一节　海水观赏鱼的自然分布及发展现状　116
一、海水观赏鱼的自然分布及生态条件　116
二、海水观赏鱼的来源及贸易情况　116

第二节　海水观赏鱼的主要种类　117
一、蝴蝶鱼科　117
二、刺盖鱼科（棘蝶鱼科）　123
三、雀鲷科　129
四、刺尾鱼科　134
五、鲀形目　137
六、隆头鱼科　141
七、鮋科　145
八、其它海水鱼　148

第三节　海水观赏鱼类的饲养及繁育技术　154
一、海水观赏鱼类的饲养管理　154
二、海水观赏鱼的繁育技术　157

【思考题】　159
【实训六】　海水观赏鱼饵料驯化饲喂　159

第七章　观赏鱼的饵料及其准备方法　　161

第一节　动物性饵料　161
一、动物性饵料的种类及特点　161
二、动物性饵料的人工培养　167

第二节　植物性饵料　172
一、植物性饵料的种类及特点　172
二、植物性饵料的人工培养　174

第三节　配合饵料　175
一、配合饵料的种类及特点　175
二、配合饵料的制备　177

第四节　投饲方法　178
一、饵料的选择搭配　178
二、饵料的投喂方法　179
三、饵料投喂要点　179

【思考题】　180
【实训七】　卤虫卵孵化及无节幼体的强化培养　180

第八章　水草栽培及水族造景　　182

第一节　水族箱植物常见种类及习性　182
一、直立茎水草类　182
二、榕类　189
三、椒草类　190
四、皇冠草类　191

五、睡莲类　193
　　六、波浪草类　195
　　七、蕨类　196
　　八、苔藓类　197
第二节　水族植物的栽培管理　199
　　一、水草的挑选　199
　　二、水草种植前的处理　199
　　三、水草的种植　200
　　四、水草缸的维护　201

第三节　水草造景　202
　　一、水草造景的一般原则　202
　　二、水草造景的主要流派　204
　　三、水草造景步骤　205
【思考题】　206
【实训八】　普通型水草缸的设立与维护　206
【实训九】　专业型水草缸的设立与维护　208

第九章　观赏鱼的病害防治　210

第一节　概述　210
　　一、观赏鱼的病害发生原因及防治特点　210
　　二、观赏鱼病害防治措施　210
第二节　常见温带淡水观赏鱼的病害防治　214
　　一、金鱼的病害防治　214
　　二、锦鲤的病害防治　215
第三节　常见热带淡水观赏鱼的病害防治　216
　　一、寄生虫病　216
　　二、真菌病　217

　　三、细菌病　217
　　四、物理性疾病　218
第四节　常见海水观赏鱼的病害防治　218
　　一、原生动物疾病　218
　　二、病毒性疾病　219
　　三、细菌性疾病　220
　　四、真菌（霉菌）性疾病　221
　　五、甲壳类寄生虫感染病　221
　　六、其它疾病　222
【思考题】　223

参考文献　224

第一章

绪 论

知识和技能目标

1. 掌握观赏鱼的定义和分类方法。
2. 了解鱼类的观赏文化。
3. 了解观赏鱼的养殖历史和现状。
4. 了解我国观赏渔业的发展前景。

一、观赏鱼的定义及分类

1. 观赏鱼的定义

随着观赏鱼养殖业的不断发展,观赏鱼的定义也不断地被赋予新的含义,至今也一直有多种说法。综合诸多的说法,观赏鱼的定义可分宏观定义和微观定义:宏观定义认为,一切用来观赏而不是单纯作食用的鱼类,都称为观赏鱼;微观定义认为,只有在水族环境中饲养的体色艳丽、体形优美的鱼类才是观赏鱼。不管怎样给观赏鱼下定义,都丝毫不影响人们对观赏鱼的喜爱和青睐,更不会为是否拥有华丽的水族器具而影响对观赏鱼的饲养。

2. 观赏鱼的分类

当今人们的生活质量得到了很大的改善,大家对精神享受的追求在不断提升,欣赏视野同样也在不停地拓宽,欣赏水平也有了很大的提高。观赏鱼的种类从初期的几十种,发展到目前的几千种。诸多种类的观赏鱼,目前对它们的分类方法也并不十分统一,有如下一些分类方法。

(1) 按观赏鱼对水温的需求不同进行分类

①热带观赏鱼 在热带地区生长发育的观赏鱼,包括热带海水观赏鱼和热带淡水观赏鱼。

②冷水观赏鱼 在水温较低的寒温带或寒带地区生长发育的观赏鱼,如鲟鱼和鳟鱼类。

③温水观赏鱼 在温带地区生长发育的观赏鱼,包括金鱼、锦鲤等。

(2) 按观赏鱼对水体盐度的需求不同进行分类

①海水观赏鱼 生活在近海和深海的观赏鱼类,大多为生活在热带珊瑚礁海域的海水鱼,对盐度要求较高,其适宜生活水体盐度一般要在3.3%～3.5%之间。

②淡水观赏鱼 生活在淡水中的观赏鱼类,其生活环境盐度一般在0.05%以下,热带雨

林地区的观赏鱼几乎生活于纯淡水中。

（3）按人们对观赏鱼的认知程度不同进行分类

①常见观赏鱼　人们生活中经常见到观赏鱼，如金鱼、锦鲤和剑尾、孔雀等。

②野生观赏鱼　自然水域中生活的小型野杂鱼类，如鳑鲏、花鳅、麦穗鱼和多刺鱼等。

（4）按观赏鱼在交易市场上经济价值的不同进行分类

①普通观赏鱼　人们生活中经常饲养的观赏鱼，如金鱼、剑尾、孔雀和月光等普通品种。

②名贵观赏鱼　观赏鱼中种类稀少、斑纹清秀、色彩艳丽、体型优美并健壮的品种，如金鱼中的虎头玉印、十二黑、铁保金，锦鲤中获奖的红白、大正三色和昭和三色，热带淡水鱼中的金龙鱼以及近年来日益受人们青睐的海水观赏鱼中的一些品种，如神仙鱼、蝴蝶鱼、小丑鱼等。

（5）按我国观赏鱼养殖习惯分类

①金鱼类　可分草种金鱼、文种金鱼、龙种金鱼、蛋种金鱼和龙背种金鱼五大类。

②锦鲤类　可分红白品系、大正三色、昭和三色、别光品系、写鲤品系、浅黄、秋翠、衣锦鲤、变种鲤、黄金品系、花纹皮光鲤、光写品系、金银鳞品系和丹顶锦鲤品系，共十四个品系。

③龙鱼类　可分为东南亚龙鱼、南美龙鱼、澳洲龙鱼和非洲龙鱼四大类。

④罗汉鱼类　可分花角品系、金花品系和珍珠品系三大类。

⑤淡水热带鱼类　主要有多鳍鱼科、脂鲤科、鲤科、攀鲈科、丽鱼科、鳉科、鲶科、丝足鱼科、斗鱼科等鱼类。

⑥海水观赏鱼类　主要有刺尾科、天竺鲷科、鳞鲀科、鳎科、鲀科、蝴蝶鱼科、棘蝶鱼科、雀鲷科等鱼类。

⑦冷水观赏鱼类　目前冷水性观赏鱼种类不多，主要有鲟鱼、鲑鱼、三文鱼和金鳟等。

⑧古老观赏鱼类　主要是上亿年前就在地球上生存的鱼类，如弓背鱼、金恐龙、象鼻鱼、缸鱼等鱼类。

⑨其它观赏鱼类　主要是一些无经济价值，但具有一定观赏性的小型鱼类，如鳑鲏、花鳅、多刺鱼等。

二、鱼类的观赏文化

1. 把鱼作为吉祥之物

在自然界，可以说人类主宰了一切生物，但人类的诞生比鱼类要晚得多。人类从诞生之日起就与鱼类结下了不解之缘，除了把鱼作为主要的食物来源外，也把鱼作为吉祥之物。这在人类的整个历史长河中，在不同时期的文化中均有所反映。我国六七千年前的"仰韶文化"中的彩陶上就绘有鱼的图形，这可能是当时人们的氏族图腾，从中可以反映出人们对鱼的某种信仰、崇拜或抒发了对鱼的美好感情。商、周时期的青铜器上，也多用鱼形图案作主要的装饰。周朝时的一些贵族还用玉石鱼坠作为饰物，悬挂于腰间或颈上，以显示其富有或高贵的贵族身份。春秋时期的孔子为孩子过生日，他的学生以鱼作为礼物相送。秦代青铜镜背面，多装饰有两条小鱼并列的图案，这是运用了一种象征意义，表达了男女间的相爱、相互依恋和"双宿双飞"的含义。鱼形图案作为服饰也很普遍地流行于我国的各个朝代。唐、宋时期，皇帝授予臣属的信物也多采用鱼形物，如"鱼袋"。唐代还有规定：五品以上的官员赐佩银质鱼袋，四品以上的官员赐佩金质鱼袋。明代时还有一种"飞鱼服"，即用织有鱼形图案的绸缎制作的服装，专属高级官员的服饰。在我国民间，还有使用鱼形锁的习惯，因为鱼的眼睛没有眼睑，不会眨眼，总是睁着，因而也就被用在人们的日常生活中。至今用鱼形图案作装饰的也不胜枚举，几乎处处可见，如盆底图案、花瓶图案、各种生活用具上的图案。过年时，在各家的门上都喜欢贴上有鱼图形的年画，象征着年年有余。

2. 养观赏鱼能增强人们的乐趣，陶冶人们的情操

养观赏鱼能培养人的性格，增强人们的乐趣，陶冶人们的情操。在自家的书房、卧室、客厅用相宜的器具养上几条观赏鱼，配以盆景、花卉、异石、假山，不但可以增添恬静优雅清新的气氛，增添乐趣，装点景色，而且在工余之暇观玩，久看不厌，令人赏心悦目，心旷神怡，从而达到陶冶情操、消除疲劳、有益健康的目的。欣赏金鱼还可以达到平心静气、去除杂念、集中注意力的目的。明朝张德谦在《朱砂鱼谱》中，对观赏金鱼的乐趣作了这样的描述："赏鉴朱砂鱼宜早起，阳谷初生，霞锦未散，荡漾于清泉碧藻之间，若武陵落雨点点扑入眉睫；宜月夜，圆魄当天倒影插波，时时尺鳞拨刺，自觉目境为醒；宜微风，为披为拂琤琮成韵，游鱼出听，致极可人；宜细雨，蒙蒙霏霏保波成纹，且飞且跃，竟吸天浆，观者逗弗肯去。"把观赏金鱼的情景描述得多么细致，虽身处闹市斗室，却有悠游于青山绿水之间的闲知感觉。观赏鱼长期以来为广大人民群众所喜爱，它体态奇异，五彩缤纷，绚丽多姿，被形容为"活的诗，动的画"。人们在紧张繁忙的工作之余，通过欣赏、饲养得到美的享受。金鱼性情文雅，色彩艳丽，体态雍容华贵；热带鱼五光十色，华丽绝伦，活泼欢畅；锦鲤是一种大型观赏鱼，具有独特的色彩和雄健的身躯，给人以力感和魄力的启示。

3. 改善居室空气湿度，有益于身体健康

家庭居室用水族箱养观赏鱼，不仅可以欣赏水中美景，还可以对居室环境起到天然加湿的作用。因为水族箱里的水不断地蒸发到空气中，使干燥的空气湿度增大，而且比起加湿器来，又具有湿度均匀、节能省电等优点，是良好的天然加湿器。饲养观赏鱼，换水喂食可增加生活中的乐趣，增强机体功能。工作紧张的人，通过饲养观赏鱼，缓解疲劳，放松精神，有助于身心健康。良好的精神状态是最好的药方，故有"养鱼一缸，胜服参汤"之说。另外，金鱼和锦鲤喜欢吞食蚊类的幼虫，因此可以控制蚊类的滋生。在公园、宾馆、庭院中凡是有水的假山喷水池、人工河和荷花池等，放养一定数量的金鱼或锦鲤，不仅可改善水体环境，控制蚊类的滋生，又对减少疟疾、丝虫病、脑炎等病的传播起到积极的作用。

4. 观赏鱼类是和平、幸福、美好的使节

中国的红鲤鱼早在唐朝就作为两国友好的象征东渡日本，深受当时人们的喜欢。20世纪50年代，周恩来总理赠送金鱼给亚非国家，中国金鱼乘飞机"出使"各国，成为和平的使者，促进了各国人民的友好往来。朝鲜当时的金日成主席也把虹鳟作为友好的礼物赠送给我国。日本政府也将锦鲤当做国鱼馈赠给国际友人，1973年和1997年，日本政府先后两次赠送我国优质锦鲤。

5. 养观赏鱼有助于智力开发

观赏鱼的种类繁多，分布在不同的国家的河流海域，每一种鱼都有它的学名、俗名、产地、分布及历史，生活习性多样，因此家庭养殖观赏鱼，还可以寓教于鱼中，对培养青少年热爱大自然、热爱生命和学习生物、地理、历史等方面的知识都有着重要作用。

6. 观赏鱼还具有独特的科研价值

观赏鱼具有生长快、易饲养、成本低、性成熟早的特点，是优良的科学试验材料。另

外，观赏鱼也可用于水质监测、遗传工程、鱼病防治、鱼类性别控制等方面的实验，还可用于生物变异、遗传进化、胚胎发育和环境保护等方面研究，曾为鱼类生物学的发展作出了重要贡献。在我国，从20世纪20年代开始，陈桢教授开始研究金鱼的遗传和变异，第一次出版了研究金鱼的专著《金鱼的家化与变异》，证明了金鱼和鲫是同属，并对金鱼的各种变异和色、形的产生作了科学地证明。实验胚胎学家童第周教授，自20世纪60年代起就进行鱼类细胞核移植试验，以探索细胞核在遗传中的作用。他们把鲤鱼和其它水生动物的信息核糖核酸（mRNA）注射到金鱼卵中，生成了一种新的鱼类品种，该鱼的照片已列入英国皇家科学院出版的《大英百科全书》，被命名为"童鱼"。长期以来，国际上测定各种药物对鱼类的毒性指标时，都是以金鱼为对象，所测得的数据互相参考使用。目前用金鱼测试污水处理效果被作为常用手段。研究证明，金鱼在2.8级地震的300km的范围内可表现出急躁不安，被誉为水中的"地震测报员"。美国的旧金山用蓝鳃太阳鱼进行监测水质是否有毒。龙鱼、弓背鱼、金恐龙、象鼻鱼、魟鱼等鱼类，是当今的活化石，对古生物研究有着独特的价值。

三、观赏鱼的养殖历史及现状

1. 金鱼的养殖历史及品种演化

（1）金鱼的养殖历史　　金鱼原产于中国，系金鲫变异而来，而金鲫又由野生鲫演变而来。有关金鱼的文字记载最早见于南朝。据任昉（460—508）所著《述异记》记载："晋桓冲游卢山，见湖赤鳞鱼，即此鱼也"，又云"朱衣鲋，泗州永泰河中所出，赤背鲫也"。这一文献充分证明，金鱼最早发现于晋朝（距今约1600年）。上述文献中所谓"赤鳞鱼"即红色鳞片的鱼，"朱衣鲋"即红色鲫，"赤背鲫"即红色背部的鲫，这说明当时还不叫金鱼，而称为金色鲫或金鲫。

据历史考证，因唐朝皇族为李氏，"李"和"鲤"同音，开始盛行鲤鱼的"放生"。到唐肃宗于公元756年为了超度而"放生"，在各地建了81个水池，称放生池。由于金鲫色态艳美，神秘莫测，因而被选为放生对象，最早放生金鲫地有两处：一是嘉兴的南湖，据嘉兴府记载："秀水县月波楼下为金鱼池，唐刺史丁延赞得金鲫鱼于此，后为放生池"，后人以示纪念在当时的池塘立碑为金鱼池起名；另一处是杭州西湖六和塔开化寺后的山涧和南屏山下的兴教寺的水池内，宋代苏东坡任杭州知府时，曾有诗云："我积南屏金鲫鱼，重来附槛散斋余"，这说明当时杭州西湖已有金鲫供人观赏。南宋的统治者赵构在杭州建造德寿宫，辟有专门养金鲫观赏的鱼池。在他的影响下，当时的士大夫都建造观赏池，蔚然成风。例如南宋著名文史家岳珂（生于1214年，系岳飞之孙）所著《程史》记载："所养的鱼中，能变金色的，以鲫鱼最好，鲤鱼次之。"该著作中还记述了金鲫变化过程："初白如银，次渐黄，久则金。"到元朝，金鱼已传到镇江和北京。到明朝已正式称为金鱼，而且养殖还较普遍，金鱼饲养有了新的形式，即转为缸养、盆养，逐渐进入室内摆设和观赏。在明朝皇宫中设有金鱼盆，置于案头供神宗皇帝朱翊钧赏玩。到清朝的道光年间，养金鱼的人越来越多。清末，北京饲养金鱼盛极一时，玻璃器皿正式问世，鱼缸饲养金鱼供观赏，更有人用翡翠瓶养金鱼，空明透亮，情趣盎然。每年春节，北京居民都到庙会购金鱼作为新春点缀，助喜庆之乐，当时著名的售鱼处有"知乐鱼庄"、"致乐鱼庄"、"来顺鱼庄"等。在上海20世纪30年代初就有金鱼品种70多种，抗日战争期间，饲养金鱼进入衰落阶段。直到1949年中华人民共和国成立后，金鱼饲养才有了新的发展，金鱼的品种也不断增加，到1958年发展为154种，但是在1966～1976年"文革"中我国金鱼饲养受到极大的破坏，金鱼品种又降到只有几十种。1978年改革春风吹醒了中国大地，20世纪80年代初，为发展我国金鱼的出口业，全国各地兴办了许多金鱼场，到1982年，根据王春元调查，金鱼的品种已达到240个。1985年，上海市金鱼协会举办了"首届中国名贵金鱼评比展览会"，正式开展了全国性金鱼评比活动，从而使我国金鱼的养殖进入了一个新的振兴时期。

（2）金鱼的品种演化　金鱼养殖在我国有着古老的历史，但一直到明末才是我国金鱼品种发展的全盛时期。明朝李时珍《本草纲目》对金鱼记载有："春末生子于草上，好自吞啖，亦易化生。初出黑色，久而变红，又或变白色，名银鱼。亦有红白黑斑相间无常者。"嘉靖年间，许多地方已发展缸盆养金鱼，杭州称"盆鱼"。公元1568年出现一种颜色深红的金鱼，称"火鱼"。1596年，"火鱼"改名为"朱砂鱼"。明末金鱼还取名为"纹鱼"，因其身上有花纹而得名。到1626年，又出现"鸭蛋鱼"、"龙睛"等名称的金鱼。清朝嘉庆年间进士姚元之（1776—1852），在他的《竹叶亭杂记》（1848年）中，对金鱼的形态特征、分类、饲养方法、品种等做了详细的描述。在该书中，根据金鱼的形态特征，把金鱼分为"龙睛"、"蛋"、"文"三种。每一种中又有所谓"串种"（杂交种），如蛋龙睛为蛋和龙睛串种；背一刺或有一泡如气者，为蛋和文串种；脊刺短且缺而不连者为文和龙睛串种。三类均另有无鳞、花斑细碎尾或软硬的所谓洋种。以后，通过各地的培育又出现了不少新品种。1848～1925年的77年间，许多名贵品种，如黑龙睛、狮头、鹅头、望天眼、水泡眼、绒球、翻鳃、蓝珍珠鳞、紫珍珠鳞等都相继问世。1925年后，陈桢教授利用蓝色金鱼和紫色金鱼进行杂交，创造了紫蓝花色的金鱼新品种。许和编著的《金鱼丛谈》记载：1935年上海已有金鱼70多种，其中有"龙睛球"、"珍珠龙睛"、"龙睛灯泡眼"、"朱砂眼银蛋"、"蓝蛋球"、"蛋种翻鳃"、"望天龙球"等新品种。到新中国成立初期，上海、杭州一带流行的金鱼品种约有40种，新品种有"黄高头"、"玉印头"、"虎头龙睛"等。新中国成立后，各地园林部门大力培育，使一些失传的名贵品种重又出现，而且还培育出不少新品种，著名的有"朱顶紫罗袍"、"扇尾珍珠"、"紫珍珠"、"高头球"、"凤尾鹅头"、"蓝鹅头"、"蓝朝天龙"等。

2. 锦鲤的发展史

锦鲤是红鲤鱼的变种，体色鲜艳似锦，有红、白、金、黄、紫、蓝、黑色等，斑纹变化多端，是较大型的观赏鱼类。鲤养殖在我国有着悠久的历史，红鲤作为观赏鱼类，在明代已有记载，如李时珍在《本草纲目》中曾写道："金鱼有鲤、鲫、鳅、鳖数种。"足见那时已有金鲤和金鲫存在，但因未像金鱼那样进行精心培育而获得发展，却在异国落户生根和发展。

据我国的文献记载，日本的鲤是由中国传入的。日本在长期的饲养过程中发现食用鲤会突变，产生有颜色的鲤。1804～1829年间，日本贵族把这种有颜色的鲤，移入庭院的水池中放养，供作欣赏。因此，锦鲤又称"贵族鱼"。根据鲤容易变异的特点，日本采取杂交、培养和人工选择等方法，又选育出许多新品种。同时，又于1906年引进德国的无鳞革鲤和具有三排鳞的镜鲤与日本原有的锦鲤杂交，选育出色彩斑斓而品种繁多的锦鲤。所以，锦鲤是日本人创造的活的艺术品。日本人对锦鲤情有独钟，他们不仅将其定为"国鱼"，而且还将其作为友好使者的象征，赠送外国领导人。如1973年日本首相田中角荣访华，曾将一批锦鲤作为吉祥物送给周恩来总理，这批锦鲤交由北京花木公司养殖。1997年日本友人向我国领导人赠送了8尾极品锦鲤和100尾精品锦鲤，有关部门决定将这108尾珍贵的和平使者交给四川省水产研究所饲养管理。日本人更把锦鲤养殖作为一项产业，大量出口赚取外汇。起源于日本的锦鲤现在已经发展成为世界性的观赏鱼类。

20世纪60年代初期，日本友人曾几次把锦鲤赠送北京、上海、杭州等园林单位饲养，使锦鲤重返故乡落户，于是在我国很多地方建立了锦鲤养殖场。中国科学院水生生物研究所、福建水产研究所淡水分所等研究单位都建立观赏鱼课题组，开展锦鲤新品种的研究与培育，促使重返故乡的锦鲤能迅速地发展。目前，我国许多公园水池中也已放养锦鲤，供游客观赏。黑龙江生物科技职业学院的"明月湖"放养的锦鲤不仅供师生观赏，也直接为学生的课余兴趣活动提供了实践的场所。

3. 热带观赏鱼的饲养史

早在距今2000多年的古代埃及和罗马就已饲养热带观赏鱼，但热带观赏鱼真正广泛为人们所认识饲养只是近百年的事。公元1868年，卡蓬尼尔(Carbonnier)把一种热带淡水鱼引入巴黎饲养，该鱼名为Paradise Fish（极乐鱼），其学名是 *Macropodis opercularis*，实际是我国华南地区野生的叉尾斗鱼。以后，在英国与美国也相继饲养各种热带淡水观赏鱼，但种类并不像金鱼这样多。直到第二次世界大战期间，热带鱼的饲养和繁殖才得到发展。各国热带鱼养殖协会的相继成立，推动了观赏鱼爱好者饲养技术的交流，促进了热带观赏鱼养殖业的蓬勃发展，现在热带观赏鱼的品种已发展到几千种。

4. 海水观赏鱼的养殖史

海水观赏鱼的真正养殖，可以说是从第二次世界大战后才开始的。海底的勘测或开发，必须要借助潜水器具才能实现，而潜艇的使用是在第二次世界大战中才开始，只有战争结束后，人们才能利用潜水艇对海底进行开发，并把海洋中的美丽鱼类搬到水族馆使游人得以见到，才有了海水观赏鱼的养殖。目前人们对海水观赏鱼的饲养技术并没有完全掌握，还在努力的探索研究中。

四、我国观赏渔业的发展前景

我国虽然是观赏鱼养殖大国，养殖历史悠久，种类多，产量高，但不是观赏渔业的强国，面临着严峻的挑战：我国的观赏鱼养殖企业规模小而分散，科学研究滞后，自动化程度低，难以形成规模效益；缺乏科学饲养，许多优良品种种质退化；观赏渔业生态学研究尚处于空白，水质调控理论和技术落后，病害猖獗，死亡率高；缺乏统一的育种规划，目前尚无竞争力强的新特优品种。

观赏鱼种类繁多，在现阶段，我国观赏渔业发展的重点应放在金鱼饲养上，这是因为自古以来，我国在金鱼饲养和育种等方面都居世界领先地位。金鱼在世界被誉为"中国金鱼"、"东方圣鱼"，是世界上著名观赏鱼，不论是颜色的艳丽还是体态的优美都是观赏鱼类中的佼佼者。它是我国的国宝之一，所以必须继承和发展金鱼养殖业，弘扬中华民族文化。

大约在500年前，我国金鱼才传入日本。早前从中国大陆引进日本的金鱼仅有琉金和蓝畴两种。第二次世界大战后，日本从大陆又相继引进了青金鱼、银鱼、珍珠鳞、丹顶、水泡眼、茶金紫色金鱼等品种。金鱼在日本通过长期的选育和杂交育种，至今已培育出多个品种，每个品种都各具优美的特征。如蓝畴是日本选育出来的被称为"金鱼之王"的优良品种，从背部欣赏最能感受其优美动人的姿态，从侧面观呈卵圆形，无背鳍，头部冠以发达的肉瘤，是人们最喜欢的金鱼。其实蓝畴就是中国的虎头鱼和蛋鱼，但其体形短圆，背部肌肉发达有力，背后部向下弯曲呈弓形，在国际市场上占有一席之地。中国金鱼养殖正面临着诸多新的挑战，国外金鱼养殖对我们已构成了威胁，是我们的强劲竞争对手。中国是金鱼的故乡，如果不重视发展金鱼事业，势必失去原有的优势，这将给我国金鱼养殖业带来巨大的损失。因此，发展我国观赏鱼养殖的重点应定位在金鱼上，加强金鱼遗传与育种的研究工作是当务之急，是国情的需要，也是不可推卸的责任。我国应利用高新技术，一方面保持原有的优势，另一方面要培育具有竞争力的新品种，使观赏渔业稳步健康持续地发展。

1. 深入开展观赏渔业生态学和水质调控技术的研究

我国的观赏鱼养殖水处理技术一直处于较低的水平，除对水中微生态学和微生物制剂研究不够深入外，过滤材料的选用和工艺设计也较为落后。传统的滤材已为国外的有机物吸收介质、磷酸盐吸收介质、硝态氮吸收介质、氨氮吸收介质和重金属吸收介质所取代，目前最好的滤材当属生物膜。

先进的滤材还要与微生物制剂相匹配，微生物制剂指的是光合细菌、硝化细菌和硫化菌等能有效分解和吸收有机废物的浓缩微生物。液态的微生物使用方便，但保存期短；固定化保存是以米糠为载体，干燥保存，可长期存放，使用时将含有微生物的载体倒入水中即可。固体粉末状复合微生物制剂是今后的发展方向。

水体中氮磷含量高、藻类滋生是水质恶化的重要原因，迫切需要高效、低毒、无污染的水处理剂。好的水处理剂能在几秒钟内清除氨氮、余氯、氯胺、重金属离子等有毒物，加药后就可放养鱼类。

水草能美化、净化水族箱，但生长快、适应性强的水草不多。应运用克隆技术，繁育高档水草，填补这方面的空白。

2. 大力开展观赏鱼的育种工作

发展我国的观赏渔业，首先要根据人们在美学和文化欣赏上的特点及市场需要，培育具有长远竞争力的观赏鱼品种。较为直接的金鱼育种方法是采用生物高新技术，如细胞工程（细胞核移植、细胞融合技术等）、染色体工程和基因工程（重组DNA技术、体外DNA突变、体内基因操作以及基因的化学合成等技术）。遗传育种的关键是控制两大因素：一是遗传因素，即基因组成，这是通过种群中选优和杂交重组来实现的，杂交可以使基因重组成新的性状而获得新品种；二是环境因素，环境是基因型得以表现的外部条件。要想搞好育种工作培育新品种，首先必须抓住遗传因素这一环节，进行择优选种和杂交育种。

选择育种是指利人们用生物固有的遗传性和变异性，选优汰劣，培育新品种，是最基本的育种方法。选择育种依据的是基因型，但是基因型是看不见的，只能通过表现型去认识判断，所以说表现型是选择的依据。定向选择就是按照理想的育种目标，在相传的世代中选择合意的表现型个体作为亲本，以求选出合意的基因型物种，使入选的个体在近交中分离和提纯合意的基因型，淘汰不合要求的基因型。选择并不产生新基因，而是让下一代增加合意基因频率，减少不合意的基因频率，使入选个体的基因型和表现型趋于一致，从而保留或选出所需要的基因。近交可以使合意基因型尽快地纯合、固定和发展，早日形成新的品种。所以，近交是定向选择所需的最好交配方式，近交的极端形式是自交或同胞交配。

杂交育种是金鱼育种的重要途径之一。杂交育种依目的的不同，有以下几种方法。

（1）增殖杂交育种 指经过一次杂交之后，从杂种子代优良个体的累代自群交配繁殖的后代中选育新品种。该育种方法表示为：$A \times B \rightarrow F_1 \rightarrow F_2 \rightarrow F_3 \rightarrow \cdots \rightarrow F_n$ 形成理想的新品种。

但是必须注意，只有当两个群体杂交所产生的后代能综合双亲的有益性状，并能作为下一代（F_2）的亲本时，才可以采用这种育种方法。如紫色金鱼与蓝色金鱼杂交，其后代可获得紫蓝色金鱼。

（2）回交育种 如果育种的目的是把某一群体B的一个或几个性状引入另一群体A中去，那么采用回交育种是适宜的。

若要将两个品种的性状综合在一起，还可以用两个品种的F_1先与一个亲本回交，然后再将第一代回交的杂种与另一亲本回交，如此交替反复回交几代，既能极大地避免近亲交配，又能使双亲的优良性状综合得较好，这种育种方法称为交替回交育种。回交育种进行若干世代后，需要自群繁殖（即近交），使新选出的杂交后代获得的性状得以稳定并传给后代，以形成足够大群体的新品种。

（3）复合杂交育种　将3个或3个以上品种或群体的性状通过杂交重组在一起，培育出新品种的方法，称为复合杂交育种。金鱼中一些名贵品种就是让多个品种的性状通过杂交，使基因重组在一起而形成的。如红龙睛球金鱼是龙睛金鱼与绒球金鱼杂交而重组形成的；红龙高球金鱼是龙睛、鹅头（肉瘤）和绒球3种性状结合在一起形成的；而红龙高鳃球（红龙睛高头翻鳃球）是龙睛、鹅头、翻鳃和绒球4种性状结合在一起形成的。

3. 进一步完善观赏鱼养殖及相关技术

目前，一些珍贵的淡水观赏鱼如许多骨舌鱼类的金龙、红龙鱼及大多数热带海水观赏鱼（主要是珊瑚礁鱼类）的市场供给主要还是靠猎捕野生群体，人工繁育技术尚不成熟或不能人工繁殖；很多观赏鱼的饲料还多采用鲜活饵料，成鱼的配合饲料多为进口饲料，常是"一种饲料多种鱼用"，效果不佳；净化水质的设备和技术，尤其是净化水微生物的选育、固化和培育，还远满足不了需要；观赏鱼的病害也随着养殖业发展而蔓延滋生。今后，应广泛开展这方面的研究，推进观赏鱼的养殖业健康、持续发展。

4. 充分利用电子信息技术

在观赏渔业中采用自动化装置，设立各种常规水质指标的报警点，如溶氧、pH、氨氮和亚硝酸盐等，一旦水体中某项指标超出设定值，就会自动报警。这项技术的关键是测试仪表应具有低价位、高稳定性、耐用和易于操作、维护等特性。

此外，经济的全球化和电子商务的发展，为我国观赏渔业产品进入国际市场提供了便利条件。各地应通过行业协会或自己的独立网页，让世界了解我国的观赏渔业产品，加快我国水生观赏动物走向世界的步伐。

随着人民生活水平的提高，人们对观赏鱼需求是多方面的，对锦鲤和各种色彩斑斓的热带鱼也有一定的要求。因此，在发展中国金鱼事业的同时，还必须发展锦鲤和各种海水、淡水热带鱼养殖事业，开展对这些观赏鱼的饲养和遗传育种以及生态系统方面的研究，以促进我国观赏渔业有较大、较全面的发展。

5. 创造条件开展观赏鱼旅游业

观赏渔业能拉动餐饮业和旅游观光业，带动工艺美术品业和相关的轻工业，增加就业。随着社会物质文明和精神文明的发展，观赏渔业逐渐会成为新兴的产业。养殖观赏鱼投入低、回报高。观赏渔业是投资小、占地少、收益大、生产周期短的新兴行业，能拓宽和增加就业机会，提高经济收入。观赏渔业的发展对我国连续多年的劳动力过剩的状况起到了一定的缓解作用，同时造福了一方百姓。

思考题

1. 何谓观赏鱼？如何分类？
2. 简述金鱼的起源和演化史。
3. 锦鲤可分哪几大类？
4. 热带观赏鱼和海水观赏鱼的起源是怎样的？
5. 综述我国观赏渔业的展望。

第二章

观赏鱼养殖的设备与水环境

知识和技能目标

1. 了解水族箱的历史发展、种类、规格、特点及安全性。
2. 掌握水族过滤系统的作用和过滤器及滤材的种类、特点。
3. 了解净水微生物种类及功能特点。
4. 掌握水族环境的构成要素及其调节控制。
5. 熟练掌握水族箱日常维护管理操作技能。

养殖观赏鱼,其实就是人为地模拟一个适合观赏鱼生长的生态环境,而这个人造环境的好坏,直接影响鱼的生存与水族箱的景观。因此,要养好观赏鱼必须配备有基本的饲养器材,才能使观赏鱼健康生长,从而真正起到"观赏"鱼的作用。同时,在观赏鱼的饲养过程中,还要重视水环境的调控,只有这样,才能养出一缸动人的观赏鱼。

第一节 水族箱的种类

一、水族箱的概念

1853年,英国的自然科学家菲利普(Philip Henry Grosse),首次将aquarium引用为饲养水生动植物的水容器,水族(aquarium)这个词使用至今已有150多年的历史。早期,水族箱仅作为自然科学研究的工具。现代概念的aquarium泛指水族箱、水族池、水族槽或水族馆。饲养观赏鱼的容器必须满足动植物对生活环境的要求,同时要美观、实用、便于观察和欣赏。常见观赏鱼养殖容器有缸、盆、箱等,无论哪种容器,都要力求透亮,内壁光滑。

水族箱又称为水族缸或水族槽,是为观赏用、专门饲养水生动植物的容器,是一个动植物饲养区,通常至少有一面为透明的玻璃或高强度的塑料。水族箱内人工饲养着生活于水中的植物及动物(通常为鱼类,但亦可是无脊椎动物、两栖动物、海洋哺乳动物或爬行动物)。水族饲养已成为世界各地盛行的嗜好之一。

现代意义上水族箱的概念最早来自于德国,人们将水族箱与传统的玻璃鱼缸加以区别。传统所使用的玻璃鱼缸不包括循环系统、恒温系统、光照系统等，这些设备是经过后期各自的需要加上去的。经过100多年的发展，如今的水族箱的概念与玻璃缸完全不同，所有的设备在水族箱的生产过程中已安装在水族箱内部，包括：过滤设备、过滤材料、恒温设备、照明设备、供氧设备以及水草生长所需的二氧化碳供应系统等。这样对刚开始饲养观赏鱼与种植水草的人来说，不需要对饲养观赏鱼和种植水草有太多的知识，只要知道如何使用水族箱的各种设备，就可以很轻松地拥有一缸非常漂亮的种植有水草和饲养有热带鱼的水族箱。水族箱除了功能外，外观也从实用性往装饰性上发展，它的外形也是琳琅满目、千姿百态，除了常见的长方形和子弹头的形状外，还有根据房屋结构设计的扇形的、圆形的、椭圆形的、不规则形的，用来装饰居室、商场、办公室和各种娱乐场所。

二、水族箱的历史及其发展

1. 古时的水族箱

中国及日本在人工环境中饲养殖鱼类、观赏池塘中饲养锦鲤已有很久历史。古时的苏美尔人将野外捕捉的鱼饲养于池塘内供日后食用；在中国以鲫鱼配种出金鱼并于室内容器中饲养在宋朝时已很流行；在古埃及的图画中可见庙宇内的长方形池塘饲养着俄克喜林库斯——一种神圣的鱼（现推测为产于尼罗河的象鼻鱼）。其它文化的历史里，亦有养鱼作为食用或装饰用途。

2. 玻璃水族箱的出现

将鱼饲养于室内透明的缸内作观赏用途这个概念，是近代衍生出来的，但难以准确定出其出现的时间。1665年，佩皮斯记述于伦敦看见"一件精巧的珍品，鱼被饲养于一玻璃缸的水里，它们可以生存很长时间，它们被细致地标示着它们是外来的"。佩皮斯所见的鱼，很可能是盖斑斗鱼（一种中国广州常见饲养于花园的鱼，当时由不列颠东印度公司进行买卖）。18世纪，瑞士博物学家特朗布雷将发现于荷兰一个花园河道里的水螅饲养在圆柱形的玻璃瓶内作研究。换而言之，将鱼饲养于玻璃容器这个概念的出现，不迟于这段时期。

3. 水族箱的发展阶段

1851年在英国举行的万国工业博览会展示了一个装饰华丽、以铸铁作框架的玻璃水族箱，水族饲养亦随之首先于英国成为大众的嗜好。19世纪的水族箱底部为金属，可用火加热箱内的水。

进入20世纪，汉堡市成为欧洲新奇水族品种的港口。第一次世界大战后几乎所有家居都已经有电力供应，水族箱亦因此更广泛地受欢迎。电力的改善使水族科技得以发展，使人工照明、通风、过滤、水温加热都成为可能。空中运输的出现使更多远方的外地品种能够进口，亦使水族饲养更受欢迎。

现时，估计全球有大约6000万水族爱好者。水族嗜好最强烈的地区依次序为欧洲、亚洲及北美洲。在美国，有大约40%的水族爱好者同时打理两个或多个水族箱。

三、水族箱的分类

现在的水族箱融合了现代最先进的设备，比如电脑控制、自动调温、自动喂食、自动开启照明设备等，更高级的可自动测试水质的变化、自动调整水质，使饲养工作变得更加简单。相信不远的将来，智能型的水族箱可以完成水族管理的绝大部分工作，饲养者只要坐着观赏自己心爱的鱼就可以了。

水族箱的种类非常多，尤其是近几年，随着饲养观赏鱼的普及，人们对水族箱的外形、功能的要求越来越高，为适应市场的需要，生产商设计生产出许多新的产品。水族箱的分类主要从以下方面来划分。

1. 外形

从形状上分，水族箱有圆形的、椭圆形的、长方形的、半圆形的、六角形的、八角形的、痰盂形的等，主要是考虑水族箱的装饰效果。

2. 材料

从材料上分，水族箱有塑料的、玻璃的、有机玻璃的、亚克力的。

3. 样式

从样式上分，水族箱有玻璃缸、有框玻璃水族箱、无框玻璃水族箱、无缝压铸式玻璃水族箱、无缝压铸式亚克力水族箱。

4. 大小

从大小上分，水族箱有掌上缸、迷你水族箱、家用水族箱、大型水族箱及超大型水族箱等。

5. 功能

从功能上分，水族箱有带过滤器的水族箱、电子控制水族箱等。

6. 饲养生物类型

从水族箱饲养生物类型上可分为：

（1）没有生物的水族箱　这种水族箱中所设置的水草、鱼类、珊瑚等都是人工制品，纯属装饰品。

（2）饲养鱼类的水族箱　可分为淡水鱼水族箱和海水鱼水族箱。

（3）水草水族箱　以种植水草为主，一般不与观赏鱼混养。

（4）无脊椎动物水族箱　主要饲养海绵、甲壳类、珊瑚、软体动物和棘皮动物等。

7. 设置方式

从设置方式分，水族箱有悬吊式、壁挂式、坐卧式和壁内橱窗式及家具式等。

8. 水族箱环境

从水族箱环境上，可分为冷水水族箱、热带水族箱、淡水水族箱、半咸水水族箱、海水水族箱等。

另外，随着生活条件的改善，现在很多的家庭、办公室大楼、商场等，都有中央空调等恒温设备，商家为适应这部分人的需要，生产出了没有盖子的完全开放式的水族箱，这种水族箱的优点是能够设计出水陆两栖的水族箱景观。同时，开放式水族箱蒸发的水汽还可以调节室内的湿度。

实际上，很多水族箱同时具有以上多种特点。在同一水族箱中，既饲养观赏鱼又种植水草，或者海水观赏鱼同无脊椎动物混养等。水族箱同环境协调统一，大大增强了观赏效果，家庭的客厅、书房、高级宾馆大厅等处越来越流行用水族箱这种自然小生态系统来装饰。

四、几种常见水族箱的特点

1. 玻璃水族箱

玻璃水族箱是目前使用得最多的水族箱，它最大的优点是通透度高，玻璃的表面坚硬，不容易划伤，而且价格最便宜。但缺点是受外力撞击容易破碎，因此在选择水族箱时，一定要选择钢化玻璃的水族箱，一旦水族箱碰破，也不至于对人造成伤害。

2. 有机玻璃水族箱

有机玻璃水族箱一般用于大型的水族箱，如在水族馆、商场等地使用。这是因为，有机玻璃水族箱的牢固度比玻璃水族箱强，不易破碎，重量也比玻璃水族箱轻。但是，有机玻璃的价格比较昂贵，通透度要比玻璃差得多，而且容易被划伤，经过一段时间使用后需抛光，以增加水族箱的透明度。

3. 亚克力水族箱

亚克力水族箱是在有机玻璃的材料上加以改进，硬度和透明度有了显著的提高，是目前最先进的水族箱制作材料，最大的优点是水族箱整体压铸而成，不会渗水，分量轻，而且可以任意造型，在先进国家已经被广泛使用。目前，这种水族箱的造价还比较昂贵，如果是便宜的亚克力水族箱，其通透度还不能达到所期望的要求。另外就是亚克力材料的表面硬度比玻璃要差得多，清洗时如有不慎就会划伤或拉毛水族箱的表面。亚克力水族箱在使用一段时间后如果表面有拉毛或划伤可以进行抛光处理，最好在购买时就与店商签约，保证一年抛光一次，这样就可以保证水族箱永久常新。亚克力水族箱的厚度随水族箱的水容量来决定，水容量大，水对水族箱产生的压力就大，相对应的就要增加亚克力的厚度。目前，亚克力水族箱大多用于大型的水族箱上。

五、水族箱的规格及其安全性

1. 规格

水族箱的长度、宽度、高度多按一定比例设计，主要是从人的审美角度去考虑的。长宽比例为3:1最符合人的审美视觉，故一般水族箱长度和高度的比例是3:1，和宽度（厚度）的比例也是3:1，大型的水族箱都是按此标准制造。小型的水族箱考虑饲养热带鱼和种植水草的空间，在水族箱的高度和厚度上也相应增加了尺寸，一般水族箱的宽度是长度的2/5～3/5，高度是长度的1/3～1/2，按这个比例设计出的水族箱，外观漂亮，玻璃受力均匀，耐用。另外，水族箱的规格设计也要从水草的生长与水族箱的日后护理的角度加以考虑，水草的生长需要进行光合作用，光合作用需要光照，按照光波的穿透力，一般在60cm左右。此外，方便日后的护理也是一个重要考量，在种植水草和清洗水族箱时，工作人员的手臂一定要达到水族箱的底部，手臂能够到达的距离一般为60cm左右。

根据日常操作经验，考虑到饲养管理工作的方便，水族箱应向长度方向发展。一般大型水族箱长度控制在180cm左右，高度60cm，宽度50cm；中型水族箱，长度120～125cm，高度55cm左右，宽度45cm左右。常见水族箱的规格如表2-1。

表2-1 水族箱长、宽、高和玻璃的厚度

水族箱尺寸（长×宽×高）/cm	玻璃厚度/mm	水族箱尺寸（长×宽×高）/cm	玻璃厚度/mm
40×24×30	5	90×30×45	8
45×30×30	5	90×40×45	8
60×30×30	5	90×45×45	8
60×30×36	5	100×45×45	8
60×30×40	5	120×45×45	8
75×30×45	5	150×60×45	10
75×40×45	5	180×60×45	12
75×45×45	5		

2. 安全性

目前的水族箱已经与以前的玻璃缸有着本质的区别，以前的玻璃缸多用三角铁作框架来固定玻璃缸，对所使用玻璃的规格也没有严格的要求，这样做的后果是很容易造成玻璃缸的破裂。现在，硅胶已广泛地应用在玻璃缸的黏合上，效果也非常理想，这样可以废弃三角铁固定玻璃的做法，提高了水族箱外表的美观。但是，对于人工弯曲的弧形水族箱，尽量减少使用，因为，人工弯曲的玻璃很容易造成玻璃内部的裂缝，为水族箱以后的使用造成隐患。如今，正规的水族箱都有专门的生产厂家生产，水族箱所用的玻璃大多是钢化玻璃，一旦水族箱的玻璃被碰坏，也不会造成人员的伤害。

水族箱容积越大，所用玻璃材料也应越厚。容水量超过1000L的水族箱应使用10～12mm厚的玻璃；长度100cm以上的水族箱，要用8～10mm的玻璃，箱底则要用更厚的玻璃。表2-2所示为水族箱的容水量与玻璃材料厚度的关系。

表2-2 水族箱的容水量与玻璃材料厚度的关系

容水量/L	玻璃厚度/mm	容水量/L	玻璃厚度/mm
1000	10～12	200	6
800	10	150	5～6
500	8～10	100	5～6
400	8	50	4～5
300	6～8	25	4
250	6～8	10	3

六、水族箱的选择与放置

水族箱的选择和安放，要看具体情况而定。如果是展览馆、公园等单位，根据我国目前现有技术、材料和设备条件，一般还是采用壁内橱窗式为宜。如青岛的海洋鱼类动物馆、上海的西郊公园和无锡的东方水族世界都采用亚克力水族箱。一般家庭养鱼选择水族箱，首先要确定水族箱的安放位置，再考虑配备合适的水族箱体积和形状，同时还要考虑养多大的观赏鱼和养多少等方面因素。如果是放在书桌或家具上的小型水族箱或掌上缸，适宜养5～8cm长的小型观赏鱼，选薄型玻璃质的扁圆形或长方形、六角形均可，长度一般最好不超过60cm，鱼缸和水的质量较轻，家具书桌不至于因长期受压而变形。如果能用木材、钢管做成水族箱架来安放，则水族箱的类型可随箱架的大小、耐压力等情况选购或定制。如果是安置在室内建筑平台或窗台上，则可根据实际情况适当大些，但一般长度不宜超过2m。因为玻璃缸过长时，即使厚玻璃也容易变形，特别是难以安放平稳，鱼缸因所受压力不均而容易破裂。在鱼缸放置时最好在缸底与台架之间放上一层薄泡沫塑料板，进水时最好不要一下子放满全缸，而应该隔数小时放一部分，特别是新缸第一次进水时，宜分2～3天逐步加满水，可以防止水族箱因受力不均而破裂。

一口养有美丽的鱼及水草的水族箱摆在家中，宛如将大自然的景观搬回家，不但能令人赏心悦目，忘记疲劳和烦恼，还能为居室增添光彩，美化家居环境。要在家居环境中正确摆放鱼缸，使之既与整个室内环境协调一致，又能符合观赏鱼类及其它养殖水生动植物对环境的需要，需遵循以下原则：

①鱼缸放置要考虑整个房间的布局、格调，既能美化环境，还要便于每日的打理。比如

水族箱一般需放置在离水源和排水近的地方,方便清洗水族箱和水族箱换水。

②最好放在通风处,保证空气流通。

③放于阳光照射不到的地方较为理想,光线柔和,有利于观赏鱼和水草的生长,而且没有强烈的光线变化,便于观赏。若放在阳光直射的地方,缸内容易滋生藻类,清洗时比较麻烦。

④鱼缸所放位置气温变化不能太大。

⑤在放置水族箱时需要认真计算水族箱放置的高度,从视觉的角度出发,水族箱的中心点应与眼睛的视觉角度平行。

另外,水族箱和环境的关系是不可分割的,它们是有机的结合体。有许多家庭将水族箱放置于客厅作为隔断,这时候不要忘记装修前预留好位置,如果想自己准备水族箱的架子,一定注意架子要坚固,要能承受水族箱的重量,且表面要水平。现在,在商场、办公室以及公共展览场所也出现了很多经过精心布置的水族箱,这类地方因为空间比较大,适宜放置大型水族箱,可以吸引来往顾客的视线,增加客人的光顾率。

第二节　水族箱的水循环处理设备

水族箱是一个人工的生态系统,在水族箱这样的小型水体环境中,养殖生物的排泄物、残饵、粪便很容易积累,单靠其自身的分解与净化能力不足以及时去除这些物质,从而造成水族箱内的悬浮物增多、溶氧降低、氨氮及硫化氢升高,最终会导致水环境的恶化,观赏鱼难以生存。因此,要维持水族箱健康运转,必须配备功能完善的过滤系统,其主要功能是滤除水中的悬浮颗粒、分解吸收水中的有机质。过滤系统已成为现代水族箱的基本配置,现已有各种类型、规格及功能的过滤系统生产销售,专业的水族箱生产厂家在生产装配过程中将过滤系统等附属设备科学的布置,使水族箱日常维护管理更加方便,外观简洁、美观。过滤系统主要包括动力装置、物理过滤、生物过滤几部分。

一、过滤系统的作用

过滤的目的是尽量减少残渣、腐屑等有机物的积累,消除水中有害化学成分,维持水族箱生态系统的健康运转,减少换水及清洁的次数。水族箱过滤系统根据功能、材质、过滤原理分为机械过滤(物理过滤)、生物过滤和化学过滤三种,大多数水族箱都采用其中的一种或两种以上的过滤方法,其作用也各有侧重。

1. 机械过滤

机械过滤就是让水族箱中的水流经充满微小缝隙的滤材以去除水中悬浮颗粒的过程。机械过滤是降低水体浊度的一种水质净化途径。水中细微的无机物、有机物以及部分活的微生物通过絮凝作用,逐渐凝结成肉眼可见的凝聚体而悬浮或沉积在水中引起水体混浊。这些凝聚物质的大量存在,不仅会降低水体透明度而影响观赏效果,还消耗水中的溶解氧,甚至黏附在鱼鳃上,影响鱼类的正常呼吸,危害鱼类的生长。机械过滤的功能就是把大颗粒、大块凝聚物等悬浮物质阻挡下来和循环水分离,其作用有下述三个方面。

(1)降低水中悬浮的微小生物体和微粒造成的浊度。

(2)减少水中有机胶体量。

(3)除去聚积在滤床上的碎屑。

2. 生物过滤

生物过滤法是一种利用微生物清除水中有形及无形污染物的方法。生物过滤使用带有不同孔隙的过滤材料，大孔隙可以让水顺畅流过，而小孔隙则供硝化细菌附着，给硝化细菌提供良好的生长、繁殖温床，然后通过多重生化过程，让其分解有害物质为无害的物质。有一点需要注意，硝化菌是"高氧厌光"菌，怕光，还需要大量氧气，所以把生化材料直接扔到缸底是没什么效果的，只能吸附满厌氧菌，大肆制造有害物质。

（1）生物过滤的过程　利用微生物降解水中有机物等有害物质的过程分为的矿化作用、硝化作用和脱氮作用。

①矿化作用　是生物过滤的第一阶段，是指异养细菌种群利用动物排出的有机氮化合物作为能源生长繁殖，将其转化成简单化合物（如氨）的过程。如尿素（含氮有机化合物）的分解即为这一过程。

②硝化作用　是指亚硝酸细菌把矿化作用生成的NH_4^+或NH_3氧化成NO^-、NO_2^-，再通过硝化细菌合成NO^-的过程。硝化作用在弱碱性条件下效果较好，当pH在8.4时效率最高。

亚硝酸菌和硝化菌是水族箱系统中的主要硝化菌。亚硝酸菌能氧化氨，生成亚硝酸盐。而硝化菌则氧化亚硝酸盐生成硝酸盐。亚硝酸菌和硝化菌的作用意义在于把毒性的氨转化为无毒性的硝酸盐。

③脱氮作用　这一过程被认为硝酸盐或亚硝酸盐通过生物还原转化为氧化二氮或游离氮。在饲养水体中，亚硝酸盐、硝酸盐含量通常较低，可以说明脱氮作用的存在。

（2）影响因素　影响生物过滤效果的因素有盐度、硝化菌数量、溶氧等。

①盐度　硝化菌往往是一些不能适应盐度急剧变化的细菌。Kawai等（1965）发现，在正常盐度的海水中，海洋系统的硝化活力最大。当稀释或浓缩海水时，硝化作用降低。淡水中的硝化作用，在未加入氯化钠之前最强，当盐度加到海水正常浓度时，硝化作用就完全消失。

对于海水水族箱，基于上述理论，箱水的盐度应保持相对稳定。海水中或滤床上的硝化菌若遇海水盐度大幅度变化（尤其是急剧变化），硝化菌会大量死亡，残存细菌的代谢作用也受到抑制。在此期间，水族箱中的氨就会增多，进而使系统中的鱼类达到中毒的程度。一般来说，海水标准相对密度值应为1.025±0.002。

②硝化菌数量　水族箱系统中，滤床中的硝化菌是悬浮在水中硝化菌的100多倍。换言之，硝化作用的强弱，一个重要的因素是看可供细菌附着表面（如滤床中的砂砾）的数量。而且，滤床中的硝化作用绝大部分出现在砂砾的表层，仅在砂砾5cm的深度以下，不同类型的硝化细菌数量就减少90%，因此，在设计过滤系统时，应该考虑滤床的表面积，而不是水容积。一个长40cm、宽20cm、深20cm的过滤系统，比长20cm、宽20cm、深40cm的过滤系统具有更高的水处理能力，两者虽然有相同的水容积，但前者的表面积比后者大。另外，砂砾的颗粒大小、形状也影响着滤床的作用效果，相同数量的砂砾，颗粒小的比大的具有更大的表面积，有利于细菌的附着。但颗粒过小，会影响滤床的循环过水能力，随着表层碎屑的积累，形成垂直水流通道，水将沿着那些阻力小的通道流动，造成滤床中氧化分布不均匀，出现缺氧区，抑制需氧细菌的生长。一般而言，砂砾大小以3～5mm为宜。砂砾的形状以棱形为好，棱形的表面积大于圆形。同样的体积，球形的表面积比其它任何几何体的表面积都小，因此粗糙的有棱角的砂砾效果优于光滑的砂砾。

③溶氧　滤床净化水质的效果不仅与其表面积、砂砾的形状及砂砾层深度有关，还与

滤床中的氧气含量有关。滤床就像一个巨大的呼吸器，在正常作用时要消耗氧气。滤床中微生物的耗氧量即为生物耗氧量。过滤时，生物耗氧量以过滤时氧的消耗量来衡量。过滤中氧消耗的多少也反映了硝化作用的情况。如果一个滤床的生物耗氧量很高，说明有相当大的硝化菌群体在工作。据Hirayama的实验，取使用已久的滤床上的砂砾做成砂柱来过滤海水，发现在进入砂柱前海水的溶氧量为6.48mg/L，经过48cm的砂柱后，测得溶氧为5.26mg/L。而且，氨氮的含量从238mg/L降到140mg/L，亚硝酸盐的含量也从183mg/L降到112mg/L。

3. 化学过滤

化学过滤是借助于吸附作用使某些物质吸附在孔性物质上（如活性炭），或直接借助化学分离、置换或化学反应等方式，来消除水中废物和有害物质或水体中特殊的化学物质。这些化学物质通常为溶解性，无法被物理滤材除去，同时多属于无害毒物，不过却可能影响水的色度、硬度或有机污染指数等。化学过滤有以下两个基本作用。

（1）"选择性"地消除或减少某些化学物质的存在，而达到改善水质的特殊目的。本法所用之滤材，主要是活性炭或离子交换树脂，这类滤材具有强大的表面吸附能力（活性炭），或离子交换能力（离子交换树脂）。如采用活性炭，除臭、漂白、滤去毒物、滤去药物效果非常好。

（2）通过化学反应方式来消除水中废物和有害物质。反应后产生的无毒沉淀经物理过滤排出缸外，或转化成一些无毒或毒性相对低的元素。水族化学过滤中常用的材料有水质稳定剂、pH调节剂、清水剂等。

二、过滤器的种类

依过滤器在水族箱上的位置、过滤功能的不同，观赏鱼养殖中常用过滤器有下列几种。

1. 内置式过滤器

内置式过滤器又称沉水式过滤器，装置沉入水中，利用潜水泵直接将水吸入过滤槽，水流经过滤槽中的滤材及其上的硝化细菌后流回水族箱。内置式过滤器由一个潜水泵和一个内含滤材的过滤槽组成。这种过滤器体积小、噪声低，占用空间有限，容易管理，但处理水体的能力有限，滤材的清洗时间间隔短，一般用于较小的水族箱中。

2. 底面式过滤器

水族箱内底面式过滤器的过滤板设于箱底，板上留有插放通气管的孔洞。过滤板上铺放砂石。通气管上连接充气泵，充气时，气泡带动水流经过砂石，一方面充气增氧，一方面达到过滤目的。

底面式过滤器的隔板材料要求质地坚硬，具有一定的承受力，化学性质稳定，不会在水中发生化学变化而污染水质。隔板上有渗水的微孔，滤水孔的大小以砂不能通过为宜。隔板的大小与水族箱的底面积相同，安装时，应使隔板的四周与水族箱的四壁相吻合。在隔板底部，应垫上小木块或塑料管等作为隔板底座。这样既可提高隔板得承载力，又可使隔板与水族箱底部间形成一定的空间，经过滤的清洁水经此空间回流到水族箱中去。

过滤砂床的砂砾应选择质地坚硬、化学性质稳定的石英砂、溪砂等。砂砾应大小均匀，形状不规则，表面粗糙，直径3～5mm，这样可增大硝化细菌的附着面积。

从过滤效果来看，砂床的面积越大越好。滤砂层的厚度要适宜。硝化细菌在砂床中的分布以表层和底层较多，中层较少。硝化作用主要发生在5cm内的表层砂床（占90%），10cm

以下的底层通常无硝化作用。因此，过滤砂床的厚度以6～10cm为宜。

底面式过滤器的缺点是体积大，换水及清洗砂石不方便，尤其易损伤水草的根。

3. 顶置过滤器

顶置过滤器直接安置在水族箱顶部，用水泵将水抽至过滤器中过滤。这种过滤器为长方形，内置由不同过滤材料组合成的过滤层。水泵工作后，水族箱内的水被抽入过滤箱内，通过过滤层再流回水族箱中。根据水质的混浊程度定期清洗过滤材料，防止过滤层中的孔隙因积聚过多的污物而影响水的循环和过滤效果。顶置过滤器，噪声小，清洗方便，但滤材附着的硝化细菌少于箱底过滤器，过滤空间小，承载养鱼数量不能太多。

4. 外置式过滤器

外置式过滤器有外部吊挂式过滤器和下部置放式过滤器等多种形式。外部吊挂式过滤器是将过滤器吊挂在水族箱侧面或上方，以潜水泵把水抽进滤槽内，经滤材滤净后流回水族箱；下部置放式过滤器安装在水族箱下部的承载箱架内，用管道与水族箱上部相连，下部空间大，可放面积较大的过滤器。

外置式过滤器安置灵活，维护方便，大小、形状可根据过滤能力要求、安放位置设计制作，可应用于任何类型的水族箱。过滤桶是目前最常用的外置式过滤器，是由潜水泵和多种过滤材料构成的密封结构。水族箱内水由滤桶中的水泵抽入滤桶，经过滤后再流回水族箱。

5. 泡沫分离器

泡沫分离器是一种能有效去除水中溶解有机物的气提装置，最简单的气提装置是空气升液的竖式管子，空气上升时，在管子中与水混合接触，水中具表面活性的有机物聚集在由气提产生的泡沫中到达水面顶部，由泡沫收集装置从水中分离出来。泡沫分离器对水体中微小悬浮颗粒、溶解有机物有良好去除效果，并能脱去部分氨氮，还能调节流经水体的溶解氧和pH。气提的效率取决于空气和水的接触时间，接触时间又取决于水流入和流出的流速、柱高和注入的空气量，减少流经水柱的流量和增加水柱的长度能增加接触时间，提高分离效率。常见的气提装置有两种类型：直流式和逆流式。

三、过滤器的滤材

过滤水质用的媒介材料称滤材。滤材的种类多，不同滤材对水质的影响也不同。

1. 过滤棉

可以过滤水中较大颗粒的杂质，还可供硝化细菌附着，分解水中有机物，具有物理和生物两种过滤功能。过滤棉多为人工合成纤维，不易腐烂，耐用，当污垢在其中积存过多时，清洗后仍可继续使用。

2. 生化球

生化球由高级浸水无毒塑料制成。形状为球形，直径2～3cm，内部多孔，多片状结构，使其具有200cm^2的表面积。以生化球为滤材水流通畅，有利于硝化细菌的繁殖、生长。缺点是要充分发挥功能必须在大水流冲刷下才行，同时价格也比较高，适用于滴流式滤器。

3. 陶瓷环

陶瓷环是一种多孔陶瓷质的环状物，长度在1～2cm之间，直径约8～12mm。陶瓷环的特点是质地较硬、多毛细孔、呈环状结构，其微孔结构表面提供了较大的空间供硝化细菌吸附，同时水阻低，容易清洗，不易损坏，使用寿命长，维护简单。缺点是质量较差的陶瓷环会释放矿物质，升高水的硬度。

4. 活性炭

活性炭是一种多孔材料，具有脱色、除臭功能，净化水质速度快。活性炭不仅是一种很好的机械过滤材料，而且能有效吸附水中的溶解有机物及其它有害物质，当水通过炭床后，COD 以及总有机碳均显著降低。活性炭的有效期有限，使用太久不更换，不仅起不到吸附作用，反而有害。活性炭初次使用要用清水冲洗，以免大量的炭粉进入水族箱。活性炭使用一段时间，当箱水清澈无臭后，可将活性炭取出，用盐水冲洗或煮沸后放在太阳下曝晒备用。

影响活性炭吸附效率的因素有 pH、温度、炭粒大小、活性炭种类等。

（1）pH　　pH 的降低会减弱活性炭对负电荷物质的吸附能力，而 pH 增加将降低活性炭对正电荷化合物的吸附能力。一般养殖水体的 pH 相对比较稳定，因此，pH 对其吸附效率的影响不大。

（2）水温　　水温增加会增强活性炭的吸附能力。与 pH 一样，一般水族箱中水温比较稳定，因此它的影响亦不大。

（3）炭粒直径　　炭粒越小，表面积越大。粉状炭的表面积最大，但在大多数情况下并不适用，实际操作不便，也很难从水中将其清除。粒状炭则化学性能好，使用方便。

（4）活性炭种类　　活性炭都是用纤维质材料制成，如煤炭、竹木以及像椰子或胡桃一类的硬壳果皮。有研究表明，各种活性炭的吸附性能有差异，但还缺乏这方面的详细材料。

活性炭在使用一定时间后会达到饱和状态，失去吸附能力。确定活性炭是否达到饱和的唯一正确方法是测定流出水的有机物含量。如果含量增加，说明活性炭该调换了。

5. 树脂

离子交换树脂是一种带电荷的树脂珠，它能借助其交换作用清除水中的某些离子。有几种类型的离子交换树脂：强酸性阳离子树脂、弱酸性阳离子树脂、强碱性阴离子树脂、弱碱性阴离子树脂。树脂的选用要根据溶液中要置换物质的性质，只要有能力置换该物质，一般选用弱性树脂为好，因为弱性树脂比较容易再生。

对淡水而言，强酸性钠型阳离子树脂去除氨比较有效，强碱性氯型阴离子树脂则适用于硝酸离子的清除。

在水族动物的养殖水体中，离子交换树脂过滤的不足之处有三：一是只限于在淡水中使用；二是容易招致有机污染；三是使用药品清除树脂层上的有机物时易对水质造成毒性污染。

6. 砂石

水族箱过滤中常用的砂石包括许多种。珊瑚砂能释放出碱性物质，适于海水水族箱和养殖丽鱼科鱼类使用，依颗粒大小而有各种规格；黑白溪砂（水草砂）含硅，呈酸性，颗粒 4mm 的黑白溪砂适宜作为水草底砂；麦饭石是外灰内白的结晶矿石，表面密布细小的孔洞，不具光泽，既可过滤，又可供硝化细菌附着生长，是吸氨和净水的好材料，用前需用清水冲洗，以免箱水混浊。

四、净水微生物

净水微生物是从天然环境中提取分离出来的一大类微生物，这些微生物能将水体或底质沉淀物中的有机物、氨氮、亚硝态氮分解吸收，转化为有益或无害物质，而达到水质（底质）环境改良、净化的目的，其种类主要有光合细菌、芽孢杆菌及硝化细菌等。

1. 光合细菌（photosynthesis bacteria，简称PSB）

光合细菌分红色非硫磺细菌、红色硫磺细菌、绿色硫磺细菌和滑行丝状绿色硫磺细菌4个科。光合细菌广泛分布在水和土壤的厌氧层上部，以厌氧的硫磺还原菌、发酵细菌所生成的H_2S、CO_2为营养源进行光合生长，能去除H_2S的氧化作用；PSB在自然水域的厌氧层和好氧层都发生光合作用，参与碳素循环，在厌氧层中，PSB除参与碳素循环外，同时还参与硫磺循环；PSB不仅能进行光合作用，也能进行呼吸、发酵或脱氮；PSB还具有一些耐盐性的菌种，可以生长在海水中。大量研究表明，光合细菌能促进养殖水体氮素循环，有效降低NH_4^+-N和NO_2^--N的含量。

2. 硝化细菌（nitrifying bacteria）

硝化细菌属于自营养性细菌，包括亚硝化菌属和硝化杆菌属两种不同的代谢群体。它们都是好气性细菌，能在有氧的水中生长。首先，亚硝化菌属细菌把水中的氨离子氧化成为亚硝酸根离子，然后，硝化杆菌属细菌把水中的亚硝酸根离子氧化成为硝酸离子，也就是把水中有毒的氨最终氧化成无毒的硝酸根离子，从而起到净化水质的作用。硝化细菌广泛存在，但因其繁殖时间长（约20h一个繁殖周期）而限制了亚硝酸盐的降解。

3. 芽孢杆菌（*Bacillaceae bacteria*）

芽孢杆菌为芽孢菌属的种类，革兰染色阳性，是一类好气性细菌，能分泌蛋白酶等多种酶类和抗生素。其可直接利用硝酸盐和亚硝酸盐，从而起到净化水质的作用；另外还能利用分泌的多种酶类和抗生素来抑制其它细菌的生长，进而减少甚至消灭水产养殖动物的病原体。

4. 复合微生态制剂

近年来复合微生物制剂在水产养殖及观赏鱼养殖的水环境改良和控制中广泛应用，复合微生物制剂是利用从自然界严格分离筛选出的多种高效广谱降解微生物，再经互补、共生培育，形成的包含多种细菌的浓缩剂，其净水功能较之单种或单类细菌倍增。从环境中分离筛选的菌种，其降解污染物的酶活性有限，运用生物工程技术，采用细胞融合、基因重组等手段，可以将某些降解污染物能力强的微生物的降解基因转入繁殖能力强、适应性好的微生物中，从而构建出高效的具有广谱降解能力的基因工程菌。现已有利用定向培养、定向构造特定功能的超级工程微生物制成的微生物制剂，用于养殖水环境治理。这类复合微生物制剂主要有以下几种。

（1）益生素　益生素是一种能全面改善水质的微生物制剂，其主要成分有芽孢杆菌、枯草杆菌、硫化细菌、硝化细菌、反硝化细菌等多种微生物，能分解水中和池底的有机物，降解氨氮、亚硝酸盐、硫化氢等，改善池底的厌氧环境，抑制养殖水体中藻类的过量繁殖，保持养殖微生态的平衡。益生素除含有大量的光合细菌外，还含有大量的非光合细菌。

（2）EM菌　EM菌为一类有效微生物菌群，最先是日本琉球大学研制出的一种新型复合微生物活菌剂。其主要成分有光合细菌、酵母菌、乳酸菌、放线菌及发酵性丝状真菌等16属80多个菌种。光合细菌可与EM菌中的其它菌起到协同作用。EM菌外喷涂于全熟化的颗粒饲料上，被水产养殖动物摄食后，能有效地降低有害物质的产生。

（3）肥海菌　肥海菌是一种复合活菌肥，是针对海水养殖环境的特点，将有机肥通过接种有益菌株后培养、发酵制得的产品，主要菌群为光合细菌、芽孢杆菌。肥海菌投放到海水中后，休眠菌能很快复苏和崩解，并以成数倍速度繁殖扩增，很快形成优势种群，迅速分解水体中的有机污染物，消除水体中的氨态氮、亚硝态氮、硫化氢等有毒物质，起到增氧、净化水质和产生免疫活性物质的作用，并间接地控制致病菌。

复合微生物制剂使用方便，生物降解能力强，已成为观赏鱼养殖中水族箱环境控制的主要手段。通过定期向水族箱中投放适量的复合微生物制剂，补充改善水中及生物滤器中的降解微生物种类和数量，可有效控制水环境在适宜水族生物生活的范围内，提高过滤系统的效率，方便水族箱的管理。

第三节　观赏鱼生活条件与水族环境控制

观赏鱼生活的水族环境指的是水族箱的水质、水温、水草、底质、藻类、光照和装饰物等。水族箱中各种环境因子，直接或间接影响着鱼类、水草等生物的生活、生长情况。因此，水族环境控制的好坏是观赏鱼养殖成功与否的重要条件。

一、水温与水温控制

观赏鱼中，淡水热带鱼、海水热带鱼对水温要求较高，一般在20℃以上；金鱼、锦鲤则对水温的适应力较强，2～30℃均能生存。水族箱中的常见水草也要求有较高的水温。由于鱼类是变温动物，其体温会随水温而发生变化，同时，水温改变还会引起其它水质因子的变化，因此，水温是水族环境中的重要因素。

1. 水温对观赏鱼的影响

水温对观赏鱼的影响可以概括为直接影响和间接影响。

（1）直接影响　鱼生活在水中，是变温动物，水温的变化直接影响鱼生存和生长。观赏鱼对水温有一定的范围要求，在适宜范围内，水温高，其新陈代谢强度大，生长快；反之则慢。一旦水温超出或低于其适宜范围，就会产生副作用。如体质变弱，易患病，甚至死亡。一般来说，常见热带观赏鱼的养殖水温要求在20℃以上，适宜的温度范围应控制在22～30℃，繁殖水温以22～26℃为宜；但有些热带鱼对水温的适宜范围较广，如龙鱼在12～30℃的范围内均能良好地生长；金鱼、锦鲤属温带观赏鱼，对水温的适应力更强。总之，目前已成功地在水族箱内饲养的观赏鱼种类繁多，对水温的要求变化也很大。

（2）间接影响　水温通过影响水质从而间接影响观赏鱼的生存和生长。水温升高，水对氧气的溶解饱和度降低，而鱼的呼吸作用恰好加强，对鱼有害。另外，水中的微生物也是在水温升高时繁殖加快，容易导致鱼病。许多浮游植物也是随着温度的升高而快速繁殖，在自然界，浮游植物的增加，可以增加水中的溶氧，这是天然水域中水中溶氧的主要来源，而在水族箱这个小环境中，主要通过人工增氧获得水中溶氧，水族箱中浮游植物的繁殖要控制在适当的范围内，否则会导致水质恶化。

2. 水温的控制

保持相对稳定的水温是成功养殖观赏鱼的先决条件。在可能的条件下，水族箱的容积应尽量大，水量大相对温度变化幅度小，容易控制。事实上，要使水温相对恒定，必须进行人工控制。原则上水温的昼夜变化幅度不宜大于5℃，鱼苗繁殖期间要尽量减少昼夜温差，变化幅度应小于2℃。准备注入新水时，需预先放一段时间，待水温相近时再注入水族箱。

用来调节水温的方法有电热棒加热或用蒸汽管加热。蒸汽管加热比较烦琐，受条件限制，而且不能自动控温，现在一般不用。电热棒配有温控装置，可按预定的水温自动调节，省时省力。采用白炽灯也可达到加温的目的，但升温效率不高，水温也不能控制。

目前饲养观赏鱼多采用自动控制的电热棒。电热棒通常安装在水族箱内壁上,加热时,热量向周围水体扩散,通过充气混合可以让热量均匀分布,使水族箱内温度保持稳定。电热棒温度指示范围可调控在20～34℃之间,能自动调节温度,带有电源指示灯,完全潜水。

在选配加热器的功率时,以每升水配0.3～1W较适宜。这主要取决于室温与箱内所需水温的差异大小,如温差在15℃左右,每升水配备0.5～1W即可。值得注意的是,加温应遵循循序渐进的原则,当遇到箱内水温急剧下降,切不可在几小时内将水温大幅度提高,而应在1～2天内完成加温的过程,否则,对养殖的鱼类会造成极大的影响。

二、光照

同其它生物一样,光照对鱼类也是必不可少。尤其对观赏鱼来讲,长期缺乏适宜的光照,除了影响鱼的健康状况外,其体色、斑纹会趋弱,失去观赏价值。水族箱的光照如同水温一样,对鱼类有着极大的影响。

水生植物的光合作用,必须在适宜的光照下才能进行,光合细菌也需要足够的光线才能正常生长。另外,恰当适宜的光照可以让人们更好地欣赏美丽的水族生物和水族景观。

1. 自然环境的光照

事实上,养殖观赏鱼,很难将自然环境中的光照情况完全引用到水族箱中,毕竟水族箱这个人工生态系统与自然生态系统在结构上存在的差异太大,但只有了解我们所养的观赏鱼在自然水域的光照情况,才能尽可能地在水族箱的小环境中满足其光照要求。

自然条件下水中的光照强度以中午前后最大(泰国一些河流可达15000～20000lx),下午3:00以后,光照强度明显减弱。在不同的深度,光照强度也有较大变化。表2-3是晴天测得的不同深度光照强度的数据资料。

水中的实际光照强度,除了与太阳辐射的强度有关外,还与水域遮光物(如树林、水草)的多少有关。有些观赏鱼虽然生活地区的太阳的辐射强度很大,但却喜欢生活在树林、水草丛生的水域,并不喜欢强光。

表2-3 不同深度水层的光照强度

水层深度	光照强度/lx
水面	1500
水下10cm	700
水下20cm	600
水下30cm	450

表2-4 不同光源的光通量

光源种类	光通量/(lm/W)
钨丝灯	7
荧光灯	55～75
LT卤素灯	16
水银灯	52～55
金属卤素灯	74～77
卤素荧光灯	93～97

2. 水族箱的光照

为水族箱配备照明设备,首先要考虑所用灯具的光通量,它主要由光源的本质决定。光通量的测定单位称为"流明"(lumen,简写为lm),它是光通量的强度单位。例如,一只40W的荧光灯,其总光通量为3000lm,即75lm/W。一般荧光灯就是这个光通量。表2-4为不同光源的光通量。

光照强度和光通量的关系为:1m²面积得到的光通量是1lm时,其光照强度是1lx,因此除了光源的光通量外,还应考虑灯具的形状。长条形的荧光灯管,只能照亮水族箱的表面，灯光不会以高密度光源照射入水族箱内。故用荧光灯作光源时，水族箱的最大高度是50cm。圆形灯具，如水银灯或金属卤素灯，其特点是穿透力强，可以照射到一般荧光灯无法照射的深度，金属卤素灯作为点光源时，其光线可穿透到水深80cm。另外，圆形灯具只能照明水族箱的定点部分，有较强的光照对比，形成部分强光区域及部分阴暗区域，可供鱼类休息。

水族箱的光照，应尽量满足观赏鱼及水草的需求，至少要达到5000～10000lx。一只80cm长的标准箱，如使用一只60cm的荧光灯，测得的光照强度，水表层为500～1000lx，底部仅20～30lx，远低于5000～10000lx的要求。水族箱选配照明灯光要根据水族箱规格、光源性质、养殖观赏生物种类综合考虑。表2-5为水族箱选配日光灯照明参考值。

表2-5　水族箱大小与日光灯功率要求参考表

水族箱长度/cm	日光灯		水族箱长度/cm	日光灯	
	功率/W	只数		功率/W	只数
30	6	1	75	30	1
45	15	1	90	30	2
60	20	1	120	40	2

三、水质

水质指的是水体各种化学指标参数的总和，包括酸碱度、硬度、盐度、溶氧量、氨氮浓度等指标。要维持水族系统正常运转，就要对这些水质指标进行调节，使之在适宜水族生物生活生长的范围内。

水可以溶解各种有机物、无机物，使得水族箱的水质多变而难以进行很好的控制。要管理好一只水族箱，首先要控制好水质。这不仅要有水化学基础知识，还要掌握不同观赏鱼对水质的特殊要求。

1. 硬度及酸碱度

（1）硬度　水的硬度最初是指钙、镁离子沉淀肥皂的能力。水的总硬度指水中钙、镁离子的总浓度，其中包括碳酸盐硬度（即通过加热能以碳酸盐形式沉淀下来的钙、镁离子，故又叫暂时硬度）和非碳酸盐硬度（即加热后不能沉淀下来的那部分钙、镁离子，又称永久硬度）。目前我国使用较多的硬度表示方法有两种：一种是将所测得的钙、镁折算成CaO的质量，即以每升水含氧化钙10mg为1DH（德国度）；另一种以$CaCO_3$含量表示，单位为mg/L。二者的换算关系为：1DH等于17.9mg/L的碳酸钙。

通常把小于8DH的水称为软水、大于16DH称为硬水、8～14DH为中等硬度水。硬水软水是相对的。养殖观赏鱼，要依据观赏鱼原产地的水质情况决定用水硬度。一般来说，观赏鱼对硬度反应并不激烈，只是繁殖期对硬度的要求苛刻一些。金鱼、锦鲤硬度要求在5～8DH，不应小于3DH。淡水热带观赏鱼，原产地大多在赤道热带地区，如南美洲亚马逊河流域、南亚的泰国、马来西亚等地，这些地区的水质多半是略软而略带酸性。因此，饲养产于这些地区的观赏鱼，水的硬度不能太高。

（2）酸碱度　pH，亦称氢离子浓度指数、酸碱值，是溶液中氢离子活度的一种标度，也就是通常意义上溶液酸碱程度的衡量标准。这个概念是1909年由丹麦生物化学家提出。p代表德语Potenz，意思是力量或浓度，H代表氢离子（H）。有时候pH也被写为拉丁文形式的pondus hydrogenii。水的pH范围为0～14，pH为7的水是中性水，pH在7以下为酸性水，

pH在7以上为碱性水。不同的观赏鱼及水生植物等对酸碱度的要求不同,生活于热带雨林地区的观赏鱼类及水生植物适应弱酸至中性水环境,而生活于硬度较高水域中的观赏鱼类及水生植物则需要偏碱性水环境。如七彩神仙适宜pH范围6.0～6.5,南美慈鲷适宜pH范围6.2～6.8,非洲慈鲷适宜pH范围7.2～8.0,孔雀鱼适宜pH范围7.0～7.6,大多热带水草如巴西皇冠草、托尼草等要求弱酸性水环境。

通常在水族箱中,除了养鱼以外,大多种植一些水草,来加强观赏效果。但水草的生长,必须依赖CO_2的供应。水草对CO_2的吸收或放出,常使水的pH值不稳定。当光照充足时,水草光合作用需要消耗大量的CO_2,如果水中游离CO_2供不应求,就会出现生物脱钙作用(bioorganic decalcification)。通过这种作用,水草从重碳酸盐中吸取补充其所需要的CO_2,水的pH也随之上升,有时可达9～10。大多数热带观赏鱼喜欢栖息在偏软略带酸性的水域中,pH值大幅上升,对观赏鱼会产生不良影响。由于CO_2和pH值的这种密切关系,在控制水族箱水质时,必须考虑在不影响鱼正常生活的情况下,尽可能采用硬度较高的水。如果水族箱中同时种植了大量的水草,还应定期根据水中CO_2的变动情况,向水中输入CO_2,这也是稳定水质pH的必要措施。如当水的硬度为5DH时,需要23mg/L的CO_2含量才能使pH维持在6.8左右。

天然海水的碳酸盐硬度介于7～9DH之间,pH值为8.2～8.4。碳酸盐硬度低于4DH,pH往往小于8。实际上,有时虽然硬度提高了,而pH并没有明显上升,始终在7.9～8.4之间波动。由于水族箱中很多细菌的分解产物是二氧化碳,许多有机物、有机酸在换水之前也影响水的pH升高。海水水族箱在刚起用阶段,pH值在标准值以下的原因是由于二氧化碳的存在。通过充气或使用蛋白分离器,将有机物从水中除去,可以减少水中CO_2的含量。必要时,海水水族箱要配备钙交换器,补充水中的钙流失,保持海水硬度在7DH以上,维持pH的稳定。

2. 溶解气体

与观赏鱼养殖关系密切的溶解气体有O_2、H_2S、CO_2、NH_3等。

(1) 溶解氧 水生生物是通过呼吸溶解在水中的氧气生存的,所以溶氧量是水族箱水质好坏的关键指标之一。水中缺少溶解氧,鱼会趋向水表层,出现浮头现象。Ellis根据1937年的研究,将溶氧对淡水鱼类的影响分为三种情况:溶氧在0.3～2.9mg/L时,不适于鱼类生存;溶氧在3.0～4.9mg/L时,鱼可生存,但不理想;溶氧在5mg/L以上时,适合于鱼类生存。虽然不同种类的鱼具有不同的耐低氧能力,但保持水中有较高溶氧对其生存和生长都是有益的。长期生活在低溶氧状态下的观赏鱼,活力下降,摄食量减少,疾病增多,体色也会变得暗淡。保证水族箱中有丰富的溶氧是养好观赏鱼的基础。一般来说5～8mg/L的溶氧量就可以,有一些品种(主要是生存于急流水域的鱼类)需要10～12mg/L甚至是更高的溶氧量。

水中溶氧的来源主要依靠水生植物的光合作用和机械增氧。对于水族箱,水中并不要求有过多的藻类存在。虽然藻类具有产生氧气和净化水质的双重作用,但也带来一些不良后果。如水的透明度减小,需经常清洗箱壁,老化死亡的藻类会产生NH_3和H_2S等有害物质。在水族环境中我们一般是通过增氧泵增氧和水质过滤器净化水质来代替藻类的上述作用。对于海水水族箱,海水的溶氧量不仅与氧的输入量有关,还与海水的盐度及温度有关,见表2-6。

表2-6 不同盐度、氯度及不同温度时的饱和溶氧量　　　　　　　　　　单位：mg/L

温度/℃ 盐度/‰ 氯度/‰	32.5 18	34.3 19	36.1 20	温度/℃ 盐度/‰ 氯度/‰	32.5 18	34.3 19	36.1 20
10	6.52	6.44	6.35	25	5.00	4.95	4.86
15	5.93	5.86	5.79	26	4.92	4.86	4.78
20	5.44	5.38	5.31	27	4.83	4.78	4.70
21	5.35	5.29	5.22	28	4.75	4.69	4.62
22	5.26	5.20	5.13	29	4.66	4.60	4.54
23	5.17	5.11	5.04	30	4.58	4.52	4.46
24	5.09	5.03	4.95				

（2）硫化氢　硫化氢对观赏鱼有强烈的毒性，危害很大，硫化氢在水中的浓度超过0.01mg/L即对大多数观赏鱼有致命危害。无论是海水或淡水中的硫化氢，其生成的最根本原因是水中缺氧导致含硫有机物厌氧分解，海水、淡水水族箱中鱼的排泄物、残饵、水草残叶等都有生成硫化氢的可能。硫化氢的数量及毒性与水的酸碱度关系密切，pH下降，硫化氢的数量增多，且毒性随之增强。根据硫化氢生成及变动的这些特点，在水族箱的管理中，应采取下列措施避免水族环境中的硫化氢积累升高。

①使水族箱保持水流循环，避免箱底部环境缺氧。

②淡水水族箱尽量保持水的pH呈中性或弱碱性。许多"名贵"淡水观赏鱼喜偏酸性的水，在这种情况下，要保持水中有充足的溶氧，尽量避免硫化氢的生成。海水水族箱的pH一般都在8以上，对防止硫化氢的生成非常有利。

③施用铁剂，提高箱底质的含铁量。在有一定Fe^{2+}浓度的水中，即使有硫化氢生成，也可以使之成为无毒的FeS沉淀固定下来。从另一方面讲，水族箱中一般都种植水草，而铁元素是水草快速健康生长必不可少的物质。

④种植水草施用肥料时，避免使用含SO_4^{2-}的化肥。

（3）氨　氨（NH_3）通常是在氧气不足的情况下，含氮有机物分解而成，或者是由于氮化物被反硝化细菌还原而成。氨的毒性很强，水中浓度超过0.1mg/L即可造成观赏鱼中毒死亡。

氨极易溶解于水，生成分子复合物，一部分解离生成铵离子（NH_4^+）。水中NH_3和NH_4^+的总和称为总氨。总氨中NH_3和NH_4^+的比例受水温和pH影响。pH升高，NH_3比例增加，当pH＞11时，总氨几乎全部以NH_3的形式存在，而当pH＜7时总氨则几乎全部以NH_4^+的形式存在。水温越高，氨的比例越大。在不同水温、pH的水中氨占总氨的比例见表2-7。

表2-7 水中氨占总氨的比例　　　　　　　　　　单位：%

| 温度/℃ | pH | | | | | | | | | |
	6	7	8	8.5	9	9.5	10	10.5	11
25	0.05	0.49	4.7	13.4	32.9	60.7	83.1	93.9	98.0
15	0.02	0.23	2.3	6.7	19.0	42.6	70.1	88.1	96.0
5	0.01	0.11	0.9	3.6	9.7	25.3	51.7	77.0	91.5

NH_3具有毒性，即使低浓度也会抑制鱼的生长，浓度较高时，鱼中毒死亡；NH_4^+无毒，对水生植物来说，它是一种氮的营养来源。应根据总氨中NH_3和NH_4^+相互转化的规律，控制好

水温、pH，避免 NH_3 的比例过高。根本的解决方法是降低水族箱中总氨的浓度。

四、换水

换水是水族箱日常管理工作中最重要的一步。换水有全部换水和部分换水之分。全部换水主要是在水族箱中污物较多，底砂需要清洗，以及要重新种植水草时进行。换水时需提前准备好水，把鱼全部捞出放入备用水中，再切断所有电器装置的电源，取出加热器及其它饰物，吸去箱内所有污水，洗净箱里的所有物品，然后重新布置好水族箱，再放入已备好的水，经过数日后，就可将鱼重新放入。如在水族箱里发现病鱼后，也要全部换水，并要对水族箱、物品进行消毒清洁。部分换水时，不必把鱼捞出水族箱，只需把鱼缸底部的污物用虹吸管吸出，这样吸出的水量一般约占水族箱内水量的1/4～1/3，然后兑入等量的清洁水，所以部分换水又称兑水。兑水前，也要先切断水族箱里加热器等电器的电源，然后再用纱布把水族箱上壁的脏物擦去，待脏物沉淀后，再用虹吸管吸出水中的沉淀物及部分老水。兑水时还要注意新水的水温、水质和与老水保持一致，兑水量超过老水的1/3时，必须用事先处理、调节好的水。在向水族箱里兑水时，最好在水面上放一块浮板，使兑入的水落在浮板上，再流入箱里，以免惊吓鱼。兑水的时间间隔要依具体情况而定，一般冬天间隔的时间长一些，兑水量少一些，可为老水的1/10；夏天则间隔要短一些，兑入的新水量要多一些，可为老水的1/3。如果水族箱底几乎没有沉淀物，水质澄清，鱼的精神状态也很好，就没有换水的必要。

管理较好的水族箱，有的甚至几年也不换一次水（全部换水），但即使如此，也应该至少每年换（全部换水）一次水。如果水族箱中没有安装过滤器，则一年中需全部换水2～4次。

对管理良好的海水鱼水族箱，可以半年或更长时间才全部换水，一般一个月进行一次清洗，抽换1/5～1/3的海水，并搅动珊瑚砂，有附在其上的脏物能与底部海水一起被吸出，同时，清洗过滤器。

思考题

1. 简述水族箱的概念、历史及其发展概况。
2. 简述水族箱的分类及其特点。
3. 家庭养殖观赏鱼的好处有哪些？
4. 试述水族箱的选择及其放置。
5. 试述水族箱的规格及其安全性。
6. 水族箱养殖过程中的过滤方法有哪几种？
7. 过滤器的种类及其滤材有哪些？
8. 水温对观赏鱼有何影响？
9. 溶解氧对观赏鱼养殖有何影响？
10. 水族箱养殖观赏鱼过程中如何换水？

实训一　水族箱及其养殖器具的消毒

一、实训目的

掌握水族箱和常见养殖器具的消毒方法，掌握消毒时的注意事项。

二、实训材料和药品

1. 材料：水族箱、捞网、水草夹、虹吸管、砂石、水草等。
2. 药品：高锰酸钾、食盐等。

三、内容和方法

1. 水族箱的消毒

（1）若是新水族箱，用清水浸泡一两天，同时观察有无细小漏水的毛病，然后用食盐或高锰酸钾消毒。

（2）若是养观赏鱼的水族箱，首先关闭电源，将观赏鱼移出放入备好的水中或取出的老水中，把加热、充氧设备取出洗净，再将箱内清洗干净，然后整个水族箱用2mg/L高锰酸钾或3%～5%食盐水消毒。

2. 捞网、水草夹、虹吸管的消毒

将捞网、水草夹、虹吸管等用2mg/L高锰酸钾溶液浸泡20min，晾干即可使用。

3. 砂石的消毒

先将砂石清洗干净，然后用2mg/L的高锰酸钾溶液浸泡1h，再用清水冲洗干净即可使用。

4. 水草的消毒

水草的消毒，常用消毒方法有：3%食盐水浸泡15～30s；0.1%高锰酸钾溶液浸泡5～10min；0.2%硫酸铜溶液浸泡10～15min。

四、实训报告

1. 撰写实训报告，要求对实训过程记述详实。
2. 总结操作过程的体会心得，并对操作过程中容易出现的问题和解决方法进行讨论。

实训二　水族箱的换水操作

一、实训目的

掌握排水和加水的操作步骤及其注意事项。

二、实训材料

水族箱、水桶、虹吸管等。

三、实训内容和操作方法

1. 切断所有电器装置的电源，如需全部换水则要提前准备好水，把鱼全部捞出放入备用水中，然后取出加热器及其它饰物。

2. 用虹吸管吸除水族箱底部鱼类的排泄物和残饵等污物。

排污要在停止充气约30min后，待水中悬浮物沉到水底再开始进行，此间用海绵等清洁用具将水族箱四壁污物擦掉沉淀；排污时，虹吸管在缸底慢慢移动，以免荡起底层污物，影响排污效果。用虹吸管排水1/3～1/2，一般情况下不要全部排水。

3. 排污后补加事先处理好的新水，使水位恢复到原来水平。

对排污过程中造成装饰物移位、倒覆的要及时整理恢复原貌。加水时进水管口不能直接冲击水族箱，可在箱内置一泡沫浮板，或在水面处放一水舀，将管口对准浮板或水舀，让水经缓冲后进入，以免冲击到鱼类或水中器具饰物。

四、实训报告

1. 撰写实训报告，要求对实训过程记述详实。
2. 总结操作过程的体会心得，并对操作过程中容易出现的问题和解决方法进行讨论。

第三章

金鱼养殖

知识和技能目标

1. 了解金鱼的生物学特性。
2. 掌握金鱼的分类、主要品种及其鉴赏。
3. 掌握金鱼的评选标准和命名原则。
4. 熟练掌握金鱼的人工饲养和繁殖技术的生产工艺流程及操作。

第一节　金鱼的生物学特性

中国是金鱼的故乡，金鱼是我国劳动人民培育出来的一种珍贵而独特的观赏鱼类，它体形独特、游姿华贵典雅、色彩绚丽多姿、性情温婉，被誉为幸福、吉祥、和平与友谊的象征。目前世界各地饲养的金鱼最早均来自我国，而杭州是金鱼的发源地。

一、金鱼的生态学地位

在我国淡水鱼有800种左右，但所有这些品种中再也找不到比野生鲫鱼更像金鱼的鱼了，这是不可争辩的事实。经过数千年的演化，金鱼的外形和体色虽与野生鲫鱼相去甚远，但下列四点可证实二者确是同属同种。

①任何金鱼的品种均可与鲫鱼交配，生出具有繁殖能力的后代。
②金鱼与鲫鱼的胚胎发育完全相同。
③金鱼与鲫鱼的染色体数目相同，形状也均相同。
④金鱼与鲫鱼的血清沉淀完全相同。

除以上共同点之外，金鱼的内部构造、组织结构及其生物学特性均与鲫鱼相差无几，所以说金鱼是由鲫鱼进化来的，是鲫鱼的一个变种。在鱼类学专家伍献文教授出版的《中国鲤科鱼类志》中的鱼类分类学系统中，明确金鱼的位置是：脊椎动物门、鱼纲、鲤形目、鲤科、鲫属、金鱼种。

二、金鱼的演化历史

金鱼的演化过程，根据中国古生物学家陈桢教授考证，大致可分为四个阶段。

1. 野生状态的金鲫阶段

自然界的银灰色鲫鱼在发育过程中由于外界环境的影响和尚未查明的原因，发生反常的变化，以致灰黑体色消失或变成红黄体色，这样鱼的颜色由银灰色变成全红或金黄色。古代，野生鲫鱼带给人们神秘的感觉而不敢食用，佛教传入中国后有戒杀生一条，叫"放生"，唐朝已建"放生池"，金鱼成为"放生"的对象，由此受到人们的保护进入半家化，是人们将野生鲫鱼培育成金鱼的开始。

2. 池养阶段

到宋朝，鲫鱼由半家化进入家化时期。从12世纪中期到13世纪初由于爱好者增多，金鱼由池塘野生迁移到家池中单独饲养，环境得到进一步改善。公元1162年南宋皇帝赵构退位后，在杭州德寿宫中建造养鱼池，广收各地的金鱼供其玩赏，并有专人进行饲养。那时，他们已经知道用水中的红虫来饲喂金鱼，使其生活条件和饲养条件都大为改善，为人工培育金鱼提供了可能。为满足人们对新奇金鱼的爱好，开始注意变异的培育，无意中起到人工选择的作用。这样就使新的变异被保护下来，尽管品种不多，饲养技术发展不大，但也逐渐传到全国各地及日本。

3. 盆养阶段

到明末，金鱼的饲养技术有了较大发展，开始由池养转到缸、盆饲养，饲养者也比以往增多，因金鱼用缸、盆饲养省钱、省力，金鱼也就普遍地被作为室内陈设，供人们玩赏。金鱼生活环境的改变，不仅影响到鱼体的胚胎发育，变异增加，而且由于缸、盆饲养，观察仔细，对于新的变异就能被保存下来。随着金鱼饲养的普及，出现了张谦德等有名的金鱼鉴赏家，张谦德写了中国最早的一本饲养金鱼的著作《朱砂鱼谱》，书中对金鱼的品种、饲养方法、鱼缸的选择以及选种等均有详细的记载。当时的品种，在色彩上，除红、白、花斑外，还有花斑类的各种变异；在体形上，不仅有尾鳍变异较大的三尾、四尾，还有凸眼和短身，初步形成了现在的龙睛和蛋种的雏形；在鳞片结构上出现了玻璃鱼等透明鳞的品种。

4. 有意识的人工选育阶段

到晚清，由于观赏者的日益增多，在饲养方法上已开始从无意识的选鱼，进入到有意识的选种阶段，讲求"欲求好种，须择好鱼"，十分重视选种。这种有意识的人工选育，不仅对新的品种的形成起了促进作用，而且新品种的数量也较过去出现得多，为金鱼演变史上最兴盛的时期。当时出现的新品种有墨龙睛、红龙睛、玻璃花龙睛、彩色龙睛等；蛋种的色彩如龙睛，除黑色外其它现在的种类均已出现，还出现受人喜爱的狮头鱼，且肉瘤发育很好。到1904年又出现了望天眼、鹅头和绒球，这些品种无论在色彩还是体形上都比以往要新奇、可爱，中国金鱼即在此时传入欧美各国。

三、金鱼的外部形态及其各部分的测量方法

1. 金鱼的外部形态及区分

金鱼同其它鱼类一样，身体分为头部、躯干部和尾部三部分。头部和躯干部的分界在鳃盖后缘，躯干部和尾部的分界为肛门或泄殖孔。头部有口、眼、鼻孔和鳃盖，躯干部和尾部

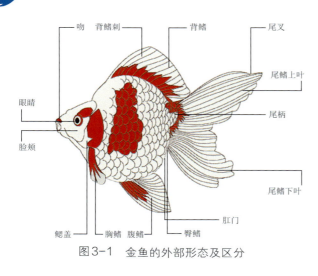

图 3-1 金鱼的外部形态及区分

有鳍条、鳞片和侧线等器官（图3-1）。

（1）口 位于身体的最前端略偏下，是金鱼的摄食器官，同时，也是鳃呼吸时水流进入鳃腔的通道。

（2）眼 金鱼有眼睛一对，位于头部前端两侧，是金鱼的视觉器官，由于长期适应水环境的结果，它们都是极端的近视，且鱼无眼睑，无泪腺。

（3）鼻孔 鼻孔一对，位于眼睛前上方，由一瓣膜将其分为前鼻孔和后鼻孔。金鱼游动时，水流由前鼻孔流入后鼻孔，借此两孔水流进入与流出嗅囊，从而完成嗅觉作用。金鱼的鼻孔和陆上动物不同，它没有呼吸功能，主要依靠鳃来完成呼吸作用。

（4）鳃盖 鳃的外面是鳃盖，鳃盖的开合，迫使水流从口流入，从鳃盖孔排出，水流穿过鳃丝时，金鱼借助鳃丝上的毛细血管进行气体交换而完成呼吸作用。

（5）鳍 鱼鳍的功能是帮助金鱼运动和平衡身体。同其它鱼类一样，金鱼的鳍有奇鳍和偶鳍两类。偶鳍是胸鳍和腹鳍，成对存在；奇鳍有背鳍、臀鳍和尾鳍。金鱼的奇鳍变化很大：有的品种背鳍长大（文种和龙种），有的品种已没有背鳍（蛋种和龙背种），很多品种的臀鳍和尾鳍成对存在，但其内部结构没变。

（6）鳞片 金鱼的鳞片近圆形，呈覆瓦状排列，覆盖了整个躯干部和尾部，具有保护鱼体的作用。

（7）侧线 侧线是金鱼的感觉器官，位于鱼体两侧中间处。它是鱼鳞上的一列小孔，贯穿躯干部和尾部，排列成线状，可感觉水流和低频振动，对金鱼逃避敌害和觅食有很大的帮助。

2. 金鱼的测量（图3-2）

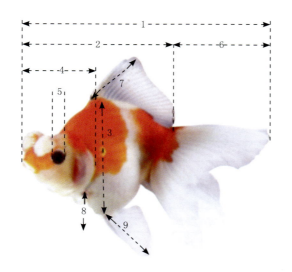

图 3-2 金鱼的测量

1—全长，是金鱼的全部长度，即从吻端到尾鳍末端最长点的长度；
2—体长，又称标准长，是从吻端到尾鳍基部的直线长度，也就是全长减去尾鳍的长度；
3—体高，是身体最大的高度，从背部最高点到腹部的垂直高度；
4—头长，是从吻端到鳃盖骨后缘的直线长度；
5—眼径，眼眶的直径，即眼眶的前缘到后缘的直线距离；
6—尾鳍长，又称尾长，是尾鳍最长鳍条的直线长度；
7—背鳍高，是背鳍最长鳍条的直线长度；
8—胸鳍长，是胸鳍最长鳍条的直线长度；
9—腹鳍长，是腹鳍最长鳍条的直线长度。

四、金鱼的外部形态变异

金鱼的形态变异主要是指同其祖先野生鲫鱼相比,其外部形态及器官发生了很大变化,这些变化是金鱼分类和划分品种的重要依据。主要有以下方面。

1. 体形

金鱼的体形变异主要是由狭长形变为短圆形。野生的鲫鱼体形细长而侧扁,只有草金鱼的体形还保持着野生鲫鱼的纺锤形,而其它类型的金鱼,体形变化很大,且常因品种而异。但总的来说是表现为躯干的短缩,整个躯干多为椭圆形或蛋形。有的腹部显得特别膨大而肥圆,甚至成为球形,到尾柄处则往往陡然变细而短小(图3-3)。

图3-3 金鱼的体形变异

2. 鼻

金鱼的两个鼻孔都被中间一瓣膜分为前后两部分,多数金鱼的鼻未发生变异,仅绒球鼻部瓣膜变得非常发达,形成一束肉质小叶,犹如绒球,左右各一,大小对称,很是好看。绒球也有一个的,称为狮子滚绣球。它是蛋种人工选育的品种。该品种从幼鱼开始进行人工修剪,抑制其中一只绒球的发育,另一只将会加速发展起来。绒球的颜色有的与体同色,有的与体异色,也有两球异色的(图3-4)。

图3-4 绒球鼻的变异

3. 鳃盖

硬骨鱼类的鳃,外面有骨质的鳃盖保护,鳃盖是由前鳃盖骨、主鳃盖骨、下鳃盖骨、间鳃盖骨组成的。在鳃盖的后缘有一游离的膜,称为鳃盖膜。依据鳃盖的变异情况,可将金鱼的鳃盖分为以下三种。

(1) 正常鳃　鳃盖骨没有大的变异,大多数金鱼的鳃盖属正常鳃盖。

(2) 翻鳃　主鳃盖骨和下鳃盖骨的后缘由内向外卷曲,使部分鳃丝裸露在外,习惯称为翻鳃(实际上鳃并没有卷曲,而是鳃盖卷曲)(图3-5)。

(3) 透明鳃　金鱼的某些种类鳃盖骨的骨片较薄,鳃盖内外表皮呈半透明状,能从外面观察到部分鳃丝,使鳃盖透出鳃丝的血红色,称透明鳃(图3-6)。

图3-5 翻鳃

图3-6 透明鳃

4. 鳞片

金鱼除了各鳍及头部没有鳞片覆盖外，身体其余部分都覆盖一层鳞片。金鱼的鳞片属于圆鳞，依其鳞片上含有的色素量，可将金鱼的鳞片细分为正常（普通）鳞、透明鳞、半透明鳞及珍珠鳞。

（1）正常鳞　大多数金鱼的鳞片属于此种鳞片。正常鳞含有正常色素细胞，与体色相同。

（2）珍珠鳞　珍珠鳞因其鳞片含有大量钙质，摸起来坚实且中央部分向外突出呈半球状，颜色较浅，就像一颗颗的珍珠镶在鳞片上，故得此名。珍珠鳞片很容易因外力摩擦而损坏脱落，虽然鳞片会再生，但与原来的鳞片仍有差异，没有原来的美感，从而影响其观赏价值。所以饲养时要尽量避免鳞片脱落（图3-7）。

图3-7　珍珠鳞

（3）透明鳞　其鳞片因缺少色素和反光体，透明的如同一片玻璃。拥有此种鳞片的金鱼，看起来会有一种朦胧神秘的美感（图3-8）。

（4）半透明鳞　有些金鱼的体表上会同时具有正常鳞与透明鳞两种鳞片，但以透明鳞为主，夹杂少量具反光体的正常鳞。大多数有半透明鳞的金鱼表现为五花品种（图3-9）。

图3-8　透明鳞

图3-9　半透明鳞

5. 体色

鱼类身上有三种色素细胞：黑色素细胞、黄色素细胞和红色素细胞，三种色素细胞通过适当组合就产生了各种各样的颜色。另外，还有一种虹彩细胞，或称鸟粪素细胞，内含结晶鸟粪素，为一种反光物质。鱼的体色在虹彩细胞的掩映下，色彩会变得更鲜艳，色调更明朗。金鱼的体色是最富变化的，几乎无法用语言来描述。

金鱼体色大体上分为单色和复色两种。单色如：红、白、黄、黑、蓝、紫（棕或咖啡）等；复色是由两种以上的色块组成，而形成图案，如同天然的调色板。复色又可细分为双色和五花，双色如红白、红黑、黑白、蓝白、紫白等两种颜色搭配在一起；五花是由红、黄、黑、白等任何三种以上的色斑相互混杂而构成的千变万化的图案。无论单色还是复色，其颜色的深浅和亮暗程度以及搭配情况，都各不相同。金鱼的品种好坏，及人们对金鱼的喜好程度，很大程度上取决于其体色状况，同时，体色也是划分品种的重要依据。

金鱼的体色在孵出后均为青灰色，一般在30天后，才变成各种颜色，变色时间有早有晚，有的一年后才变色，也有的金鱼一生中要变色数次。另外，金鱼的体色与环境有较大关系，生活在昏暗环境中的金鱼体色灰暗，而生活在光线充足的环境中则体色鲜亮。

6. 鳍

（1）背鳍　金鱼的背鳍长大，位于鱼体脊背中后部，有正常的背鳍和无背鳍两种。蛋种和龙背种金鱼是无背鳍的金鱼。无背鳍是从有背鳍的品种演化而来，故有些金鱼演化不彻底，背部仍有残缺的背鳍，俗称"扛枪带刺"，残缺背鳍的程度和位置不完全一样。中国的金鱼鉴赏家和金鱼爱好者都认为残缺是一种畸形，非常难看。因此，要求在幼鱼阶段，就要将有残缺背鳍的个体淘汰掉。

（2）胸鳍　胸鳍的条数因品种不同而有差别，草金鱼最多，蛋种金鱼最少。其形态也常因品种而异，蛋种金鱼的胸鳍稍短而圆，其它品种金鱼的胸鳍则多呈三角形，长而尖。同一品种的金鱼，雄鱼的胸鳍要比雌鱼的长一些，且稍尖。

（3）臀鳍　鲤科鱼类几乎都是单臀鳍，而金鱼除草金种为单臀鳍外，大多数品种均具有双臀鳍，一般认为双臀鳍的金鱼较好，且被认为是金鱼品种特征的优良性状。

（4）尾鳍　金鱼的尾鳍变化最大，不同品系有不同的尾鳍形状，基本上可以分为单尾鳍与双尾鳍两种：

①单尾鳍跟鲫鱼一样，只有一片尾鳍，故称之为鲫鱼尾。单尾鳍中又有特别修长纤细的，称为燕尾（图3-10）。

图3-10　燕尾

②在双尾鳍中，尾鳍的形状、位置变异很大。一般依尾鳍末端的分岔程度，可将其分为三叶尾、四叶尾及反翘（转）尾等。

a. 三叶尾　金鱼上面两片尾叶相连，下面分开，形成三叶尾（图3-11）。

b. 四叶尾　尾鳍具有四片尾叶，上下各两片，尾鳍中间完全或部分分开，尾叶端呈尖形、圆形或方形等。依据尾鳍形状的差别分为扇尾、蝶尾、孔雀尾、凤尾等。

ⅰ．扇形尾　尾鳍长而呈扁形的，称扇尾或裙尾（图3-12）。

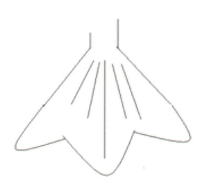

图3-11　三叶尾（自绘）

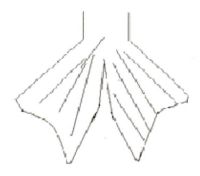

图3-12　裙尾（自绘）

ⅱ．蝶尾　其尾叶也是四片，中间的两尾叶比两侧的尾叶稍短，鱼泳动时，就如同蝴蝶张开翅膀飞舞一般，因而称之为蝶尾（图3-13）。

图3-13 蝶尾　　　　　　　　　　　　　　图3-14 凤尾

ⅲ. 凤尾　尾鳍特别长大而下垂，形状如我国民间传说中凤凰的尾，故称凤尾（图3-14）。

ⅳ. 孔雀尾　属于四叶尾的一种，鱼泳动时，尾鳍会张开呈现X形，特指日本产的地金类（图3-15）。

c. 反翘（转）尾　此种尾鳍只有在日本人研发的土佐金身上才有，在别的金鱼品种上看不见，是非常特殊的一种尾型。反翘尾仍属于三叶尾，特别之处在于鱼只泳动时，尾鳍会摊开两端翘起呈现翻转的模样（3-16）。

图3-15 孔雀尾　　　　　　　　　　　　　图3-16 反翘尾

7. 头型

我国各地饲养者把头型分为虎头、狮头、鹅头、高头、帽子和蛤蟆头。在这些头型中，有的是不同类型，有的是同一类型，在各地有着不同的名称。根据陈桢教授的命名，把头型区分为平头、高头和狮头三种类型。

（1）平头型　其头部没有变异，皮肤是薄而平滑的，称为平头型。

（2）高头型　头顶上的肉瘤厚厚凸起，而两侧鳃盖上则是薄而平滑的（图3-17）。

图3-17 高头型

（3）狮头型　头顶和两侧鳃盖上的肉瘤都是厚

厚凸起，发达时甚至能把眼睛遮住（图3-18）。

8. 眼睛

眼睛是位于头部两侧的视觉器官，依据其变异程度，可将其双眼分为正常眼、龙睛、朝天龙、水泡眼、蛤蟆眼等。

（1）正常眼　大多数的金鱼都属于这一类型，眼球正常并藏于眼窝之内，不会突出外露于眼眶外。

图3-18　狮头型

（2）龙睛　此类金鱼的眼球较大，突出于眼眶外，就像中国古代传说中"龙"的眼睛，故称之为龙睛（图3-19）。龙睛金鱼眼球突出的形状有算盘珠形（图3-20）、苹果形、牛犄角形（图3-21）等。龙睛金鱼不是一出生就拥有膨大突出的眼球，要等到孵化2～3个月后，眼球才会明显地突出于眼眶外。但龙睛金鱼并不会因为特别突出的眼球，而使得视力更佳，相反地，龙睛金鱼的视力比其它金鱼更差，得依靠嗅觉与味觉来觅食，只是龙睛外形较为美观而已。

图3-19　龙睛

图3-20　算盘珠眼

图3-21　牛犄角眼

（3）朝天龙　又称朝天眼或望天眼，其最大特征是眼球膨大突出于眼眶外，与龙睛金鱼相似，但朝天眼特别的地方在于瞳孔会呈90°向上翻转，望向天际，故称之为望天眼或顶天眼。当俯瞰朝天眼时，可以非常清楚地看见它奇特的双眼。由于朝天龙眼睛只往上看，对于眼下的事物完全看不见，所以他们的觅食能力很弱，与龙睛金鱼一样依靠嗅觉与味觉来觅食（图3-22）。

（4）水泡眼　水泡眼金鱼的眼正常，但下部眼眶皮肤特别膨大而形成一个大水泡，其中充满半透明的体液。两个大水泡托着两个黑色、黄色或红色的眼球，鱼只游动时，让人感觉水泡好像两盏小灯笼。水泡眼的水泡十分脆弱，很容易因外力破裂使膜内的半透明液体流失，其水泡眼就慢慢变回正常眼，无法恢复原本逗趣可爱的模样了。所以，在饲育时要特别注意，别把水泡碰破了，否则就会失去水泡眼最重要的观赏价值（图3-23）。

（5）蛤蟆眼　金鱼的眼球略外凸，眼球下部眼眶皮肤膨大形成一个小水泡，小水泡中体液较少，鱼体游动时，小泡不抖动，这种眼也称小泡眼。所以，在泳动时水泡不会像水泡眼一样左右晃动摇摆（图3-24）。

（6）葡萄眼　金鱼眼球的颜色是黑色的，但眼眶的颜色却有很大差别，多随体色而变化，

图3-22 朝天龙

图3-23 水泡眼

图3-24 蛤蟆眼

图3-25 葡萄眼

有一类金鱼眼眶的颜色同眼球一样，都是黑色的，不仔细看，很难分出哪是眼眶，哪是眼球，这种眼被称为葡萄眼，一般肉白色的草金鱼和龙睛金鱼常有葡萄眼。有些品种两只眼睛（眼眶）的颜色不相同，一红一白或一黄一白，被称为金银眼；若是两只眼的颜色不一样，而又不是金银，则称为鸳鸯眼（图3-25）。

第二节　金鱼的分类与鉴赏

一、金鱼的分类

千百年来，金鱼在人民辛勤的培育下，从最初的一两个品种，经过不断的演化和培育，品种逐渐增多。特别是清朝以来，人们采取了杂交方法，使新品种不断涌现，到20世纪60年代末，品种已近160种之多，真是五彩缤纷，珍奇异状，令人喜不胜收。

由于不断杂交和繁育，金鱼品种越来越多，因此，早期的分类法已不能表现出如此众多的品种。一般来讲，金鱼的分类有早期分类法、传统分类法和新的五类分类法三种方法。本书采用的是傅毅远、伍惠生先生提出的新的五类分类法。

新的五类分类法按照动物进化的先后次序为分类依据，将体形的变化作为一级分类标准，其次是鳍部和眼球的变化，由于各种金鱼均有可能发生鳞片变异，普通鳞片又可出现各种颜色，可不作为分类依据，凡具有两种以上变异的品种，为了简化分类，可按变异比较突出的部分划分类型。根据这一原则，目前将金鱼分下列五大类二十九型，其检索表如下：

Ⅰ. 身体扁平，纺锤形，具有背鳍，尾鳍单一 ································· 金鲫种
　　短尾 ··· 金鲫型
　　长尾 ··· 燕尾型

Ⅱ．体型短缩，尾鳍分叉为双尾
  1. 有背鳍
    （1）眼球不凸出…………………………………………………………………………文种
    眼球不凸出，头顶平滑……………………………………………………………文鱼型
    眼球不凸出，头顶具肉瘤，且仅限于头顶………………………………………高头型
    眼球不凸出，头顶肉瘤发达，从头顶一直包向两颊，口、眼均陷于肉瘤………狮头型
    眼球不凸出，鼻膜发达，形成双绒球……………………………………………绒球型
    眼球不凸出，鳃盖翻转生长………………………………………………………翻鳃型
    眼球不凸出，带有半透明水泡……………………………………………………水泡眼型
    （2）眼球凸出……………………………………………………………………………龙种
    眼球凸出，头顶平滑………………………………………………………………龙睛型
    眼球凸出，头顶具肉瘤……………………………………………………………狮头龙睛型
    眼球凸出，鼻膜发达形成双绒球…………………………………………………龙睛球型
    眼球凸出，鳃盖翻转生长…………………………………………………………龙睛翻鳃型
    眼球微微凸出，头呈三角形………………………………………………………扯旗蛤蟆头型
    眼球凸出向上生长…………………………………………………………………扯旗朝天龙型
    眼球凸出，眼球角膜凸出…………………………………………………………灯泡眼型
  2. 无背鳍
    （1）眼球不凸出…………………………………………………………………………蛋种
    眼球不凸出，尾短…………………………………………………………………蛋鱼型
    眼球不凸出，尾长…………………………………………………………………蛋凤型
    眼球不凸出，头顶具肉瘤，且仅限于头顶………………………………………高头型
    眼球不凸出，头顶肉瘤发达，从头顶一直包向两颊，口、眼均陷于肉瘤………虎头型
    眼球不凸出，鼻膜发达，形成双绒球……………………………………………蛋球型
    眼球不凸出，鳃盖翻转生长………………………………………………………蛋种翻鳃型
    眼球不凸出，眼球外带有半透明水泡……………………………………………水泡眼型
    （2）眼球凸出……………………………………………………………………………龙背种
    眼球凸出，尾短……………………………………………………………………龙背型
    眼球凸出，头顶肉瘤发达，从头顶一直包向两颊，口、眼均陷于肉瘤………虎头龙背型
    眼球凸出，鼻膜发达，形成双绒球………………………………………………龙背球型
    眼球微凸出，头呈三角形…………………………………………………………蛤蟆头型
    眼球凸出向上生长…………………………………………………………………朝天龙型
    眼球凸出，鳃盖翻转生长…………………………………………………………龙背翻鳃型
    眼球角膜凸出………………………………………………………………………灯泡眼型

二、金鱼的主要品种

1. 金鲫种（也称草种或草金种）

草种金鱼体形同鲫鱼非常相近，身体扁平近纺锤形，只是体色上有较大变异，习性上并不怕人。这类金鱼游泳速度快，观赏价值较小，它们有背鳍，尾鳍单一。但饲养在水族箱

内,从侧面观赏,既有五彩斑斓的颜色,又给人以回归自然的感觉,倒也有趣。另外,这种金鱼体质健壮,适应性强,病害少,很适合初学养金鱼者或工作繁忙者饲养。其它品种体形缩短,尾鳍为双尾。通常根据尾鳍的长短,将草种金鱼分为金鲫型和燕尾型两种。

(1) 金鲫型　金鲫型金鱼又称红鲫,其体型和各鳍同野生鲫鱼的短尾完全一样。仅体色多变,且以纯红色者居多。它体质健壮,饲养简便,任何淡水水质均可很好生长,常在池塘、公园中饲养(图3-26)。

(2) 燕尾型　燕尾金鱼同金鲫型金鱼相比,仅鳍是长大的,特别是尾鳍,有的尾鳍长超过体长的1/2以上,尾鳍分叉酷似燕子的尾形,故名燕尾金鱼。因为尾鳍长大,所以游泳速度较慢,但姿态优美,潇洒动人。这种鱼饲养简单,常在小水池或水族箱中饲养,在花色上,以红、白、红白花及五花较多,且很多鱼为透明鳞(图3-27)。

2. 文种金鱼

文种金鱼体型短圆,头部有宽狭两种类型,各鳍发达,尾鳍分为四叶,眼球不凸出。这类金鱼饲养较容易,也很普遍,但其中也不乏名贵品种,如鹤顶红、狮子头、珍珠鳞等。文种金鱼通常分为以下六型。

(1) 普通文鱼型　普通文鱼型金鱼眼球不凸出,有背鳍,头顶光滑,鳞片及其它器官无变异(图3-28)。

(2) 高头型　眼球不凸出,有背鳍,头顶具肉瘤,但只限于头顶部,鹤顶红是其中的名品(图3-29)。

(3) 狮头型　眼球不凸出,有背鳍,整个头部肉瘤发达,从头顶包向两颊,眼睛陷于肉瘤中(图3-30)。

(4) 绒球型　眼球不凸出,有背鳍,鼻膜发达而形成双绒球的类型(图3-31)。

(5) 翻鳃型　眼球不凸出,有背鳍,鳃盖后缘向外翻转生长(图3-32)。

(6) 水泡眼型　眼球不凸出,有背鳍,眼球外带有半透明的水泡(图3-33)。

(7) 珍珠鳞金鱼　鳞片突起,腹部特别膨大,头尖(图3-34)。这是文种金鱼中较有名的变种。

图3-26　金鲫

图3-27　燕尾金鱼

图3-28　普通文鱼型

图3-29　高头型

图3-30　狮头型

图3-31　绒球型

图3-32 翻鳃型

图3-33 水泡眼型

图3-34 珍珠鳞金鱼

3. 龙种金鱼

龙种金鱼又称龙睛，它是中国金鱼的代表品种。其体形粗短呈圆桶状，背鳍长大，四开大尾鳍。头部平而宽，两眼和眼眶都外凸，像龙的眼睛，故此得名。根据眼睛外凸的形状，将龙睛眼分为算盘珠眼、牛犄角眼等，算盘珠眼较扁平，眼端部和根部等大，像算盘珠，为上品；牛犄角眼，外凸明显，但眼睛根部到端部逐渐变尖，形如牛犄角状，为下品。

龙睛金鱼体质健壮，比较容易饲养，为我国饲养较为广泛的一类金鱼。其名贵品种多以体色取胜，蝶尾较多，如喜鹊花龙睛、熊猫龙睛、十二红龙睛、墨蝶尾龙睛等。龙睛金鱼也分为七型：

（1）普通龙睛型　眼正常外凸，头部及其它器官无变异（图3-35）。

（2）狮头龙睛型　眼正常外凸，头部具有肉瘤（图3-36）。

（3）龙睛球型　眼正常外凸，鼻隔膜发达形成双绒球（图3-37）。

（4）龙睛翻鳃型　眼正常外凸，鳃盖后缘向外翻转生长（图3-38）。

（5）扯旗蛤蟆头型　眼球微微外凸，头呈三角形，似蛤蟆的头型，背鳍特别宽大，如同扯了一面旗帜，故名扯旗蛤蟆头（图3-39）。

（6）扯旗朝天龙型　正常朝天龙属于龙背种，没有背鳍。此鱼的背鳍特别长大，如同扯了一面旗帜，故名扯旗朝天龙（图3-40）。

图3-35 普通龙睛型

图3-36 狮头龙睛型

图3-37 龙睛球型

图3-38 龙睛翻鳃型

图3-39 扯旗蛤蟆头型

图3-40 扯旗朝天龙型

图3-41 灯泡眼型

(7) 灯泡眼型 眼正常外凸，而且眼球角膜突出如灯泡的类型（图3-41）。

4. 蛋种

蛋种金鱼无背鳍，背部光滑，体肥短圆呈蛋形，尾鳍四开，较短，也有长尾鳍的如蛋（丹）凤。蛋种金鱼眼不外凸，体色多变，饲养较困难，其名贵品种以头型和头部器官变异较多，如绒球、虎头、高头等。蛋种金鱼分为七型。

（1）普通蛋鱼型 眼球正常不凸出，无背鳍，尾短（图3-42）。

（2）蛋凤型 眼球正常不凸出，无背鳍，尾长（图3-43）。

（3）高头型 眼球正常不凸出，无背鳍，头顶具肉瘤，仅限于头顶部（图3-44）。

（4）虎头型 眼球正常不凸出，无背鳍，整个头部具肉瘤，从头顶包向两颊，眼陷于肉瘤中（图3-45）。

（5）蛋球型 眼球正常不凸出，无背鳍，鼻膜发达形成双绒球（图3-46）。

（6）蛋种翻鳃型 眼球正常不凸出，无背鳍，鳃盖后缘翻转向外生长（图3-47）。

（7）水泡眼型 眼球正常不凸出，无背鳍，眼球外带半透明的水泡（图3-48）。

图3-42 普通蛋鱼型

图3-43 蛋凤型

图3-44 高头型

图3-45 虎头型

图3-46 蛋球型

图3-47 蛋种翻鳃型

图3-48 水泡眼型

5. 龙背种

龙背金鱼无背鳍，背部光滑，眼外凸，有的眼外凸后转90°向上生长，形成朝天龙。龙背种金鱼饲养较困难，也不甚普遍，其名贵品种不多，通常分为七型。

(1) 普通龙背型　龙背品种无背鳍，尾鳍较短，眼外凸，其它器官无变异（图3-49）。

(2) 虎头龙背型　龙背品种，头部肉瘤发达，且包向两颊，眼、嘴均陷于肉瘤内（图3-50）。

(3) 龙背球型　龙背品种，鼻膜发达形成双绒球（图3-51）。

(4) 蛤蟆头型　眼微微突起，头呈三角形（图3-52）。

(5) 朝天龙型　龙背品种，眼睛瞳孔朝天（图3-53）。

(6) 龙背翻鳃型　龙背品种，鳃盖后缘朝外翻转生长（图3-54）。

(7) 灯泡眼型　龙背品种，眼角膜凸出如灯泡的类型（图3-55）。

图3-49　普通龙背型

图3-50　虎头龙背型

图3-51　龙背球型

图3-52　蛤蟆头型

图3-53　朝天龙型

图3-54　龙背翻鳃型

图3-55　灯泡眼型

三、金鱼的代表品种及鉴赏

1. 中国金鱼的代表品种及鉴赏

(1) 文种　文种金鱼的共同特征是：体形短而圆，眼正常，头较尖，各鳍舒展，尾鳍宽大。因其纹彩美丽，形如"文"字，故名文鱼。除普通文鱼外，鹤顶红、狮子头和珍珠鳞是其代表品种。

图3-56　普通文鱼

①普通文鱼　普通文鱼的体形短而圆，眼睛正常，头较尖，各鳍舒展，尾鳍宽大，无其它器官变异（图3-56）。体色多为红、黄白、红白、五花等色，黑色较少。普通文鱼体质健壮，容易饲养，是我国饲养很广泛的金鱼。现有品种除红文鱼、红白花文鱼外，狮子头和珍珠鳞是其代表品种。

②高头文鱼　高头文鱼亦称高头（图3-57）。体短且圆，头宽，头顶上生长着肉瘤，从其肉瘤的生长部位和发达程度来分，可将头型分为狮头型和高头型。前者肉瘤堆生长的范围大，除头的顶部有肉瘤外，还下延至两侧颊颚部，后者的肉瘤则仅在头的顶部，形似帽子，故京、津地区称为帽子。根据体色区分又有以下几种。

a. 红高头　头上长有肉瘤，鳃盖、鼻膜正常，体色红色。

b. 紫高头　其特征同红高头，只是体色为紫色。

c. 蓝高头　其特征同红高头，只是体色为蓝色。

d. 黄高头　其特征同红高头，只是体色为黄色。

图3-57　高头文鱼

③狮子头　狮子头金鱼身体短粗，各鳍舒展长大（图3-58）。最引人注目的是头部肉瘤异常发达，布满整个头部，像非洲雄狮，故名狮子头。肉瘤从头顶包向两颊，眼和嘴也陷于肉瘤内，若肉瘤厚实，中间又隐现"王"字纹路的则更为上品。这种肉瘤是一种病态，但具有遗传性。一般狮子头金鱼头部肉瘤的发育较慢，大约在孵出4～5个月后才开始明显，在第2年才开始发育显著。通常情况下，它的肉瘤终生生长，有的老龄鱼，肉瘤会将眼和口遮住，使其觅食困难，影响正常生活。这样的鱼通常头重尾轻，整天待在水底，很少游动，观赏价值大为降低。所以，正品的狮子头除体色纯正外，还要尾鳍宽大，肉瘤发育正常，游动活泼。现在，很多养鱼户培育的狮子头，体短尾小，肉瘤在第一年就发育得很充足，这样的狮子头较为畅销，但对于养殖者未必是件好事，因为随着个体生长，很容易出现头重尾轻的现象。

狮子头体质健壮，容易饲养，遗传稳定，数量较多，但真正的上品却不是很多。1993年10月，在首届无锡中国金鱼展评会上，苏州市水产学会送展的黑狮子头，全身乌黑如墨，头部肉瘤非常发达，

图3-58　狮子头

尾鳍大而舒展，整个体形十分优美；而无锡市阮荣兴先生送展的红狮子头，除具有一般狮子头的特征外，其头顶肉瘤特别发达，形成一个大红球，犹如头上顶着一朵大红花，且肉瘤发育得像牡丹花瓣，美丽而奇特。因此，两个品种均获得银奖。

④玉印头文鱼　玉印头文鱼又名玉顶帽子或玉顶高头，它由红帽子变异而成。全身通红，各鳍长大，仅头顶正中生长有银白色肉瘤堆，似一块方正的玉印盖在头顶，故得名玉印头。该性状遗传不稳定，正品率不高，以肉瘤厚实，玉印方正，体色搭配醒目者为上品（图3-59）。

⑤鹤顶红　鹤顶红又称红头帽子，可以说它是一个人见人爱的品种。这个品种是早在明朝就已培育出的完美品种，不过当时的鹤顶红金鱼只是在头顶上有一块红印，并没有像帽子般的肉瘤（图3-60）。

图3-59　玉印头

图3-60　鹤顶红

鹤顶红全身银白色、头顶着鲜红色的肉瘤，拖着长长的尾鳍，似白纱拖地，游动时有白鹤起舞之美感，使人们久观不厌。人们除了喜欢鹤顶红的雅姿外，有的地区喜爱鹤顶红头顶上的"大红帽"，认为它有"红运当头"的吉祥寓意。在金鱼爱好者的心目中它是幸福、吉祥、福寿双全的象征，所以深受国内外金鱼爱好者的欢迎。

⑥朱顶紫罗袍　朱顶紫罗袍是傅毅远先生于1945年从紫高头变种中选出来的品种，它身躯深紫色，整个头部却是深红色，其中的眼睛、鼻膜和嘴又是黑色，从而看起来像天真活泼的娃娃脸，所以又称之为娃娃鱼。这个品种的金鱼形态端庄文静、雍容华贵，也是金鱼中的珍贵品种。据报道，曾有一对长15cm的朱顶紫罗袍标价60万港元，可谓是当时最名贵的金鱼了（图3-61）。

图3-61　朱顶紫罗袍

⑦珍珠鳞　珍珠鳞又称珍珠鱼，它是一种非常容易辨认的金鱼（图3-62）。这种鱼身体呈橄榄形，两头尖中间大，腹部圆鼓，尤其是体表鳞片粒粒突起如珍珠，犹如身披珍珠衫，用手抚摸如摸玉米粒。有的观赏者，特别是初睹此鱼的人，看它满身疙瘩如癞蛤蟆，所以不喜欢这种鱼。其实珍珠鳞是具有石灰质沉淀的鳞片，所以比普通的鳞片还硬，珍珠鳞呈半球形，鳞片内部的颜色比鳞片边缘淡一些，似珍珠一般。不少养鱼爱好者对它喜爱非常，情有独钟。珍珠鱼的鳞片很容易因摩擦或受伤

图3-62 珍珠鳞

而掉落，虽然脱落后还会再生，但就不如原来的漂亮。所以饲养珍珠鳞金鱼的水族箱内不可有尖锐的物品，用手抄网捕捞珍珠鳞金鱼也是不恰当的，因为这样很容易损伤它的鳞片，最好是直接用手捞取，把金鱼的头和身体放在手掌上，施力要轻，以免伤害到它，另一只手随时护着，要慢慢练习才能熟练。

珍珠鳞金鱼最早只短尾一个品种，后来增加了长尾，称凤尾珍珠，常见的珍珠品种有红珍珠、红白花珍珠、五花珍珠。另外，还有黄珍珠、五花扇尾珍珠、五花凤尾珍珠等。图3-62是红皇冠珍珠。

（2）龙睛　龙睛金鱼的共同特征是：各鳍发达，眼球膨大，突出到眼眶以外，眼睛似龙眼，故此得名龙睛，这是金鱼中最普通，也是最重要的一个品种。

①十二红龙睛　十二红龙睛的身体银白，惟独四叶尾鳍、两片胸鳍、两片腹鳍、两个眼球、背鳍、吻这十二处呈红色，从而得名十二红龙睛（图3-63）。缺一红或多一红都不够标准。这个品种在1596年以前就培养出来了，可惜遗传不稳定，每年都是万里挑一，严格符合标准的数量极少，即要求体白如雪，十二红红得艳丽、均匀，红白搭配异常

图3-63 十二红龙睛

醒目。另外，还有十二白龙睛，与十二红龙睛正好相反，是红色躯体上有十二处白色，更为珍贵。

②熊猫龙睛　熊猫龙睛属于蝶尾龙睛系列，是由墨蝶尾培育而成的。身体较短而圆，尾鳍似蝴蝶状，除腹部两侧各有一块较大的银白色斑块外，头、眼、胸鳍、腹鳍、臀鳍、背鳍和尾鳍均为黑色，有的眼圈周围还有道白圈，黑白分明，以酷似熊猫而得名（图3-64）。其姿态憨厚而端庄，甚是招人喜爱。该品种是由福建省农科院用现代先进科学技术于1987年培育而成。曾在1989年获第二届中国花卉博览会一等奖。据说上海虹桥渔场也曾培育出一批，外商按每尾300美元全部包销。也因为熊猫金鱼的

图3-64 熊猫龙睛

体色遗传并不稳定，所以每年必须大量筛选，入选者微乎其微。

③喜鹊花龙睛　喜鹊花龙睛鱼体以黑白或蓝白两色为主，头、背、尾鳍均为黑色或蓝色，而腹部银白鲜亮，其图案黑白分明，酷似喜鹊之色彩，从而得名（图3-65）。它身体比熊猫龙睛细长，姿态俊俏动人。喜鹊花龙睛的体色一般不够稳定，故以

图3-65 喜鹊花龙睛

其色彩稳定者为上品。其变异品种有：喜鹊花龙睛球和喜鹊花帽子等。

④蝶尾龙睛　蝶尾龙睛以黑色较多，是尾鳍似蝴蝶双翅的个体，其特征是尾鳍鳍条较粗硬，使尾鳍特别伸展，加上尾鳍分叉浅，两尾鳍的排列形状酷似蝴蝶，所以称蝶尾龙睛（图3-66）。此品种遗传较稳定，因数量多、饲养容易而成为国内畅销品种。除蝶尾墨龙睛外，还有蝶尾红龙睛、蝶尾白龙睛、蝶尾花龙睛等。

⑤凤尾龙睛　为金鱼中最早的品种，尾鳍特别长大，下垂如凤尾，姿态潇洒动人（图3-67）。其花色很多，其中红色的艳丽无比、光彩照人，养于白色容器中，水亦被映为红色，所以称之为映红。但三龄以上的老鱼容易褪色，游动力差，逐渐失去观赏价值。除红凤尾龙睛外，还有白凤尾龙睛、蓝凤尾龙睛、紫凤尾龙睛和五花凤尾龙睛等。

图3-66　蝶尾龙睛

图3-67　凤尾龙睛

⑥葡萄眼龙睛　葡萄眼龙睛是玻璃鱼的一种，这种鱼全身鳞片因不具反光组织，透明呈现肉色，内脏也隐约可见，故称透明鱼，俗名玻璃鱼。有人以为它不具有鳞片，而实际并不缺少，若将鱼取出水外，等水干后，鳞片即一一出现，清晰可数。身体之所以呈现肉色，是表皮下血色素透出的缘故。此鱼的特征是它的眼球不仅发达呈椭圆形，而且色泽乌黑透明，光亮耀目，酷似两粒紫葡萄，衬以肉白色身体，素雅可爱，分外醒目（图3-68）。葡萄眼龙睛遗传性状较稳定，而且饲养容易，市场需求量很大。

图3-68　葡萄眼龙睛

图3-69　玛瑙眼龙睛

⑦玛瑙眼龙睛　玛瑙眼龙睛金鱼的鱼体呈银白色，晶莹有光泽。颜色虽然单调，但其眼球一半为红色，闪烁生光，另一半为白色，形如玛瑙，故而得名玛瑙眼龙睛（图3-69）。

⑧徐州大眼龙睛　徐州大眼龙睛的眼球发达，突出于眼眶之外，很像传说中龙的眼睛，传入日本后，被称为"出目金"。传统的龙睛的眼形有三种：算盘子眼、苹果眼、牛犄角眼。而江苏徐州所培育的大眼龙睛则是一种新的变异眼形，眼大如球，乍一看与水泡眼相仿，配以苗条的身形，更显眼睛的

硕大,把金鱼眼形的变异发挥到了极点。此鱼属于地方名产,曾在中国金鱼展上获得过一等奖(图3-70)。

⑨红珍珠龙睛　龙睛中具珍珠鳞的品种,在20世纪30年代就有所记载。此鱼眼球凸出,各鳍较长大,但尾鳍较短,体色鲜红,珠鳞粒粒突出(图3-71)。现属于比较普及的品种。

图3-70　徐州大眼龙睛

图3-71　红珍珠龙睛

⑩荧鳞蝶尾龙睛　荧鳞蝶尾龙睛是近年来涌现的一个新品种,具有红、黑、白三种色彩搭配,彼此衬托渲染得恰到好处,犹如国画用色的曼妙,所以又被称为"山水画蝶尾"。其色彩搭配和日本锦鲤的昭和三色有些神似:主体颜色为黑色,其上分布红色和白色斑块。体表具有发达的反光物质,在微弱的光线下烁烁生辉,因而得名"荧鳞"(图3-72)。此鱼在诸多大赛中频频得奖。

(3) 蛋种　蛋种金鱼的共同特征:体形短缩,背部光滑无背鳍,形如鸭蛋(早在1780年将此鱼叫做鸭蛋鱼),眼正常不突出于眼眶外。体色多变,其名贵品种以头型及头部器官变异较多。

①丹凤　体短无背鳍,体圆似蛋(见图3-73)。同普通蛋鱼相比较,它长有长而大的凤尾,游动时像彩绸在水中摇摆,别有情趣。丹凤遗传稳定,初出世时,人们给它起名为"丹凤朝阳"。丹凤鱼的体色变化多端,其中尤以素蓝花丹(蛋)凤较为名贵,20世纪60年代在国内市场非常畅销。

图3-72　荧鳞蝶尾龙睛

图3-73　丹凤

②绒球　又称绣球,这种鱼的鼻膜特别发达,呈绒球状,顶在鱼的眼前,随着鱼体的游动,绒球微微左右摇动,十分有趣,绒球的颜色与体色基本一致(图3-74)。据说这个品种早在1900年就已形成,目前遗传已经基本稳定,与任何品种杂交,绒球都会保存下来。但在饲养过程中,绒球有时会因外伤而被碰掉,那么就很难再生了。

纯正的绒球应是绒球细密而圆大,左右各一,

图3-74　绒球

大小对称，紧贴在鼻孔上。但也不乏变种，有一种绒球金鱼每个鼻孔上生有两个绒球，左右共四个绒球，称四绒球，很名贵。还有一种文鱼球，系人工培育新品种，在早期饲养过程中，采用人工修剪的方法，抑制一个绒球生长，则另一个就更为圆大，当鱼游动时，大球左右摆动，酷似狮子舞绣球，逗人喜爱。

图3-75 水泡眼

③水泡眼 这种金鱼的两个眼眶下部各生有一个半透明的水泡，泡内充满液体（图3-75）。水泡较大而薄，上面的毛细血管清晰可见，两个水泡托着两个眼圈左右摇摆，非常有趣。此品种早在1941年就已育成，可惜中断多年。1982年开始，从花水泡中选留通体白色、头部具红斑的品种，连续3年方才培育成功。

水泡多为蛋种，且以丹凤较多，但近年也出现不少有背鳍的水泡品种，即文种水泡。

④虎头 头大腹圆，尾鳍短小。背部光滑微弓呈弧线形，头部肉瘤从头顶包裹两颊，眼睛半陷在肉瘤中，脸面俊秀，加上弯曲的背部，造型非常可爱（图3-76）。虎头金鱼根据体色可分为红虎头、白虎头、五花虎头、黄虎头等，其中，以红眼黄虎头、粉面虎头尤为难得。

⑤鹅头红 鹅头红为鹅头中最名贵的品种。它全身洁白，眼小却炯炯有神，唯头顶肉瘤厚实，高高耸起，色彩鲜红，如傣族少女头顶一只红盘，左右晃动，格外迷人，有时鳃盖上也有较发达的肉瘤（图3-77）。因其不如鹤顶红普遍，故身价较高。

图3-76 虎头

图3-77 鹅头红

（4）龙背种 龙背种金鱼的共同特征：眼睛同龙睛眼一样，眼球膨大，突出于眼眶以外，但无背鳍。

①朝天龙 朝天龙在北方通常叫望天或望天眼。它最突出的特点是眼凸出后向上旋转90°，而使瞳孔朝天生长（图3-78）。这种变化相传是由于在清朝宫廷中用深缸饲养造成的。这种鱼很受皇帝喜爱，因为它的名字有仰望天子之意。朝天龙身体较长而尾鳍短小，视力弱，且觅食能力差，所以饲养有一定难度。

图3-78 朝天龙

朝天龙的选择标准是两眼朝向正上方，等大且等高，多数朝天龙是没有背鳍的，有背鳍的朝天龙被归为龙种金鱼，称扯旗朝天龙。朝天龙以红色较多，另外也有白朝天龙、橙朝天龙、五花朝天龙等。

图3-79 蛤蟆头

②蛤蟆头 蛤蟆头又名"猴面"、"蛙头"、"硬泡",它既不像朝天龙那样眼球全部外突、瞳孔朝天,又不像龙睛那样两眼球明显外突于左右两侧。其突出的特征是:头型属扁平型,两眼球微微凸出,并带有小水泡(比水泡眼要小得多),嘴小,头宽而短平呈三角形,很像蛤蟆头的形状,故名蛤蟆头(图3-79)。蛤蟆头金鱼一般无背鳍,也有带背鳍的品种,被称为扯旗蛤蟆头,被划分为为龙种。蛤蟆头金鱼因为没有惹人喜爱的特色,现在已很少饲养。但在20世纪50年代初,上海地区蛤蟆头金鱼曾经盛行一时,涌现出朱砂眼蛤蟆头、红蛤蟆头、蛤蟆头翻鳃、五花蛤蟆头、透明鳞蛤蟆头、红白蛤蟆头、蛤蟆头珍珠鳞等众多品种。

2. 日本金鱼的代表品种及鉴赏

(1)和金 该鱼是日本最早,也是最常见、最便宜的一种,它体形近似鲫鱼。各鳍不长,尾鳍单一或3叶或4叶。体色有红、白、红白斑相间或鲫鱼色。腹部呈红色者为上品,白色和鲫鱼色为下品。此鱼体质强健、易饲育。更适于进行侧面观赏(图3-80)。

(2)琉金 侧面观,该鱼躯干部呈圆形,头小,嘴小,身短体宽,体呈三角形,腹部左右对称膨出。胸、腹鳍较长,尾鳍既长且宽,有3叶、4叶及樱花状等形态,游动时给人以华丽壮观的美感。体色有红、白和红、白斑相间色及黄色等,通常红色越浓观赏价值越高,以白色者为下品(图3-81)。

图3-80 和金

图3-81 琉金

据伍惠生(1997年)记述:这个品种最早是1772~1778年间由我国台湾(过去称琉球)传入日本的,所以称为琉金,现为日本畅销的品种之一,红白色的琉金最受饲养者的欢迎。早在1596年,张谦德的《朱砂鱼谱》就有过记载。

(3)江户锦(高头) 起源于江户(今东京)。其体形近似于蓝畴,无背鳍,头部具肉瘤,但仅限于头顶(图3-82)。鳞片透明,体色呈蓝、红、黑相间的杂花色,以青蓝体色衬以鲜红色斑块、尾鳍有黑色条斑者

图3-82 江户锦

为上品。本种鱼适于从背部观赏。

(4)出目金(龙睛) 早在18世纪中叶,我国在明宣宗(1429年)时的《鱼藻图》中就有记载。其特点是眼大向两侧横向凸出,体形比琉金细长,鳍长,尾鳍3叶或4叶(图3-83)。依体色可分为全红出目金、全黑出目金和红、青、黑三色出目金。其中全黑出目金最受欢迎。全黑出目金和三色出目

金都是全红出目金的突变种。最适于从背部观赏。

（5）蓝畴　蓝畴又取名卵虫，是日本公认的高级金鱼和名贵品种。它体形短圆似蛋，没有背鳍，肉瘤发达，全身匀称（图3-84）。在挑选时要注意尾和体轴的角度，以45°为宜。蓝畴体色除红色外，还有金黄色、红白花等。

图3-83　出目金

图3-84　蓝畴

据记载，蓝畴是1764年由中国输入日本，最初的样子就是中国的蛋鱼。经过日本人240多年的培育，已经成为具有王者气魄的优良品种，从其背部欣赏最能感受其优美可人的姿态。红色及红白色是日本人最喜欢的颜色。被称作"金鱼之王"。在日本有相当数量的蓝畴爱好者，每年都会举办数次蓝畴品评会，选出精美的获奖蓝畴。

（6）土佐金（蝶尾）　该鱼与地金、南金三种金鱼被日本指定为天然纪念物而受珍视。其体形与琉金相似，是从琉金中产生的变异，与蓝畴一样都是适于从背部观赏的品种。其特点是其尾鳍硕大翻转似蝴蝶。土佐金比较稀少，适宜在浅水的小容器中饲养，因游动受到限制，便导致尾鳍翻转生长，因其适应性差，难以饲养，而且完全定型至少要到第3年，因此十分名贵（图3-85）。其体色有红色、白色、红白色斑相间3种。土佐金是除蓝畴之外，最受日本人欢迎的金鱼品种。不过目前土佐金在世界范围内的养殖量还远远比不上蓝畴，因而一尾优质的土佐金鱼，价格不菲。

图3-85　土佐金

（7）地金（孔雀尾）　地金是1610年从和金中选育出来的，目前已能大量生产的一个流行品种（图3-86）。它的特征主要是在尾部，当静止时，尾鳍张开与体轴垂直，形如孔雀尾，这是日本金鱼所独有的一种尾型，中国找不到与之近似的品种。另外，它全身银白色，但口和各鳍均呈红色，类似我国的五鳍相逢。

地金的体色并不都是天生具有的，为了得到理想体色的品种，他们选用冰醋酸、酒石酸、稀盐酸等涂在鱼身上，采取人工调色的方法，破坏表皮色素细胞，以及剥鳞、刮皮等"人工调色"手段使鱼体变色。处理时间是在小鱼孵化后2～3个月进行，生长旺季的效果较好。日本在这方面的艺术造诣，估计其它国家难以效仿。

图3-86　地金

图3-87　南金

（8）南金　日本南金的祖先跟蓝畴的祖先是同一种鱼，但是随着选育方向的不同，两种鱼最终分化成两个不同品种。南金虽然和蓝畴同属短尾蛋种，但是南金的特点与蓝畴相比，其头部小而尖，无肉瘤，无背鳍，身体圆肥，尾鳍长且呈水平方向展开状，3叶或4叶或呈樱花状。躯干部越向后越宽。体色全白或口端部、鳃盖及各鳍呈红色。其它部位呈白色（如图3-87）。该鱼最适于从背部观赏。

四、金鱼的评选标准及命名

1. 金鱼的评选标准

从发现金鱼到现在，已有千余年的历史，经过历代金鱼养殖者的辛勤劳动，目前已有几百个金鱼品种，这些金鱼品种的综合特点，是由于在它们身体的几个部位发生了变异，由这些变异的部位互相组合，形成了今天不同种类的金鱼。

根据《中国金鱼图鉴》的"中国金鱼名录"统计，金鱼有52个大的类别（不包括颜色的变异），共565个金鱼种类（包括颜色变异和各部位的变异，这其中有些种类目前已经不存在）。

在众多的金鱼品种中，有些养殖比较普遍，价格便宜；有些品种比较稀少，价格就比较贵。鉴赏不同品种的金鱼，主要参照以下公认的标准：

（1）形态标准　不管是什么品种，金鱼必须是体态端正，体形匀称，鱼的尾鳍、腹鳍、胸鳍、臀鳍都要求对称，各鳍的长短均应符合品种要求，尾鳍4叶较3叶者为上，有背鳍的品种，其背鳍以长而高、挺拔竖直者为佳品，其它各鳍应刚柔适度，能充分伸展的较好，其它品种特征越明显越为上品。

（2）色彩标准　金鱼的色彩以通体浓艳鲜明为佳。如单色鱼要求色纯无瑕斑；红色鱼要从头到尾通红似火；墨色鱼要乌黑闪光；紫色鱼要终身色泽稳定，遍体金光；双色鱼要求色块相间而不乱、图案醒目；五花鱼要求底色为蓝，五色齐全；鹤顶红、鹅头红要全身银白，头顶肉瘤端正，红如五月榴花，全身白玉无瑕；红头鱼只能"齐鳃红"（红色不能超过鳃盖）。短鳍要求浑厚色深，近鳍端色渐浅；长鳍要求色浅、薄而透明。

（3）动态标准　一般来说，要求金鱼的游姿端庄，游动时尾鳍轻摇，起落稳重平直，静止时尾鳍下垂，体态保持平衡，不能侧偏或倒悬。

（4）特征标准　不同品种的金鱼均应具有本品种独有的特征。特征的显现和发育优劣是衡量品种纯正度和饲养管理技术水平高低的主要依据。所以，将其列入金鱼优劣评选的主要条件。

①珍珠鳞　珍珠鳞金鱼的主要特点是：身体上的鳞片粒粒似珍珠，十分奇特炫目。具有珍珠鳞的金鱼种类很多，如文种金鱼、文种高头金鱼、龙睛金鱼、蛋种金鱼、蛙头金鱼等，都有具珍珠鳞种类的金鱼。高品质的珍珠鳞金鱼，要珍珠颗粒大、排列整齐、鳞片无缺损。文种珍珠鳞金鱼的体形和其它金鱼的体形有所不同，它是两头尖，腹部圆，呈圆梭形或球形。球形珍珠鳞金鱼是金鱼中的佳品，它又有长尾和短尾两种，长尾的珍珠鳞被称为凤尾珍珠，体色有红、白、黑等单色种类，也有两种以上的花色种类。

②狮子头或寿星头　符合标准的肉瘤应厚实丰满、有弹性，无松离现象，肉瘤的形状呈草莓状、菊花形等，发达宽大，游动或静止时，鱼体均匀平稳。肉瘤的颜色一般和身体同

色，如果肉瘤红色但头顶是方方正正的白色的是"玉印头"金鱼，这种鱼比较名贵。

③绒球　头部具绒球的金鱼种类非常多，除了草金种金鱼外，其它几类金鱼都有具绒球的品种，例如文鱼球、龙睛球、龙背球及蛋球等。符合标准的绒球应具备球体大，圆整致密，左右对称，球花等大的特征。

④水泡眼　水泡眼金鱼的水泡长在眼球的下方，里面充满半透明的液体，符合标准的水泡应水泡圆大、左右一致、双眼对称。水泡眼金鱼的种类很多，花色也比较丰富，如黑水泡、黄水泡、红（朱砂）水泡、红白水泡、五花水泡等品种。欣赏水泡眼金鱼更适于由背向下观赏（俯视），当它游动时，两个似灯笼的大泡左右颤动，姿态非常动人。

⑤朝天龙　朝天龙金鱼大多数属于龙背种金鱼。它的主要特点是：眼球凸出眼眶之外，并向上翻转90°，瞳孔朝天，所以又有"朝天眼"之称。标准的朝天龙金鱼要求：两眼外凸圆大、瞳孔朝天、左右对称、脊背圆滑、体质粗壮。朝天龙的体色以橙红色者居多。

⑥鹤顶红　人们对鹤顶红金鱼的特征要求十分严格，其头顶上的红色肉瘤要方正且厚实，而且只能长在头顶，并不伸向两颊。眼睛周围有红圈，身躯宽短，呈银白色，而且没有杂色斑块，其宽大的尾鳍，与身同长，游动时异常优美。

⑦龙睛金鱼　龙睛金鱼以两眼如棋子形或算盘珠者为上品，要求两眼对称无大小，头平宽，体短粗壮。葡萄眼龙睛要求眼球不仅发达呈椭圆形，而且色泽乌黑透明，光亮耀目，酷似两粒紫葡萄；玛瑙眼龙睛金鱼的鱼体呈银白色，晶莹有光泽，其眼球一半为红色，闪烁生光，另一半为白色，形如玛瑙。其尾鳍形状多种多样，有长尾、宽尾、蝶尾、短尾等。主要有黑龙睛、五花龙睛、红龙睛、宽尾龙睛、蝶尾龙睛等品种。

⑧琉金　琉金金鱼外形和文鱼极相似，主要特征是：头后部明显向上弓曲，头尖。腹部肥大，身体略呈三角形。尾鳍特别发达，超过体长一半。

⑨蓝畴　蓝畴的主要的特点是：体形短圆似蛋，头宽且肉瘤发达；体背宽圆，至尾柄附近曲线突然下降，使尾鳍和体轴略呈45°角；各鳍短小。从背部观赏最能感受其优美的姿态，蓝畴具有雍容、华贵之美。但是，要培育出标准的蓝畴有一定的难度。

⑩蛋（丹）凤　蛋凤属蛋种金鱼类，鱼体正常无背鳍、身体肥短呈蛋形。头平而宽，眼平不凸出。各鳍完整，均衡，舒展无卷褶，尾柄粗壮，尾鳍对称，夹角合理，尾鳍自然伸长而舒展。取名丹凤，大概是取其躯体洁白，头顶红色，尾长似凤凰尾形之意。

2. 金鱼命名

早期的金鱼体色变化较多，各器官变异很小，所以，命名上多以颜色为主，如最早的金鲫鱼、火鱼、朱砂鱼、纹鱼等。在屠隆所著《考槃余事》中记载的金盔、锦背、连鳃红、首尾红、墨眼、雪眼、四红、十二白、鹤顶红等，都是以体色来命名金鱼品种的。

清朝以后，金鱼各器官的变异增多，但金鱼的命名仍没有统一的规则，多是根据自己的爱好，随意命名。如句曲山农著《金鱼图谱》中就有金瓶玉盖、双剑飞、丹出金炉、满天霞、一片丹心等。1941年林汉达著《金鱼饲养法》对金鱼的色彩名称又采用了诗词命名，有满江红（大红）、金缕衣（橙色）、玉堂春（白色）、天仙子（蓝色）、拂霓裳（彩色）、水晶帘（透明肉色）、紫玉箫（紫色）、混江龙（黑色）等。

时至今日，虽然金鱼的命名有了一定的规律，但由于它多散养在民间，各地风俗习惯不同，又缺乏一个全国性的金鱼组织，所以，金鱼的命名仍比较混乱，同物异名和同名异物现象也很普遍，这在一定程度上限制了金鱼养殖业的发展。为此，伍惠生、傅毅远、许祺源等都曾呼吁要对金鱼统一命名，并提出了一些很有意义的命名规则。

(1) 金鱼的命名规则

①名称字数不宜过多，文字精练，表达全面，让人一看就知道是哪类金鱼，有什么特征。

②既要表现特征，又要力求雅致，令人遐想，借以增加趣味。

③对于旧名称，可以沿用立意好、具有中国古典色彩和能正确表达金鱼特征的名称。

④对同鱼异名的，要选用符合特征和通用已久的名称；对同名异鱼的，给特征与名称立意较远者另取一名称。

⑤一般命名规则：色彩+特征+品种（类别），如蝶尾墨龙睛，白狮头龙睛球；或色彩+品种（类别）+特征，如彩色蛋球，五花龙睛翻鳃。

(2) 金鱼命名中存在的几个问题

①除了长期沿用和有特定意义的，如鹤顶红、鹅头，或者不用标明，内行人一看便知应属于哪一类别的金鱼名称，如珍珠鳞、狮子头等，其它品种名称中都应标有类别。如文种金鱼的名称应该带有"文"字或"文鱼"二字，蛋种金鱼名称中应带有"蛋"或"蛋鱼"，龙种金鱼的名称应带有"龙"或"龙睛"，龙背种金鱼的名称应带有"龙背"或"朝天龙"等。

②目前，狮子头、虎头、帽子、寿星头、高头等没有一个统一的含义，叫法很混乱，应统一定名。如许祺源《金鱼饲养》中称有背鳍的为狮子头，无背鳍的为寿星头；伍惠生、傅毅远的《中国金鱼—鉴赏与养殖大全》中称无背鳍的为狮子头，有背鳍的为寿星头；张绍华、郁倩辉、赵承萍的《金鱼、锦鲤、热带鱼》及徐金生、厉春鹏、徐世英的《中国金鱼》中称有背鳍的为帽子，无背鳍的为虎头；另外，天津、北京地区将肉瘤仅限于头顶部的金鱼称做"帽子"。笔者认为应统一规范为：把头顶部有肉瘤的叫做"高头"或"帽子"，整个头部有肉瘤者，有背鳍的金鱼叫狮子头，无背鳍的金鱼叫虎头，但是否恰当，有待于进一步推广和证实。

第三节　金鱼的饲养管理及其繁育技术

一、金鱼的饲养管理

1. 鱼苗的培育及饲养管理（水泥池饲养）

（1）投饵　初孵出的鱼苗，因有卵黄囊提供营养，因此不必投饵喂食，经过3～4天后，卵黄囊消失，可以平游后，就要投饵。最好先投喂"洄水"，若"洄水"不足可投喂蛋黄，投喂量以每20万～25万尾仔鱼一个蛋黄计，一般每天喂两次，上午9：00～10：00，下午3：00～4：00，视水温和鱼苗食欲调整，以1 h内基本吃完为度。另外，在喂洄水和蛋黄的同时，要投放少量活鱼虫，使其吞食水中污物，以改善水质，7～10天后就可改喂小型水蚤。

（2）鱼苗的分池　因放入孵化池的鱼巢附满受精卵，数量不易准确掌握，因此容易出现金鱼密度过大，引起缺氧或浮头，为确保鱼苗安全，应根据具体情况分池稀养。

分池的方法是：将分池用的鱼篓轻沉到鱼池中，水不漫过鱼篓上沿，将管子插入鱼篓中往外抽水至池水一半时，用脸盆将池水连鱼带水均分入另一池中，再沿池壁徐徐注入新水至原水深为止。

(3) 鱼苗的换水和选鱼

①换水　鱼苗孵化后，在原孵化池饲养，水未经调换，时间长久，水质发生变化，不适合鱼苗继续生活，因此需要换水。第一次换水是在鱼破膜后15～20天进行，采用部分换水法，将底部污物用胶管吸出，吸出量为原池水的1/10～1/5，然后缓慢放入等量等温的新水。以后每隔10～15天换水一次，经过三次部分换水，鱼苗已经长大，成为幼鱼，就可以进行彻底换水。

②选鱼　鱼苗孵出后，因生长快慢不同，生长程度不一，个体大小有所差异，容易发生相互咬伤或吞食的危险，所以及时选鱼对保证鱼苗及幼鱼快速健康生长十分重要。另外，金鱼变异大，当鱼体外形可以分辨时，应及早开始选鱼，留优去劣，以免好坏并存妨碍好鱼的生长。一尾留种亲鱼，通常要经过5～6次的挑选，方可达到要求。每次选鱼一般是在换水的同时进行，并且选鱼除要考虑形态外，还要将不同规格的鱼苗分开饲养。

第一次选鱼是在破膜后的15～20天，鱼体长已达1.5cm左右，与换水同时进行，此次主要淘汰单尾（单尾种除外），留下的好鱼按150尾/m^2的密度放养。

第二次选鱼是在上一次选鱼和换水的10～15天后进行，此时鱼体已达2.0cm以上，尾鳍已基本成形，此次主要根据鱼体形是否端正、尾鳍是否中央分开而又左右对称、整个尾鳍是否完全呈水平状态等挑选，淘汰那些体形不端正，尾鳍左右倾斜等不好的鱼，留下的好鱼放养密度较前次略小。

第三次选鱼是在第二次挑选后10～15天后进行，此时鱼体长已超过3.0cm。对有背鳍的，背鳍发育不全者要淘汰；对无背鳍者，残留有背鳍的要淘汰。此外，还要将上次没有被发现的差鱼一并淘汰，留下的好鱼可按10～20尾/m^2的密度放养。

第四次选鱼是在第三次挑选后10～15天后进行，此时鱼苗已长成幼鱼。可结合品种特征，以形态为主进行挑选。要求身短尾大，如龙睛类，还要求眼球大小，左右一致；水泡眼泡要大，左右对称；朝天龙要求左右平直；珍珠鳞要粒粒凸出明显。凡是肉瘤品种，宜选留头型宽阔的，而无背鳍具肉瘤品种，还要注意尾部，要求尾柄短粗，而且背脊弯曲适度。从第四次换水后，被选出来的鱼就可以作为商品鱼，按质标价出售。

2. 幼鱼及成鱼的饲养管理

金鱼孵化后45d左右体长可达3cm以上，进入幼鱼阶段。此时虽然经过三次左右的挑选，保留的小鱼基本符合其种类的形态特征，但金鱼的体色尚未完全形成固定，仍处于变化之中。幼鱼阶段是金鱼变色最快、最集中的时间。通常金鱼的变色从孵化后30天开始，至80天左右时，幼鱼基本具有与亲鱼相近的体色。一般五花和白色金鱼变色较早，而红色鱼变色较迟。由于金鱼多是由深变浅，由腹部向背鳍逐渐演变。所以，养鱼者常称变色为褪色。高品质的金鱼不但要有奇特优雅的形体，还要有绚丽的色彩，而幼鱼阶段的饲养管理会影响体色的形成与品质。影响金鱼变色的因素列举如下。

（1）遗传因素　影响较大，大多幼鱼会具有与亲鱼相同或相近的体色，而且体色的形成也受亲鱼的影响，一般亲鱼变色早则子代变色就早，反之则晚。

（2）水温　一般来讲，水温高，鱼变色快；水温低，鱼变色慢。通常完成整个变色过程需15～20天，有的长达半年。

（3）光线　光线通过视觉刺激神经中枢，从而影响其褪色，在光线弱或黑色容器中饲养金鱼，褪色迟且褪色后体色偏深；在光线强或透明容器中饲养金鱼，褪色早而快，体色偏浅。而养在浓绿水中的金鱼褪色晚。所以，幼鱼饲养过程中要增加光照，改善水质，以促进金鱼提早褪色。

（4）营养　经常投喂活水蚤、摇蚊幼虫、小虾米等动物性饵料的幼鱼，褪色快，体色也鲜亮；而投喂其它饲料的幼鱼相应要慢，形成的颜色也不耐看。

幼鱼与成鱼的饲养管理主要有以下方面：

（1）投饵　全长达到3cm以上的鱼苗就能顺利地吃进水蚤了，此时，将捞出来的水蚤经漂洗后，把表层的个体投喂给幼鱼，每天喂两次，每次投喂以0.5h吃完为好。活水蚤不可投喂过多，否则会集结池角，造成幼鱼缺氧和浮头。

（2）饲养密度　随着鱼体的长大，应不断稀疏放养密度（多在选鱼的同时进行），否则就不能及时培育出大规格的商品鱼。一般来说，放养密度小，金鱼的活动空间就相应加大，鱼的生长可以加快，但密度过小对培育金鱼的形态美和运动美不利，所以，为了得到形态好和运动美的高级金鱼，对有经验的饲养员来说，放养密度略高些为好。此外，放养珍贵品种密度应小些，而放养龙睛、高头、望天等品种可相应大些。金鱼饲养密度可参照表3-1、表3-2。

表3-1　普通金鱼放养密度

规格/cm	放养密度/(尾/m²)	规格/cm	放养密度/(尾/m²)
5	45	12	10
6	35	13	7
8	25	14	4
10	15		

表3-2　名贵金鱼放养密度

规格/cm	放养密度/(尾/m²)	规格/cm	放养密度/(尾/m²)
5	25	9	5
6	15	10	2
7	11	11	1
8	8		

（3）换水和清污　随着鱼体的生长，进食增加，代谢旺盛，排泄物增多，要根据水色和水质的好坏来进行换水和清污。一般高温季节换水勤，低温季节换水清污次数减少。换水有彻底换水和部分换水两种方法，一般选择天气晴朗的上午进行。

（4）巡池　每天早、中、晚巡池三次，及时掌握水质和鱼体健康情况，以便及时发现问题，采取措施。

（5）不同季节的管理要点

①春季管理　春季管理要点是保温、适量投饵和防止鱼病。

保温主要是采用"老水"养鱼，嫩绿色、清澈的老水可起保温作用，并为金鱼提供辅助饵料。适量投饵是指刚出盆（池）时，要少投，并注意其粪便的颜色和残饵的多少，以确定适宜投喂量。当金鱼消化好，食欲旺盛时，逐渐增加投饵量，以使越冬后的金鱼迅速恢复体质和快速生长发育。防病重点放在操作上，操作时动作要轻快，避免损伤鱼体，网捞时，要用网迎着鱼前进的方向轻轻捞取。

②夏季管理　夏季管理要点是防缺氧、烫尾和防止鱼病的爆发流行。

防缺氧要常清污、勤换水，保持水质清新。"烫尾"是鱼池在夏季强光照射下，水温升高，浮游生物大量繁殖，产氧量增多，有时会在水中形成许多小气泡。这些气泡附着在鱼的体表和鳍部，则会引起体表某些部位的局部代谢障碍。加之水温高，致病菌容易大量繁殖，使鱼鳍局部感染腐烂，俗称"烫尾"。防烫尾主要通过降低和控制水温实现，在夏季高水温阶段，水泥池水位从30cm加深至35～40cm，采取部分遮盖措施，设法使水温控制在30℃以内。坑塘养殖则要求深水区的水位保持1m左右。对发生烫尾的鱼要立即移入新水中饲养，一般几天后即可恢复正常，但若多次发生烫尾，就会留下残迹。夏季是鱼病流行的季节，要及时清除残饵、粪便，定期消毒食场。如发现离群独游的金鱼，要及时采取措施，防止鱼病的爆发流行。

③秋季管理　秋季管理要点是喂足喂饱。

因为秋季水温适宜，是一年中金鱼生长发育最旺盛的季节。因此，要喂足喂饱，并适量增加饵料中脂肪和蛋白质的比例。此时，只要鱼吃得下，消化吸收好，应尽量多投饵，让金鱼长得膘肥体壮，安全越冬。随着气温下降，水温逐渐降低，换水的时间要延长，尽量用"老水"养鱼，并且每天遮盖时间也要逐渐缩短，坑塘要逐渐降低水位。

④冬季管理　冬季管理要点是防寒、保温、适量投饵，尽量使鱼体不消瘦、不发病。

当气温低到0℃时，可在坑塘深水越冬，或将金鱼由池移入盆、缸搬至室内越冬。室内气温以保持2～10℃为宜。在温度较高时，可少量投喂，在确保金鱼安全的前提下，使换水、清污减少到最低限度。且在操作时，对鱼体要少捞少碰，防止体表损伤、出血、脱鳞，以杜绝水霉病、白点病的传播。

二、金鱼的繁育技术

金鱼同普通的鲫鱼一样，多在1龄性成熟，产黏性卵。每年春季，当水温达到16℃以上时开始发情，雌、雄鱼在鱼巢间追逐、产卵和繁殖。金鱼的繁殖期很长，通常达到2个月以上，整个繁殖期内，每条雌鱼可产卵10～15次，当水温升至28℃以上时，才停止产卵。金鱼卵呈黄色、半透明，卵径1.0～1.5mm，遇水后有很强的黏性，可黏附于鱼巢上孵化。一般体长14cm，重75g左右的雌鱼，怀卵量可达7万～8万粒。

1. 雌雄鉴别

鉴别金鱼雌雄最可靠的办法是观察其泄殖孔的形状，并且适用于任何季节。在繁殖季节，主要依据体形、体色、游姿等来鉴别金鱼亲鱼的雌雄。雌雄亲鱼区别参见表3-3。

表3-3　雌雄金鱼的区别

项　目	特　征	
	雄鱼	雌鱼
体　形	身体瘦长，繁殖季节腹部膨大不明显	身体短而粗，繁殖季节腹部膨大而突出
体　色	色泽鲜艳，且颜色较深	色泽较淡，颜色较浅
胸鳍及鳃盖	胸鳍较窄长且尖，背面观尾胴较粗，繁殖季节胸鳍第一鳍条及鳃盖上有乳白色的追星	胸鳍较宽、较圆，背面观尾胴较细，繁殖季节不出现追星
泄殖孔	小而狭长，呈瘦枣核状或针形，侧面观与体表平或稍向内凹	稍大而圆，呈梨形，梨柄端向前近胸鳍，侧面观，微向外凸出
腹部硬度	非繁殖季节，手压较硬；繁殖季节，手压仍是硬的，轻压有精液流出	非繁殖季节，手压腹部有柔软感；繁殖季节，泄殖孔周围的腹部十分松软
游　姿	在繁殖季节游泳活泼，常主动追逐其它金鱼	繁殖季节游动较慢，反映不如雄鱼灵敏

2. 亲鱼的选择和培育

（1）亲鱼的选择　为了使繁殖出来的金鱼后代成活率高，正品数量多，选择种质优良的亲鱼至关重要。作为亲鱼要选择品种纯正，体质健壮，鱼体活泼，色泽艳丽，鳞片完整无缺损，无疾病症状，体态匀称，品种特征突出的1龄以上成鱼。金鱼的寿命一般5～6龄，以2～4龄金鱼怀卵数量多、质量好。最好是从鱼苗时期即开始对鱼苗进行观察、挑选、培育，在具有整体优势的鱼群中将那些变色早、生长快、品种特征突出的个体挑选出来作为后备亲鱼培养，并且在养殖过程中不断淘汰不合格的个体，这样一代一代选育下去，就能获得优良的品系。

(2) 亲鱼的培育

① 春季培育　春天气温适宜，是金鱼的繁殖季节。随着气温的上升，亲鱼活动逐渐增多，此时，要适当降低水位，以增加光照，提高水温，或将亲鱼移入浅水池，降低放养密度，并投喂新鲜的活饵。为促使亲鱼性腺发育良好，喂食水蚤等鲜活饵料前可投些麦芽、谷芽。麦芽、谷芽含维生素E较多，对鱼类性腺发育有促进作用。

当水温达到18～22℃时，亲鱼会出现相互追逐的繁殖活动。一般在下午或傍晚时，将亲鱼移入新水中，第二天黎明就有产卵活动。临产前的金鱼应饲养在绿水中，以稳定的水质来控制亲鱼的产卵活动。产卵完毕后的亲鱼，用绿水保持亲鱼的性腺正常发育，一般7～10天后可进行第二次产卵。繁殖期间的亲鱼应尽量投喂活饵。在江南地区，每年的6月前后都有一个梅雨季节，这时阴雨连绵，各种有害细菌、寄生虫大量繁殖，是金鱼容易产生疾病的季节，无论亲鱼还是幼鱼都应采取绿水饲养，减少换水次数，维持水质稳定，尽量减少刺激，投饵也应减少，特别是气压偏低闷热的日子，投饵量要特别注意。遇有发病的金鱼，应及时隔离，并用药物提前预防。

② 夏秋护理　夏季水温多在25℃以上，水中藻类明显增多，水色转绿时间加快，水质变化较大，是鱼病的高发季节，重点是防止金鱼中暑和缺氧。中午前后，应用遮阴网或芦帘，将水泥池遮盖2/3，既可防止水温升高过快，也可给鱼提供一个避暑的地方。夜晚要加强观察，尤其是下半夜3～5点左右，是鱼类最易缺氧的时间。遇到严重缺氧的鱼池，要及时注水或换水。如有充氧设备，傍晚后应及时开启增氧机等。

③ 秋季育肥　秋天水温适宜，这时应重点加强投饵，保持观赏鱼体形的肥美，所以催肥工作是秋季的饲养重点。虽然秋天很少出现阴雨连绵的天气，一般发病程度较轻，但由于水温适宜，也是鱼病多发季节，应加强观察和药物预防，避免金鱼的大批发病和死亡，一般都可安全渡过。

④ 冬季管理　冬天气温较低，水温多在10℃以下，金鱼的发病率较低。这时饲养重点是维持水质稳定，保持鱼体的健康。当水温较低时，应及时将鱼池水位加深到40～50cm，避免鱼体冻伤，或将金鱼移到室内或暖房过冬，如在北方，由于气温通常低于0℃以下，金鱼必须在深池或移到室内暖房过冬。北方室内越冬的金鱼，最好将室温控制在7℃以上，使金鱼有觅饵活动。投饵可隔日或三日进行一次。若将水温提高到18～22℃时，金鱼在暖房中可提前进行繁殖。

3. 繁殖前的准备

金鱼的产卵除了要具备金鱼身体内部的生理变化条件外，还必须具备相应外界环境才能保证产卵的顺利进行，提高鱼苗的孵化率和成活率。我国地域广阔，南北方气温相差很大，温暖的南方在春节前后就能进入金鱼的繁殖季节，而长江下游一带，大致在4月上旬才开始产卵，可在气温相对较低的东北地区，一般都要推迟到5月份才能产卵。有经验的孵化场在亲鱼产卵前要做好一切准备工作。

(1) 产卵池（缸）的准备　产卵池是金鱼产卵的场所，它的面积大小、位置条件对金鱼繁殖具有重要影响。在自然条件下，金鱼是在自然水体进行自然受精繁殖的。产卵池的面积要大小适宜。一般水泥池根据亲鱼数量，选择 1～4m^2，水深 20cm 左右，通常每平方米放养待产的亲鱼 4～8 对。各地因条件不同，放养密度也有所差别。若产卵池（缸）面积过大，亲鱼数量不多，必然影响亲鱼间的发情追逐活动，有碍产卵行为，另外对卵的受精率也有一定的影响；若水体过小，亲鱼活动不开，彼此互相干扰，也不利于产卵行为。

一般的鱼缸因水深，不利于雌雄亲鱼间的发情活动，卵的受精率较低。对于要成对杂交育种的亲鱼则以小型黄砂缸为宜。家庭养殖可用普通大面盆放亲鱼，也可用洗澡盆，放 1～2 对亲鱼。

产卵的地点，应设置在阳光充足的南向避风处，减少水温的变化，同时要求空气流通，使产卵池（缸）的水体有充足的溶氧。

产卵池（缸）在产卵前均要洗刷干净、药物消毒，用以杀灭病原体，减少疾病的发生，提高孵化率。

（2）鱼巢的准备　金鱼卵具有黏性，可黏附到水草等附着物上。所以，在产卵前，要在产卵池（缸）内加入产卵巢，使金鱼卵受精后可以黏附在鱼巢上，便于以后的孵化。如果受精卵没有黏附在物体上，而是沉到水底，很可能因挤压、透气条件不好，或被池（缸）底污物埋住而腐败死亡。

①鱼巢的种类　鱼巢的种类很多，常用的有金鱼藻、聚草、菹草、水浮莲、轮叶黑藻、杨柳须根、棕榈树皮等，它们均可制成鱼巢。选择的原则是：质地要柔软，根须丰富，亲鱼追逐不会伤及鱼体；能漂浮在水中，这样散开的面积大，便于鱼卵黏附其上；不易腐烂，不影响水质变化，有利于受精卵孵化成鱼苗。

②鱼巢的处理　上述各种水草，均来自天然水体中，常会带来野杂鱼的卵，鱼苗的敌害和病菌等，因此，必须在使用前半月左右捞回来，进行处理：除去枯枝烂叶，清洗干净，用药物消毒，然后用清水冲洗除去药液后方能使用。若找不到水草，可以杨柳根须或棕榈树皮和人工鱼巢代替，因杨柳根须或棕榈树皮等含单宁等有毒物质，所以在清洗干净后，煮沸消毒，冲洗备用。使用时扎成小捆，再用绳系于产卵池中。

③处理鱼巢常用的药物及方法

a. 用 2% 的食盐水浸泡鱼巢 20～40min，可杀死附在水草上的病菌和寄生虫，也可使水螅从水草上脱落，对水草无害。

b. 用 1mg/L 的高锰酸钾溶液，浸泡 1h 左右，再用清水冲洗干净。

c. 用 20mg/L 的呋喃西林药液，浸泡 1h 左右，杀菌能力很强。

d. 用 8mg/L 的硫酸铜溶液，浸泡 1h 左右，可杀死水螅和病菌。

4. 产卵

金鱼产卵的季节一般在春季，当水温在 16～25℃时产卵。在自然情况下，同一池的亲鱼不会同时都发情产卵，而是有先有后。金鱼产卵时间大致从凌晨开始，到上午 10 时左右结束。一尾金鱼产卵量的多少主要取决于鱼体的大小、营养状况和性腺的发育程度，一般怀卵量可占其本身体重的 20% 左右。

（1）产卵期的外界条件

①水温　水温上升到 15℃时，开始有发情行为，适合产卵水温为 15～22℃，最适水温 18℃左右。遇气温突然变化，产卵活动也暂时停止。

②溶氧　水中溶氧较高，金鱼才能产卵，因为此时亲鱼活动频繁，耗氧量大，甚至张口到水面呼吸，所以水中缺氧，直接影响到亲鱼的产卵繁殖活动。

③气压　阴雨天、闷热天气通常鱼不产卵。同时，气压变化时、水温、溶氧、pH值及水的透明度均有变化，自然影响金鱼产卵行为。

④光照　光照强度及持续时间，对金鱼产卵繁殖起着重要作用。金鱼多不在黑暗中产卵，发情行为在清晨开始，随着光照增强，产卵行为频繁而且集中，产出的卵数多，质量好。到近中午，光照过强，产卵活动停止。若遇天气突变，产卵迟缓，卵质差。

⑤鱼巢　金鱼长期在水草中产卵，已形成习性。经过许多世代，水草中产卵的行为已成为一种条件反射。

（2）自然产卵　当外界环境条件适宜时，亲鱼出现追逐现象，就是发情的征兆。一般情况下，选择傍晚放入鱼巢，在第二天的清晨，亲鱼就会追逐产卵，当鱼巢上布满小米粒状的鱼卵，就要将其及时移入孵化池进行孵化。产卵期间的管理工作主要有以下几方面。

①产卵高潮时，应勤加检查，当发现放置的水草已附满鱼卵时，应及时取走，放入运行完好的孵化池中孵化，再在产卵池补放新的鱼巢，防止鱼在已附满鱼卵的鱼巢上继续产卵，使底层的鱼卵因缺氧死亡或防止新产出的卵落入鱼池或池边，被亲鱼吞食。当天产卵结束，即使鱼巢未附满鱼卵也应取出孵化。

②观察雌鱼是否有滞产现象，检查原因，及时调整。如雄鱼少或体质弱、发育差，可以另行调换或酌情增加雄鱼数；若发现雌鱼被雄鱼追逐疲乏，或雄鱼自身疲乏行动迟缓，甚至浮出水面侧卧，可暂时将雌雄分开。

③正确判断产卵结束的时间，可以从以下三个方面进行。

a. 从时间看，一般清晨开始产卵，午前结束。

b. 从鱼体看，雌鱼产卵后，不爱游动或长时间侧卧水底，雄鱼停止疯狂追逐雌鱼，或是雌雄鱼开始各自觅食，甚至吞食鱼卵。

c. 从水面看，由于亲鱼产卵后游动减少，所以池水恢复平静。

上述情况可视为一批产卵行为的结束。

④产卵结束后，要及时将雌雄鱼分别移至与产卵池水温相同的"老水"中精心饲养，加强护理。尤其是珍贵品种，产后雌雄不能混养。

⑤金鱼的同批卵在产出时，往往不是一次就产完，有的是在几天中持续产出，因此，每天产完卵的下午，要将产卵池壁上附着的卵和一些脱落在水中的卵清理出来，否则这些卵会消耗水中大量的氧气，当入夜到次日清晨时，可能造成水中氧气缺乏，亲鱼出现浮头或闷缸的危险。

（3）人工授精　金鱼的自然产卵繁殖，常受到客观条件的影响，以致受精率不高。特别是对个体差异较大的品种间杂交，自然繁殖比较困难。用人工的方法从亲鱼体内采出成熟的卵子和精子，人为地将它们混合在一起而完成受精过程，就是人工授精。人工授精有干法和湿法两种。

①干法授精　将发情达到高潮的雌鱼从水中捞出，用吸水纸擦干腹部的水分，轻轻压挤雌鱼的腹部，将卵粒挤入干净的玻璃皿中，同时擦干雄鱼腹部的水分，轻轻挤压腹部即有白色的精液流出，或用吸管吸取成熟的精液，放入盛有生理盐水的玻璃皿中稀释后，倒入盛有卵粒的玻璃皿内并搅动，使精子充分与卵细胞接触，增加精、卵结合的机会，完成受精作用。随即将受精卵均匀散布在事先准备好的鱼巢上，静置几分钟，等鱼卵牢固黏附在鱼巢上后，手提鱼巢在水中轻轻荡几下，取出放入孵化池（或孵化槽），就可以进行孵化。

②湿法授精　准备好合适的鱼巢放入水中（可用窗纱），将产卵的雌鱼和雄鱼的泄殖孔相对，同时挤压雌雄鱼的腹部，即有卵粒排成线状流出，而雄鱼的精液也成半透明乳白色细线流出，使卵子接触精液而缓缓下落粘于鱼巢上。同时在操作者有节奏地放松鱼体时，利用

鱼体的挣扎动作使卵粒与精子有更充分的接触并能散开，避免在鱼巢上成堆，使精子和卵细胞在水中完成受精作用后，均匀散落在鱼巢上，完成人工授精过程。

采用人工授精具有以下优点。

a. 人工授精可以很方便地根据人们的意愿进行品种杂交，特别是杂交困难的品种，有利于培育金鱼新品种。

b. 人工授精操作简便，占地较小，很适合缺少缸、池，没有合适金鱼产卵场所的家庭或小型渔场使用，还可使由于体形原因而追逐困难的亲鱼，如球形珍珠狮子头等不好自然繁殖的金鱼正常繁殖。

c. 人工授精可使金鱼繁殖时间缩短，有利于提高产卵池（缸）的利用率，有利于集中生产，便于管理。

d. 人工授精不需要太多的雄鱼，因而可在雄鱼不足或较少的情况下很好地完成授精。对于实施人工授精的渔场，亲鱼可减少雄鱼的数量而相应增加雌鱼的数量，有利于获得更多的仔鱼。

人工授精对亲鱼的伤害比自然受精要大些，因此，要求操作人员动作轻快，技术娴熟。最好采用湿法进行人工授精。

5. 孵化期间的管理

（1）将附满卵的鱼巢放入提前消毒备好的孵化池中，一般 $2m^2$ 的水池放鱼巢六把左右，鱼巢不要过密。因为刚孵出的仔鱼至幼鱼前一段，要在该池内生活20～30天。

（2）受精后的卵，卵膜很快吸水膨胀，健康的卵透明，微黄色。若卵为不透明的乳白色，则为未受精卵，发现后，应及时用镊子轻轻摘去，以免因腐烂而败坏水质或发生水霉病感染，危及全池。为防止水霉病发生，可用1/150000的孔雀石绿全池泼洒。

（3）从受精卵到小鱼破膜成鱼苗，这一过程的快慢及孵化率与水体水质关系极为密切，如水温、溶氧、二氧化碳及水体pH值等，此外与光照强度和气候的关系也较大，其中最主要的是水温。水温和孵化时间的关系如表3-4。

表3-4 孵化时间和温度的关系

水温/℃	孵化时间/天	水温/℃	孵化时间/天
12	10	16～18	6～7
15～16	7～8	20	3～4

一般以16～18℃，6～7天孵化出的鱼苗体质最好，孵化期间温差应小于5℃，并保持水中溶氧在5mg/L以上，pH稳定。

（4）受精卵孵化2～3天后进入敏感期，此时，要避免随意翻动鱼巢，以免震动鱼巢，从而提高孵化率，减少畸形鱼的出现。

（5）孵化期间一般不需换水。为防止水中有机物质过多，单胞藻过度繁殖，可在孵化池投放少量活水蚤，它既具有净水作用，几天后又可以作为鱼苗的饵料。

（6）金鱼刚破膜，尚不能平游，常常附在鱼巢上，因此，金鱼刚破膜时，不能将鱼巢立即取出，要掌握好鱼巢取出的时间。取出得过早，仔鱼会因无处附着而沉落水底，导致部分鱼苗被各种杂物覆盖死去或因缺氧而夭折，降低鱼苗的成活率；取出得过晚，水草上往往有腐败的卵，又会影响水质。一般孵出3～4天，鱼苗可以平游，这时可以选择晴天将鱼巢取出。

思考题

1. 金鱼起源于何种鱼类？请简要说明金鱼的生态学地位。
2. 请恰当描述一下金鱼的形态特征。
3. 金鱼变异主要发生在哪些部位？它们分别是什么？
4. 金鱼主要有哪些种类？如何对它们进行区分？
5. 如何培育鱼苗和幼鱼？
6. 金鱼饲养过程中不同季节的管理要点是什么？
7. 中国金鱼的评选标准是什么？
8. 中国金鱼的代表品种有哪些？
9. 日本金鱼的代表品种有哪些？
10. 如何鉴别雌雄金鱼？

实训三 金鱼的人工繁育

一、实训目的

掌握金鱼繁殖的生产工艺流程，熟悉生产工具、设施的准备与使用，熟练生产操作技术。

二、实训内容与操作步骤

1. 亲鱼的选择

选择优质的亲鱼要从年龄、游姿、体态、色泽、体质、性成熟状况等方面严格挑选，一般用于亲本的金鱼宜在2～4龄。游姿要求端正匀称、典雅大方、姿态柔和、优美好舞蹈，动感极强，停止时平衡感也强。色泽上要求艳丽迷人，单色鱼要求色纯无杂纹，双色鱼要求色杂而不乱，五花鱼要求色彩搭配合理，不混杂，颜色鲜艳夺目。体质要求健康无伤残，活动反应敏捷，鳍条舒展有力，呼吸匀称。

2. 亲鱼的强化培育

春天随着气温的上升，亲鱼活动逐渐增多，气温上升到10～12℃，金鱼已有了摄食的欲望，此时可将筛选的亲本按雌雄分开培育，主要做好以下几件工作：一是升温保温，防止温度骤然变化，一旦温差变化过大，将直接影响金鱼的进一步发育成熟；二是及时出盆换水及预防病害。春季到来时，亲本应及时出盆转入自然状态下生长发育，此时换水工作要做好，换水时宜少量多次，分批进行，每次换水量占池水的1/6或1/5，隔2～4天再换一次，操作时要小心轻缓，不搬动，少惊吓，一定要注意带水操作，不可轻易让亲本离水作业。具体操作时，用小盆迎着鱼前进方向轻轻舀起（带水），不能碰伤鱼体，亲鱼回池前用5%的食盐水清洗鱼体10min，做好预防工作，一旦发病，对亲本影响很大，需对病愈后的亲本重新筛选。此时，要适当降低水位，以增加光照，提高水温，或将亲鱼移入浅水池，降低放养密度，并投喂新鲜的活饵。为促使亲鱼性腺发育良好，喂水蚤前可投些麦芽、谷芽。麦芽、谷芽含维生素E较多，对鱼类性腺发育有促进作用。

3. 繁殖前的准备工作

（1）产卵池（缸） 产卵池（缸）的四角最好抹圆，产卵池（缸）内面光滑，避免亲鱼追逐时擦伤身体。一般深度30cm，注水20cm即可。产卵池（缸）使用前，应将其洗刷干净，用消毒剂浸泡消毒，亲鱼移入前5～7天注水。

（2）鱼巢 鱼巢的种类很多，常用的有：金鱼藻、聚草、同眼莲、水浮莲、轮叶黑藻、杨柳须根、棕榈树皮等，它们均可制成鱼巢。选择的原则是：质地要柔软，根须丰富，亲鱼追逐不会伤及鱼体；能漂浮在水中，这样散开的面积大，便于鱼卵黏附其上；不易腐烂，不影响水质变化，有利于受精卵孵化成鱼苗。鱼巢使用前处理：除去枯枝烂叶，清洗干净，煮沸或用药物消毒，然后用清水冲洗除去药液后方能使用，使用时扎成小捆，再用绳系于产卵池中。

4. 配组

当亲鱼有追逐迹象时，就把它们从培育池中捞至产卵池中，这个过程称为配组。配组最好选在晴天上午进行。配组前要保证培育池和产卵池水温一致。检查亲鱼的成熟程度时，操作要轻，带水操作。检验成熟度好的亲鱼放入产卵池中，每平方米放1～4组。根据水体充氧条件调整。为保证鱼卵有较高的受精率，配组时多是雄多雌少，一般比例为（1.5～2）:1，雌雄个体相差不大。

5. 产卵

当亲鱼进入产卵池后，让其适应一段时间。傍晚时分，将扎制好的鱼巢布置在产卵池中，鱼巢间要保持一定的距离，以便于亲鱼追逐游泳。整个鱼巢区占产卵池的1/4左右。一般情况下，在放入鱼巢的第2天清晨，亲鱼就会追逐产卵，一直可持续到上午10时以后。

6. 孵化

生产上孵化金鱼多用水泥池，家庭小型繁殖设施用孵化缸。金鱼受精卵的适宜孵化水温为16～28℃，水温高于30℃或低于12℃，很难孵化出仔鱼。最适水温是20～24℃。一般以16～18℃，6～7天孵化出的鱼苗体质最好。孵化期间温差小于5℃，保持水中溶氧充足，密度适宜，pH值正常。

7. 鱼苗的培育（水泥池）

（1）投饵 育苗孵化3～4天后，卵黄囊消失，可以平游后，就要投饵。最好先投喂"洄水"，若"洄水"不足可投喂蛋黄，20万～25万尾1个蛋黄，一般每天喂两次，上午9～10点，下午3～4点，视水温和鱼苗食欲调整，以1h内基本吃完为度。1周后饵料以轮虫为主，当鱼苗长至20mm，则可投喂个体更大的鱼虫等活饵料或人工配合饲料。

（2）鱼苗的分池 因放入孵化池的鱼巢附满受精卵，数量不易准确掌握，因此容易出现金鱼密度过大，引起缺氧或浮头，为确保鱼苗安全，应根据具体情况分池稀养。

分池的方法是：将分池用的鱼篓，轻沉到鱼池中，水不漫过鱼篓上沿，将排水管插入鱼篓中，往外抽水至池水一半时，用脸盆将池水连鱼带水均分入另一池中，再沿池壁徐徐注入新水至原水深为止。

（3）鱼苗的换水和选鱼

①换水 第一次换水是在鱼破膜后15～20天进行，采用部分换水法，将底部污物

用胶管吸出，吸出量为原池水的1/10～1/5，然后缓慢放入等量等温的新水。以后每隔10～15天换水一次，经过三次部分换水，鱼苗已经长大，成为幼鱼，就可以进行彻底换水。

②选鱼　鱼苗生长快慢不同，生长程度不一，个体大小有所差异，容易发生相互咬伤或吞食的危险，要及时选鱼。另外，金鱼变异大，当鱼体外形可以分辨时，应及早开始选鱼，留优去劣，以免好坏并存妨碍好鱼的生长。

第一次选鱼是在破膜后的15～20天，鱼体长已达1.5cm左右，与换水同时进行的是选鱼，此次主要淘汰单尾（单尾种除外），留下的好鱼按水深30cm、150尾/m^2放养。

第二次选鱼是在上一次选鱼和换水的10～15天后进行，此时鱼体已达2.0cm以上，尾鳍已较成形，此次主要根据鱼体形是否端正、尾鳍是否中央分开而又左右对称、整个尾鳍是否完全呈水平状态等挑选，淘汰那些体形不端正，尾鳍左右倾斜等不好的鱼，留下的好鱼放养密度较前次略小。

第三次选鱼是在第二次挑选后10～15天后进行，此时鱼体长已超过3.0cm。对有背鳍的，背鳍发育不全者要淘汰；对无背鳍者，残留有背鳍的要淘汰。此外，还要将上次没有被发现的差鱼一并淘汰，留下的好鱼可按10～20尾/m^2放养。

第四次选鱼是在第三次挑选后10～15天后进行，此时鱼苗已长成幼鱼。可结合品种特征，以形态为主进行挑选。要求身短尾大，如龙睛类，还要求眼球大小、左右一致；水泡眼泡要大，左右对称；朝天龙要求左右平直；珍珠鳞要粒粒凸出明显。凡是肉瘤品种，宜选留头型宽阔的，而无背鳍具肉瘤品种，还要注意尾部，要求尾柄短粗，而且背脊弯曲适度。从第四次换水后，被选出来的鱼就可以作为商品鱼，按质标价出售，或进一步培养。

三、实训报告

1. 按生产过程撰写报告，要求记录详实准确。
2. 总结生产过程中的经验教训和心得体会，应熟练掌握生产环节的操作。

第四章

锦鲤的养殖

> **知识和技能目标**
>
> 1. 了解锦鲤的主要品种及其鉴赏和选择标准。
> 2. 掌握锦鲤的生物学特性。
> 3. 掌握锦鲤的人工饲养和繁殖技术。
> 4. 熟练掌握锦鲤的人工饲养和繁殖的工艺流程及生产操作。

第一节　锦鲤的品种和鉴赏

锦鲤是野生食用鲤鱼的变异种,学名 Cyprinus carpio Linnaeus,最早是由于环境因素影响导致个体体色突变而出现,在中国公元前1537年的书籍中已记载有锦鲤的养殖。从19世纪30年代开始,主要是在日本经过人工杂交,逐渐选育出红白锦鲤,后随着人们对锦鲤养殖、观赏研究的进一步深入,逐渐培育出浅黄锦鲤、别光鲤、三色鲤、写鲤等品种。

锦鲤的品种分类一般根据其颜色、图案模式、鳞片的排列方式及光泽等特征进行区分命名,当前主要的锦鲤有14个品种类型,包括红白锦鲤、大正三色、昭和三色、别光锦鲤、写鲤、浅黄、秋翠、衣锦鲤、变种鲤、黄金锦鲤、光写锦鲤、花纹皮光鲤、丹顶、金锦鳞,每一个品种类型又包括一到多个品种。

一、红白锦鲤

最早发现具红白两种颜色的鲤鱼是1804年至1829年间。当初由真鲤突然变异产生头部全红的"红脸鲤",再由其产生的白色鲤与绯鲤交配,产生腹部有红色斑纹的白鲤,之后逐渐改良成背部有红斑的锦鲤。1880年左右,红白在日本新泻县山古志地方普遍饲养,经过不断改良,已经有相当好的品种出现。特别是后来由兰木的互助、友右卫门及弥五左卫门等名家的努力,成功地固定了"近代红白"的遗传性。

1. 红白的品种

红白就是带红斑的白鲤,根据红斑图案连续性分为闪电纹红白和段纹红白。

(1) 闪电纹红白　脊部红斑从头延伸到尾部，连续而弯曲，形状恰似雷雨天的闪电光弯弯曲曲，因此而得名（图4-1）。

(2) 段纹红白　段纹红白根据红斑的分段状况又分为以下3种。

① 二段红白　红白锦鲤在洁白的鱼体上，有2段绯红色的斑纹，宛如红色的晚霞，鲜艳夺目，花纹简洁，是锦鲤的传统代表种（图4-2）。

② 三段红白　红白锦鲤在洁白的鱼体背部生有3段红色的斑纹，非常醒目（图4-3）。

③ 四段红白　红白锦鲤在银白色的鱼体上散布着4块鲜艳的红斑（图4-4）。

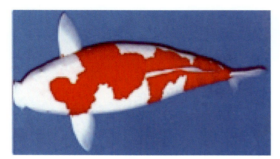

图4-1　闪电纹红白

图4-2　二段红白

图4-3　三段红白

图4-4　四段红白

2. 红白锦鲤的鉴赏

红白最重要的是白底要纯白，像白雪一样，不可带黄色或饴黄色。红色愈浓愈好，但必须是格调高雅明朗的红色。一般来说，应选择以橙色为基盘的红色，因其色调高雅明洁，一旦增色，品位较高。而如果是以紫色为基盘的红色较为不雅，虽色彩浓厚且不易褪色，但难以给人明快的感觉。另外，红斑必须颜色均匀，不能模糊不清乃至有白斑出现。红斑边际要清晰分明，但靠近头部部分有时会模糊不清，这是由于鳞片覆盖着下层色彩的结果，称为"插彩"，这种插彩别具风格。锦鲤的斑纹必须全身均匀分布，左右对称。只有左半边或右半边的花纹称为"半花纹"，这种花纹配置不理想。以小型斑纹分布全身的称为"小花纹"，它不如斑纹集中成大块花纹的"大花纹"为佳。因为随鱼体长大，"大花纹"会逐渐显现出锦鲤色彩、花纹所具有的魄力。理想的红白锦鲤颜色深浅合适，图案边缘要清晰分明，比例均衡，上好的红白锦鲤具以下特点。

(1) 红白图案的均衡性　一般情况下，红斑面积应占到体表面积的50%～70%，白斑面积不宜超过50%。

(2) 头绯　头部一定要有红斑。即使躯干上有非常好的花纹，但头上没有红斑者称为"和尚"，没有观赏价值。头上红斑愈大愈好，但不可渲染到眼、颚、颊、嘴吻，以红斑前部到达鼻孔线最好，至少也应到达眼线，最传统的头部红绯呈一大大的"U"形。红斑到嘴吻的

"掩鼻"或头部全红者"覆面"品格不雅。嘴吻上有小圆红斑称为"口红"。如头部有大红斑时最好不要有口红，但如果头部红斑只到眼线或比眼线稍高时，"口红"的存在就美妙绝伦了。最近有些人比较欣赏头上有变化的花纹，如斜钩形、鞋拔形等具个性的花纹，例如连获全日本锦鲤品评会二十二届、二十四届总合冠军的著名品种"楼兰"即具有非常独特个性的头斑。

（3）躯干部花纹　必须左右对称，最好靠近头部的肩部有大块斑纹，这是整条鱼的观赏焦点。头部与躯干部之间红斑应有白地切入，最好不要是单调的直线花纹，成体红白锦鲤躯干部红斑应环绕到侧线以下，对小型锦鲤红斑应高于侧线，红斑不能延伸至背鳍。靠近尾部也须有红斑，称为"尾结"。尾结距尾鳍基部2cm左右最为理想，要在尾鳍前有部分白色区域，切不可渲染到尾鳍。但如果是大型鲤，则可允许尾结到达尾鳍。

（4）体形　一条完美红白锦鲤应体形丰满圆润，肩部宽厚而尾柄粗壮。

（5）体色　红白锦鲤要求体色鲜亮分明，白色鱼体要洁白无瑕，具光泽，红斑应是深桔红色，轮廓清晰分明。

二、大正三色

大正三色鲤是带红、黑斑的白鲤，其主要特点是在鱼体的纯白底色上布红色和黑色斑纹。这种鱼，最好的是黑色部分如墨一样黑，背侧有大的绯红色斑纹和黑色斑纹和谐地排列。所有的颜色必须显现在背部上方才算正品。大正三色锦鲤有的以斑纹新奇的色彩而制胜；有的却以姿态优雅、体形丰满、格调奇特而引人注目。最早出现于19世纪末期，在1914年东京鱼展中第一次展出红白黑三色鲤，1915年新柽地区Heitaro Sato（星野荣三郎）在红白中发现三色鲤，后来Eizabura Hoshino用三色鲤和雄性白别光锦鲤，培育出著名的浦川品系大正三色。

1. 大正三色的常见品种

（1）赤三色　赤三色锦鲤指从头至尾柄有连续红斑纹的大正三色锦鲤（图4-5）。

（2）王冠三色　该种三色鲤头部具有单独的红斑（图4-6）。

（3）口红三色　口红三色锦鲤在鱼的嘴唇上生有圆形的鲜艳小红斑，极为俊俏（图4-7）。

图4-5　赤三色

图4-6　王冠三色

图4-7　口红三色

图4-8　德国三色

（4）德国三色　德国三色锦鲤是由以锦鲤为基本型，与德国无鳞鲤杂交产生，鱼体无鳞，在白色皮肤上，赫然呈现出红、黑斑纹。幼鱼时期鱼体尤为华丽（图4-8）。

2. 大正三色的鉴赏和挑选

大正三色的评判标准很多类同于红白锦鲤，白底必须纯白，不要呈饴黄色。红斑也与红白要求一样，必须均匀浓厚，边缘清晰。头部红斑不可渲染到眼、鼻、颊部，尾结后部最好有白底，躯干上斑纹左右均匀，鱼鳍不要有红纹。头部不可有黑斑，而肩上须有，这是整条鱼的观赏重点。白底上的墨斑称为穴墨，红斑上墨斑称为重叠墨，以穴墨为佳。少数结实的块状黑斑左右平均分布于白底上者，品味较高。身体后半部不能有太多黑斑。胸鳍上如有2～3条黑色条纹较理想，不能有太多黑条纹。观赏大正三色应注意如下事项：

（1）绯盘、墨斑的红色、黑色鲜明且浓厚者为佳，白地同红白一样，越近纯白者越好。

（2）头部一定要有绯盘，墨斑应出现于肩部以后，侧线以上，分布均衡，漆黑发亮，斑块数量宜少，边缘十分明确锐利，多而小的墨斑显得凌乱。

（3）胸鳍及尾鳍上宜有少量黑色条纹，红斑不能延伸到倒鳍上。

（4）尾柄末端不宜有黑色或红色斑块，最好是纯白的底色。

（5）体态丰满圆润。

三、昭和三色

昭和三色亦由红白黑三色体色构成，相对于大正三色，其黑斑要明显得多，特别是头部具有闪电纹黑斑，是一种带红斑和白斑的黑鲤。昭和三色出现于20世纪20年代，直到60年代中期，才形成现在的昭和三色鲤。

1. 昭和三色的代表品种

（1）绯昭和　绯昭和主要特点是其红斑占较大比例，具有由鼻到尾连续的红斑，呈橙红色，白斑所占面积在20%左右（图4-9）。

（2）近代昭和　这种现代锦鲤主要以白色为主，白斑面积占约40%～50%（图4-10）。

（3）淡黑昭和　淡黑昭和的特点是黑斑颜色呈灰白色，显得模糊不清（图4-11）。

图4-9　绯昭和

图4-10　近代昭和

图4-11　淡黑昭和

2. 昭和三色鲤的鉴赏和挑选

头部须有大型的红斑，红质均匀，边缘清晰，色浓者为佳。白斑对于昭和三色也相当重要，只是不需要多，大约占全身的20%即可。白质要求纯白，头部及尾部有白斑者品位较高，当然背部有白斑者更佳。黑斑有两种类型：一种是有闪电形黑纹由嘴边跨过头上红斑的面割型；另一种则是在鼻尖上有黑斑而在头上有人字形黑纹。前者为基本型，而后者外观较豪迈。躯干的黑纹必须呈闪电型或三角形，粗大而卷伸至腹部。胸鳍应为元墨，不应全白、全黑或有红斑。昭和三色应具备如下特点。

（1）头部一定要有特色墨斑，一般呈闪电状的面割形或呈V形，且鼻部也有黑斑出现。

（2）身体图案鲜明、界限清楚。黑斑较大且对称，墨质以具光泽的漆黑色最好，红白斑对比明显，颜色匀称协调。

（3）尾部图案最好均衡对称，不要伸入尾鳍。

（4）胸鳍以大小适中的无黑为佳，胸鳍若出现黑色图案最好在其基部，且左右对称，胸鳍边出现黑斑被认为是低等级的锦鲤。

四、写鲤

写鲤是带白斑、红斑或黄斑的黑鲤，分别称为白写鲤、绯写鲤和黄写鲤。写鲤的历史以黄写鲤较早，最早出现于1875年，而白写鲤形成则在1925年。

1. 写鲤的品种

如上所述，写鲤根据身体颜色构成分为白写鲤、绯写鲤和黄写鲤。

（1）白写　白写是黑底上有白斑纹的锦鲤。外表上黑斑纹的存在条件完全跟昭和三色相同，头上有黑斑纹，胸鳍具元黑。白写斑纹应有的条件：白要像红白的白底一样，质地应为纯白，不能染黄斑或黑斑；黑如昭和三色所要求的黑斑一样的质地及斑纹，漆黑且界限清晰（图4-12）。

（2）黄写　黄写是黑底上有黄色斑纹的锦鲤。黄写斑纹应有的条件：黑斑与昭和三色所要求的质地与斑纹相同，漆黑且界限清晰，色彩愈浓愈佳；黄色是属于光彩艳丽的黄色，但不应带黑芝麻斑点；胸鳍则是美丽的条纹斑（图4-13）。

图4-12　白写

图4-13　黄写

（3）绯写　绯写是具有红斑的黑鲤。绯写斑纹应有的条件：黑色与红色对比强烈，容易引人注目，因此在品评会上常与红白、大正三色、昭和三色争取优胜奖，缺点是红斑上容易出现芝麻黑斑点，如果红斑纹浓厚结实而没有黑芝麻斑点，则不失为一难得的上品。胸鳍是美丽的黑红条纹斑图（图4-14）。

2. 写鲤的鉴赏和挑选

（1）写鲤的黑斑应为漆黑色，浑厚而具光泽，黑斑大而对称，要环绕身体。

图4-14　绯写

（2）身体图案均衡，对比鲜明，界限清晰，白斑要纯白，红、黄斑要颜色一致，不应深浅不一，且黑点不应出现在其它斑块中。

（3）头部黑斑要明显，以"闪电式"面割形和"之"字形为好。

（4）胸鳍部应有黑斑。

（5）体形丰满，肩部和尾柄厚重。

五、别光锦鲤

白底、红底或黄底上有黑斑的锦鲤称为别光锦鲤，背部有小块黑斑，有如一块块甲片，也称"别甲鲤"，黑斑不进入头部，属大正三色系统。

别光鲤出现于20世纪70年代，曾经一度非常流行，现在受关注度则下降，在锦鲤展出中往往处于弱势状态。但别光鲤自己独特的体色魅力与观赏价值不应过多受流行时尚的影响。

1. 别光锦鲤的品种

（1）白别光　白别光的墨质则属于大正三色，因而头部不能有墨斑。身上的墨斑不能过多，要均匀整齐地排列。不能有散开的穴墨，要有良好的、黑白分明的边际。墨质要像黑油漆一样有明亮的光泽。胸鳍基部要有条状墨斑，向外缘延伸而又不达到胸鳍的边缘（图4-15）。

（2）绯别光　绯别光是红底上分布着墨质斑纹的锦鲤（图4-16）。

（3）黄别光　黄别光是黄底上分布着墨质斑纹的锦鲤（图4-17）。

图4-15　白别光

图4-16　绯别光

图4-17　黄别光

2. 别光锦鲤的鉴赏和挑选

（1）别光鲤的黑斑必须是乌黑色，且不出现在头部，较理想的是在肩部出现较大的黑斑，或呈串状均衡分布于身体各处，但仅限于侧线以上的范围。

（2）白别光的白色必须是雪白的纯色，不能显现出黄色，绯别光的红色常呈橙红色，而黄别光鲤的整个身体应该是一致的黄色。

（3）别光锦鲤的鳍为白色或带黑色条纹，图案到尾鳍的基部为止，不要延伸到尾鳍。

六、浅黄锦鲤

浅黄锦鲤背部呈网状蓝灰色，体侧颊部和鳍部有红斑。浅黄锦鲤有记载的历史已经有100多年，由黑鲤发展而来，近代大多数的锦鲤由其发展而来。

1. 浅黄锦鲤的主要品种

（1）鸣海浅黄　是一种典型的亮蓝浅黄，颜色较浅，鳞上有一蓝灰色中心，呈栅栏状向四扩散（图4-18）。

（2）绀青浅黄　背部蓝色非常深暗，几近黑色（图4-19）。

（3）浅黄三色　背呈蓝灰色，头和身体两侧呈红色（图4-20）。

该类型锦鲤还有水浅黄、白线浅黄及绯浅黄等。水浅黄的颜色非常浅，白线浅黄背部的蓝色图案和体侧的红色图案之间有白色隔开，绯浅黄其体侧的红色图案可达侧线以上，甚至到达背部。

2. 浅黄锦鲤的鉴赏

（1）浅黄锦鲤头部为浅蓝灰色，不能有黑斑，颊部红斑要到达嘴的下方。

（2）身体的图案要均衡，红斑要左右对称，背部图案要从肩部一直延伸到尾鳍基部。

（3）体侧红色图案一般从腹部到侧线以下（绯浅黄除外），腹部呈白色。

（4）红斑要到达鳍的基部，尤其是胸鳍。

（5）背部鳞的颜色中间深，边缘淡，要界限分明，呈优美的网格状。

图4-18　鸣海浅黄

图4-19　绀青浅黄

图4-20　浅黄三色

七、秋翠鲤

秋翠鲤是浅黄锦鲤与德国镜鲤杂交产生的。其特点是身体只有部分区域覆盖鳞片，特别是在背部，体侧侧线部位易出现纵向排列的鳞片，而其它部位光滑无鳞。

秋翠最早在1910年育成，1986年之后被划分为一个单独的品种类型。

1. 秋翠的种类

（1）花样秋翠　腹部一直到背部有红色图案分布，但不连续，且与蓝色图案重叠（图4-21）。

（2）绯秋翠　其红色图案从腹部一直覆盖到背部，中间连续无间断（图4-22）。

（3）黄秋翠　身体呈稀有的黄色，背部略呈绿色（图4-23）。

图4-21　花样秋翠

图4-22　绯秋翠

图4-23　黄秋翠

（4）珍珠秋翠　其鳞片呈银色，是非常罕见的品种。

2. 秋翠的鉴赏和挑选

（1）背部及侧线鳞片排列整齐对称，其它部位不要出现杂乱的鳞片。

（2）背部蓝色从头到尾要一致，分部于侧线至背线。体侧红斑要对称，红斑应延伸到鳍的基部，特别是胸鳍，且鳍的条纹要均衡对称。

（3）身体图案分布均衡，不同图案对比鲜明，界限明显。

八、衣锦鲤

衣锦鲤是指具有两种颜色相互重叠覆盖的锦鲤，由于衣锦鲤主要是由红白和其它品种的锦鲤杂交产生，故在红色图案的鳞片上覆盖有蓝色或黑色的图案、网眼状、呈块状渗入者都称为衣鲤。

衣锦鲤大约出现于20世纪50年代初期，由红白同鸣海浅黄杂交而产生。

1. 衣锦鲤的种类

衣锦鲤根据其出现于红斑之上的图案分为以下几种。

（1）蓝衣鲤　是由红白和浅黄杂交选育出来的。红斑上的鳞片后部侧下方呈蓝色半月状渗入，也就是形成镶边，从整体来讲即所谓的"网眼花纹"（图4-24）。

（2）黑衣鲤　蓝衣的蓝色部分被黑色取代者称为黑衣。红白整体红斑上盖一层黑色，或者黑色以鳞为单位不规则地渗入，使之整体呈紫红色块状，而不会像蓝衣那样形成漂亮镶边，并且黑色渗入到头部的红斑上（图4-25）。

图4-24　蓝衣鲤

（3）葡萄衣鲤　此种衣锦鲤的基本色为雪白色，黑色覆盖在红色上面，形成紫色的葡萄串状的图案（图4-26）。

图4-25　黑衣鲤

图4-26　葡萄衣鲤

（4）葡萄三色　具有与大正三色相同图案颜色的锦鲤，不同之处是有的黑色图案覆盖于红斑上，如同葡萄衣鲤（图4-27）。

（5）衣昭和　具有昭和三色的图案分布，同时红斑部位覆盖了网状的轮廓图案（图4-28）。

2. 衣锦鲤的鉴赏和选择

（1）衣锦鲤应具有优秀的红白锦鲤的图案分布，其白色应为纯正的雪白，红色要深。

（2）衣锦鲤的鳞片要匀称，这样使网格状的覆盖

图4-27　葡萄三色

图案会更规则漂亮。

（3）衣锦鲤的鳍应为纯白色，或在其胸鳍基部分布红斑，但不应有黑斑（衣昭和除外）。

九、变种鲤

变种鲤是不同品种间杂交的产物，是一个相当大的类型，包括所有不属于其它种类的不具金属光泽的锦鲤。

（1）乌鲤　乌鲤是有白色或橙黄色腹部的黑鲤，优秀的乌鲤黑色部分应为漆黑色，且身体各部分的颜色要均匀一致（图4-29）。仅有黑白二色的乌鲤，是现有的变种之中最受推崇和喜爱的。乌鲤是以乌真鲤为元祖而产出"羽白"及"秃白"，再改良至产出"九纹龙"的一系列的锦鲤。常见品种如下。

①羽白锦鲤　羽白锦鲤呈黑色，仅胸鳍和尾鳍的边缘部分呈白色，使其整个身体界限分明（图4-30）。

②秃白锦鲤　除胸鳍、尾鳍边缘外，其鼻尖、头顶亦呈白色，其它部位均呈黑色的锦鲤称为秃白锦鲤（图4-31）。

③九纹龙锦鲤　由德国镜鲤发展而来的具黑

图4-28　衣昭和

图4-29　乌鲤

图4-30　羽白锦鲤

图4-31　秃白锦鲤

图4-32　九纹龙锦鲤

白图案的锦鲤，近年的九纹龙是经乌真鲤与秋翠交配产出的，具有流畅风雅的漆黑斑纹及纯白的肌肤，其侧线和背线分布有排列规则的大鳞片（图4-32）。

④五白锦鲤　在乌黑的鱼体上出现五处白斑，即头部、左右胸鳍、尾鳍及背鳍均呈白色，故称五白锦鲤（图4-33）。

（2）单色鲤　指体表只呈现一种颜色的锦鲤。常见品种如下。

①黄鲤　鱼体呈明亮黄色，闪闪发光，其中有红眼黄鲤和黑眼黄鲤之分，红眼黄鲤比黑眼黄鲤更

图4-33　五白锦鲤

胜一筹（图4-34）。

②茶鲤　鱼体呈茶色，可是变化范围却相当大，例如带红的茶褐色，似蓝似绿的茶色，带黄土色系统的茶色，甚至巧克力色等。德国型的茶鲤生长尤为迅速，因此常有巨大的茶鲤出现（图4-35）。

③绿鲤　此鱼全身呈明亮的黄绿色。是吉冈忠夫费了20年的时光，于昭和40年（1965年）培育出呈黄绿色的德国系统的鲤鱼型。此鱼出现后曾名震一时（图4-36）。

④深红鲤　全身呈深红色的锦鲤（图4-37）。

⑤红羽白锦鲤　胸鳍、尾鳍、背鳍等末端呈白色的红色锦鲤（图4-38）。

⑥白鲤　白鲤通常是红白繁育中的副产品，全身纯白色，又称白无地。一般在生产中都作为淘汰鱼而被挑除，具有闪亮光泽、皮肤质地优良的白鲤长大后仍不失为一条好的锦鲤（图4-39）。

（3）松叶锦鲤　与浅黄同样属于古典的鲤鱼，在每片鳞片上出现黑色斑纹，鱼鳞一片一片地像松叶浮起呈半月状者称为松叶鲤。此锦鲤的精彩之处与其它品种一样，光辉之美为重点，但另一重点就是鱼鳞并排的状态。由于躯体上的一片一片鱼鳞形成松叶状的黑斑纹而呈现出鳞之并排井然有序，这是其最精彩的地方。保持松叶状又能保持金或银的美丽色调的锦

图4-34　黄鲤

图4-35　茶鲤

图4-36　绿鲤

图4-37　深红鲤

图4-38　红羽白锦鲤

图4-39　白鲤

鲤是稀有的,可是这种锦鲤长大之后就有胜过山吹黄金或白金黄金的可能。其品种有以下几种。

①赤松叶　红色鳞片上浮现出黑色斑纹的称为赤松叶(红松叶)锦鲤(图4-40)。

②黄松叶　全身黄金色的,黄色鳞片上浮现出黑色斑纹的称为黄松叶(金松叶)锦鲤(图4-41)。

③白松叶　白色鳞片上浮现出黑色斑纹的称为白松叶锦鲤(图4-42)。

④德国松叶　松叶中的不完全鳞品种,通常由德国镜鲤杂交而来。在这种锦鲤的背线和侧线的鳞片出现松叶图案,如德国黄松叶(图4-43)。

(4) 鹿子鲤　形成绯斑的鳞片,其鳞片每片边缘均有白色的覆轮,中心呈圆红状,绯模样整体呈鹿子状态者称为"鹿子鲤",尤其斑纹的全部若能都呈鹿子状者,属珍品,具稀有价值。该类锦鲤主要品种如下。

图4-40　赤松叶

图4-41　黄松叶

图4-42　白松叶

图4-43　德国黄松叶

图4-44　鹿子红白

①鹿子红白　绯色的鳞片一枚一枚呈圆红状的红白两色鲤称"鹿子红白",以前称"绯鹿之子"或"红鹿之子"(图4-44)。

②鹿子三色　具大正三色的绯斑,其鳞片在鱼体上呈圆红状者称为"鹿子三色"(图4-45)。

③鹿子昭和　昭和三色的绯斑中其鳞片一枚一枚呈圆红状的品种则称为"鹿子昭和"(图4-46)。

(5) 五色鲤　五色鲤指身体具红、白、黑、蓝、深蓝五种颜色图案的锦鲤,最初是由浅黄与大正三色杂交产生。花纹图案漂亮多变,深受养殖者喜爱,但对水温要求较高,低温下色彩易变暗,呈黑色,也称五色昭和(图4-47)。

图4-45　鹿子三色

图4-46　鹿子昭和

图4-47 五色昭和

(6) 阴影锦鲤　阴影锦鲤是指在写鲤或昭和三色鲤的红、白斑的鳞片的中心部分出现暗色斑块——"阴影"，使之形成模糊的网状图案，且阴影与鱼身体上的黑斑相映成趣，显得安静优雅。该类锦鲤的品种有以下几种。

① 阴影白写　即在白写锦鲤原有图案的白斑上出现带有阴影的网状图案（图4-48）。

② 阴影绯写　即在绯写锦鲤的原有图案的红斑上出现带有阴影的网状图案，该锦鲤的原有黑色图案要紧密才好（图4-49）。

图4-48 阴影白写

图4-49 阴影绯写

③ 阴影昭和　该种锦鲤具有基本的昭和三色图案，但在其红、白斑上出现阴影图案（图4-50）。

(7) 秋翠系列　指带有秋翠特点的杂交变种鲤，即有秋翠之蓝色且有其它锦鲤图案的不完全鳞锦鲤。如昭和秋翠即是具有昭和三色图案并有秋翠的蓝灰色的不完全鳞锦鲤（图4-51）。

图4-50 阴影昭和

十、黄金锦鲤

黄金锦鲤是指具有金属光泽的单色锦鲤。该品种是由日本人青木泽太父子培育出来的。在昭和二十一年（1946年）开始经过长期的辛勤劳动，选种、杂交，终于培育出金兜、银兜、沙金等受人欢迎的品种。黄金锦鲤常用于与各品种锦鲤交配而产生豪华的皮光鲤，成为改良锦鲤的主要角色。

图4-51 昭和秋翠

1. 黄金锦鲤的种类

(1) 山吹黄金　又称棣堂黄金锦鲤，是1957年正冈正侑以黄鲤与金鲤交配而成的后代。鱼体呈纯黄金色，鱼鳞排列整齐、亮晶晶，发出黄金般的光芒，闪耀着夺目的光辉（图4-52）。

(2) 白金黄金　鱼体呈银白色。此鱼于1963年，由日本鱼津市的吉冈忠夫用黄鲤与灰黄锦鲤交配而成的（图4-53）。

(3) 桔黄黄金　此鱼体躯为纯桔黄色。于1956年培育而成（图4-54）。

(4) 橙黄黄金　鱼体具橙黄色金属光泽的锦鲤（图4-55）。

(5) 金松叶　具金属光泽的金色或黄色锦鲤，其每一鳞片中央有黑斑，使整个身体呈松叶图案，头部明亮清晰，无斑点。1960年由间野荣三郎氏创出（图4-56）。

（6）银松叶　特征同金松叶，只是金属光泽呈银色（图4-57）。

（7）绯松叶　特征同金松叶，只是金属光泽呈桔红色（图4-58）。

（8）德国黄金　由镜鲤杂交而来的黄金锦鲤，具有不完全分布的鳞片（图4-59）。

另外，该类型的锦鲤中还有瑞惠黄主、金兜、银兜、金棒、银棒等品种。

图4-52　山吹黄金

图4-53　白金黄金

图4-54　桔黄黄金

图4-55　橙黄黄金

图4-56　金松叶

图4-57　银松叶

图4-58　绯松叶

图4-59　德国黄金

2. 黄金锦鲤的鉴赏和挑选原则

（1）头部必须光亮清爽，不能有阴影。

（2）鳞片的外缘称为覆轮，这部分必须呈明亮的黄金色。覆轮能延展到腹侧部者为高级品，同时胸鳍亦须明亮。

（3）黄金锦鲤由于食欲旺盛，因此常过度肥胖，同时胸鳍也常发生畸形，选购时必须注意以上体形的缺点。

（4）夏季水温升高时，有些黄金锦鲤的体色会转变为暗金黄色。选购时必须选择不受水温影响、体质良好的黄金锦鲤。

（5）德国黄金锦鲤则须注意鳞片的整齐，不要有赘鳞。

十一、花纹皮光鲤

图4-60　金银贴分

图4-61　贴分松叶

花纹皮光鲤包括体表具两种及以上颜色图案且有金属光泽的所有锦鲤（注意区别黄金系列中的松叶鲤），通常指写鲤（白写或绯写系统的鲤鱼）以外的鲤鱼与黄金锦鲤交配产生的锦鲤。金银二色斑纹的锦鲤，头部必须清爽，覆轮愈多愈好。主要种类有以下几种。

（1）贴分　是指具白金色、橙色或金色中两种金属光泽的锦鲤。

①金银贴分　具金银二色斑纹的锦鲤。头部必须清爽，覆鳞越多越好（图4-60）。

②贴分松叶　呈松叶斑纹的贴分（图4-61）。

该类锦鲤还有山吹贴分、德国贴分及桔黄贴分等品种。

（2）白金红白　白金红白是红白与黄金锦鲤交配所产生，白金色强烈而背部光亮的特别漂亮，称为"白金红白"。头部必须是光亮的白金色，没有黑斑。主要种类有以下几种。

①菊水　德国系不完全鳞的白金红白锦鲤，身体左右两侧各有深黄色或桔红色的波浪形条纹，头部呈银白色（图4-62）。

②白金富士　皮肤呈白金色，上覆盖红斑，略显褐色。头和胸鳍没有黑斑，且呈光滑的白金色（图4-63）。

（3）大和锦（有光三色）　大正三色的皮光鲤。红斑纹较淡，但屡有佳作出现（图4-64）。

（4）锦水、银水　具金属光泽的秋翠。红斑多者称"锦水"，又称金秋翠（图4-65），少者称"银水"，又称银秋翠。

图4-62　菊水

图4-63　白金富士

图4-64　大和锦

图4-65　金秋翠

（5）光蓝衣（松竹梅）　有金属光泽的蓝衣鲤，为稀有品种（图4-66）。

（6）孔雀黄金　一种五色的皮光鲤（图4-67）。全身布满红斑的称为"红孔雀"，德国系统的称为"德国孔雀"。

（7）金光御殿樱　具金属光泽、有樱花图案的锦鲤，是一极稀见的品种（图4-68）。

图4-66　光蓝衣

图4-67　孔雀黄金

图4-68　金光御殿樱

十二、光写锦鲤

光写锦鲤是由写鲤或昭和三色与黄金锦鲤杂交而成，指的是有写鲤或昭和三色锦鲤图案并具金属光泽的一类锦鲤，其标准同无金属光泽的写鲤及昭和三色一样，不同之处是该类锦鲤有强烈的金属光泽，因而会使其颜色看起来模糊，其红斑多呈红褐色，而黑斑会呈灰色且显得模糊不清。品种有：

（1）金昭和、银昭和　具金子般光泽的昭和三色锦鲤，墨黑纹及绯盘有适当的归结而且质地的光辉亦绝佳，与昭和三色大异其趣，在鱼池中亦闪闪发光，光耀夺目。若光泽颜色浅，呈银色的称银昭和（图4-69）。

图4-69　金昭和

（2）银白写　具金属光泽的白斑黑鲤，除色泽外具有标准的白写特点（图4-70）。

（3）金黄写　具金属光泽的黄写或绯写锦鲤（图4-71）。

图4-70 银白写

图4-71 金黄写

十三、金银鳞锦鲤

金银鳞锦鲤是指部分鳞片具有金属光泽的锦鲤，具光泽鳞片出现在红色斑纹上，呈金色光泽，称金鳞锦鲤；出现在白底或黑底上，呈银色光泽，称银鳞锦鲤。主要品种介绍如下。

（1）金银鳞红白　红白的白底有银色发亮的称为"银鳞"，如果发亮的鳞片在红斑纹内则呈金色称为"金鳞"，金银鳞细致地聚集于背部者较美观（图4-72）。

图4-72 金银鳞红白

（2）金银鳞三色　有金银鳞的大正三色。过去鱼身有银鳞存在时，红斑、黑斑等边缘都有不清晰的现象，但是改良之后出现红斑、黑斑都清晰的佳品（图4-73）。

（3）金银鳞昭和　有金银鳞的昭和三色，是比较新的品种。金银鳞与黑斑相配，像宝石般漂亮非凡（图4-74）。

图4-73 金银鳞三色

图4-74 金银鳞昭和

十四、丹顶

丹顶的名称由丹顶鹤而来，是一类较常见的锦鲤，指只在头部有单独红斑的锦鲤，一般呈圆形或椭圆形，亦有新型或菱形等其它形状。该类锦鲤除头部红斑颜色要深而均匀外，其它部位的图案、颜色要特征鲜明，如丹顶三色锦鲤的黑斑一定要呈深漆黑色。

1. 丹顶红白

全身雪白而只有头顶有圆形红斑者称为"丹顶红白"。红斑呈圆形且愈大愈好，但以不沾染到眼边或背部为宜。红色要浓厚，边缘清晰，白质要纯白。不得有口红。红斑可有不同形状，除圆形外，还有呈梅花形的"梅花丹顶"、呈心形的"心形丹顶"、"角丹顶"等（图4-75）。

2. 丹顶三色

只有头部有圆形红斑，而身体有类似白别光图案的锦鲤称为丹顶三色（图4-76）。

3. 丹顶昭和

昭和三色只在头部有一块红斑的锦鲤称为丹顶昭和（图4-77）。

除以上三种外，其它头部圆形红斑，而躯干没有红斑的锦鲤也可称为"丹顶"，如丹顶五色（图4-78）。

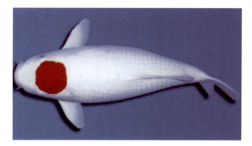

图4-75　丹顶红白

图4-76　丹顶三色

图4-77　丹顶昭和

图4-78　丹顶五色

第二节　锦鲤的饲养与繁殖技术

一、锦鲤的生物学特性

1. 养殖水环境

（1）水温　锦鲤生活的水温范围为2～30℃。锦鲤对环境适应性虽强，但不能抵抗水温急骤变化，如长期人工饲养，水温升降2～3℃时尚能忍受，温度下降或升高的幅度超过2～3℃时，鱼容易生病，温度升降幅度加大到7～8℃时，鱼匍匐于水底不食不动，若温度突变幅度再增大，锦鲤甚至会立即死亡。锦鲤最适生活的水温是20～25℃，在这种温度的水中，锦鲤游动活跃，食欲旺盛，体质健壮，色彩鲜艳。控制到最适宜锦鲤生长的水温，使鱼能有舒适环境而生长迅速，体态色彩发展更为理想。

（2）溶氧（DO）　锦鲤对溶氧适应能力较强，一般水中溶氧在4mg/L以上即可正常生长，最好保持在5～7mg/L。水中溶解氧过低，将影响锦鲤的正常新陈代谢。如果锦鲤出现"浮头"或呼吸急促的现象，就要马上检查水中的溶解氧是否过低。溶解氧过高则容易使锦鲤苗种患气泡病，患此病的锦鲤一般会在水面游动。

（3）硬度（DH）　指水中含钙盐和镁盐的多少，一般用DH表示。DH在6.5以下为软水，

DH6.5以上为硬水。水的硬度和pH有关，pH高，水的硬度就偏高；pH低，水的硬度就偏小，但两者没有对应的换算关系。一般而言，自来水较软，井水、泉水较硬，虽然软水、硬水都可养锦鲤，但水稍硬些利于锦鲤生长。锦鲤若突然从硬水转到软水或从软水转到硬水都会有应激反应，这也是新鱼入池前要"兑水"的原因。

（4）酸碱度（pH）　　水的pH范围为0～14，pH为7的水是中性水，pH在7以下为酸性水，pH在7以上为碱性水。pH在6～8.5的水中都可以养锦鲤，但在弱碱性水中，锦鲤的生长会较好。如果锦鲤长期生活在弱酸性水中，如pH＜6，则锦鲤会食欲不振、体力减弱、体色变差（如白地变黄，绯质难以浮现等），严重时会发生烂鳃现象。而且，长期处于弱酸性水体中，硝化细菌的活动力也会减弱，硝化作用受阻，水中氨的浓度增加，对锦鲤保持色彩及生长均不利。若水质偏酸，可往水中添加碱性物质，如碳酸氢钠，或在过滤器里加入沸石、珊瑚砂或牡蛎壳等，以提高pH。一般饲养锦鲤密度过大、水中溶氧不足、水的硬度偏低和缺乏阳光照射都有可能使水质pH偏低，所以在饲养管理中要尤其注意这些问题。

（5）氨氮、亚硝酸盐、硝酸盐　　氨氮是对锦鲤有害的化学物质，含量过高会造成锦鲤死亡。氨氮是蛋白质分解的产物，锦鲤的排泄物，如尿素、粪便会产生氨氮，鱼缸中的剩余饵料和死鱼分解也会产生氨氮。水质中氨氮的含量应控制在0.1mg/L以下，锦鲤最高可忍受的氨氮含量为0.5mg/L。

亚硝酸盐是氨氮初级氧化的产物，对锦鲤也有毒害作用，其含量应控制在0.1mg/L以下。

硝酸盐是氨氮氧化的最终产物，对锦鲤没有直接伤害，但积累过多会使水质老化，细菌、藻类滋生，导致生态失衡，一般应控制在30mg/L以下。

2. 食性

锦鲤是杂食性，一般软体动物、高等水生植物碎片、底栖动物以及细小的藻类，都是它的食物。随着鱼体生长的变化和季节的不同，摄食情况也随之变化。夏季锦鲤的摄食强度最大，到冬季则几乎完全不进食。刚孵出的仔鱼，主要以轮虫和小型枝角类等浮游动物为食物；3cm以上的幼鱼，则以底栖生物如昆虫幼虫、贝蚴、螺蛳和水生高等植物碎片等为食。锦鲤吻部长而坚，伸缩性强，除了能将饲料吞咽之外，还喜欢在池塘底泥中挖掘摄取食物。锦鲤上下颚无齿，而常以发达的咽喉齿咀嚼坚硬的食物。养殖条件下对人工饲料非常适应。

3. 生长

锦鲤生长迅速，一般当年鱼体长可达20cm，两龄体长可达40cm，三龄体长能达到50cm以上，人工池内饲养，管理条件好的可长至70cm，体型硕大，姿态雍容华贵。

4. 繁殖

在自然条件下，锦鲤雌鱼一般2冬龄可达性成熟，而雄鱼一般1冬龄就可性成熟。初次性成熟的鱼体重一般在500～600g。锦鲤卵为黏性卵，产出的卵黏附在水草或其它物体上完成胚胎发育孵出鱼苗。每年4～6月，水温16℃以上是锦鲤繁殖季节。锦鲤繁殖力强，怀卵量与年龄、个体、营养条件相关，一尾体长30～40cm的雌鱼可产卵30万～40万粒。

二、锦鲤的繁育技术

1. 选择亲鱼

首先应确定亲鱼的血统，也就是亲鱼的父母是否具有良好的体型、优质的质地，以及抗病的强弱等。其次，要看亲鱼本身的质量了，一定要选择健康的、体型、质地、花纹都非常出色的锦鲤。最后，亲鱼的体长和年龄问题也不容忽视，一般情况下锦鲤雄鱼1龄、雌鱼2龄即可性成熟，但从繁殖效果考虑，宜选择4～8龄的雌鱼和3～5龄的雄鱼作为亲鱼。选择运输亲鱼最好是在秋季水温降至18℃以下时进行。锦鲤雌雄区别见表4-1。

表4-1 锦鲤的雌雄鉴别标准

季　节	性别	体　型	腹　部	胸、腹鳍	泄殖孔
非生殖季节	雌	头小而体高	大而较软	—	较大而突出
	雄	头较大而体狭长	狭小而略硬	—	较小而略向内凹
生殖季节	雌	—	膨大柔软。成熟时稍压既有卵粒流出	胸鳍没有或很少有追星	红润而突出
	雄	—	较狭，成熟时稍压即有精液流出	胸、腹鳍和鳃盖有追星	不红润而略向内凹

2. 亲鱼培育

锦鲤亲鱼培育最好在土池中进行，亲鱼池塘一般为2～5亩，水深2m，可单养或混养，单养每亩放养150～200尾，混养则应减少放养量。若在水泥池中培育，密度宜控制在0.5～1尾/m²。不论是产后鱼或新引进的亲鱼，秋季就要开始进行强化培育，采取稀养、微流水刺激、投喂优质配合料等措施，冬季最好入室内池或保温大棚暂养池内越冬。

（1）水质控制　水温25℃以上每2～3天换水一次，20～25℃每4～5天换水一次，15～20℃每周换水一次，低于10℃可每月换水一次，每次换水1/3～1/2，水泥池内养殖则要求循环流水，流水量根据饲养密度和水温调节，控制在每天为水泥池水体积的200%～600%。

（2）饵料投喂　亲鱼在秋季水温15℃以上应加强动物性蛋白饲料投喂，如红虫、蚕蛹、黄粉虫等，或含蛋白质40%以上的全价配合饲料，同时补充投喂蔬菜、胚芽等植物性饲料；水温降至10℃以下减少投喂量；春季水温回升至5℃以上开始投喂，以植物性饵料为主；当温度升至14℃以上进入强化培育促熟阶段应选择高蛋白低脂肪的动物性饵料，多投喂富含纤维素、维生素的新鲜蔬菜水果（如莴苣、桔子等）。

3. 促熟

（1）雌雄比例和配组　雌鱼和雄鱼以1:1、1:2或1:3的比例配组，每个品种都有各自的配组特点，每种亲鱼组合都有不同效果，不仅优秀率不同，父性遗传和母性遗传的表现率也不同。以红白为例，大致有两种情形，一是重叠原则，即两条中等花纹的种鱼配组；二是互补原则，即大花纹与小花纹配组。

（2）促熟培育　当春季水温升至14℃以上要将雌雄分开培育，或直接将配好组的雌雄鱼混养在产卵池内，采用流水、升温等措施促进性腺发育。

4. 催产和孵化

当水温上升并稳定在16℃以上便可催产。通常在清明至谷雨期间，寒潮过后，气温回升并稳定时即可催产。

（1）自然产卵　将配组的亲鱼直接放入产卵池内，产卵池面积0.5～1亩，水深1.2米，注排水方便，放鱼前一周用生石灰消毒。投放消毒过的人工鱼巢，人工鱼巢多以棕片、聚乙烯片等无毒、不易腐烂的材质扎成，均匀悬挂于产卵池内，每组亲鱼4～6组鱼巢，一般经过升温、流水等刺激，亲鱼可自然发情产卵，每日检查，及时将黏附受精卵的鱼巢取出，放入孵化培育池孵化。

（2）人工催产　为培育出高品质的锦鲤，一般采用人工催产、人工授精的方式获得受精卵，可根据交配后后代可能出现的性状组合与分离变化做到优化配组。每千克雌鱼用人工绒毛膜促性腺激素（HCG）600～1000IU或促黄体释放激素类似物（LRH-α）30～50μg，或者将其减量混合使用，雄鱼剂量减半，进行注射催产。亲鱼的催产效应期一般为7～12h，注射后将亲鱼按雌雄分别暂养不同池中，水温保持18℃，流水。当亲鱼开始发情即捞起，用毛巾擦去鱼体水分，将卵分别挤入干瓷盆中，并按设计配组迅速挤入雄鱼精液，用羽毛搅拌，让其充分受精，然后将受精卵均匀涂抹在鱼巢上，放到孵化池孵化，或者用滑石粉溶液脱粘后行流水孵化。

（3）孵化　将粘有受精卵的鱼巢用10mg/L高锰酸钾溶液或0.2mg/L亚甲基蓝溶液消毒10min，清水冲净后放入孵化池或直接放入鱼苗培育池孵化，在20～22℃水温条件下经60～72h仔鱼即可孵化出膜。

5. 鱼苗培育

（1）池塘准备　选择面积1～2亩，水深0.8～1.2米，少淤泥，东西向的鱼池，在亲鱼产卵前2周对池塘进行清塘，注水5～10cm，用生石灰100kg/亩进行消毒，24h后注水40～60cm，注水时要用80目过滤网过滤，避免野杂鱼及有害生物进入。

（2）施肥（又称肥水下塘）　鱼苗下塘前7～10天，可将已发酵的粪肥如猪牛粪便按150～300kg/亩的量全池泼洒，也可施5～10kg/亩的无机肥料（氮肥、磷肥等），1周后鱼苗下池正好是轮虫高峰期，鱼苗适口饵料充足，生长健壮。

（3）放苗　在鱼苗出膜的前一天将附有鱼卵的鱼巢直接放入池塘内，让其自然孵出，投放密度10万～15万尾/亩。

（4）管理　鱼苗培育期的管理主要有以下几方面：

①适时补料　鱼苗入池后，在前几天生长特别快，往往会出现天然饵料不足，因此要注意补料。常用黄豆加熟鸡蛋黄打浆泼洒投喂，每天每亩用2～4kg黄豆加3～5个熟蛋黄磨成浆立即泼洒投喂，重点喂池边附近几米的水面，也可每3天泼一次过滤后的新鲜猪血。豆浆既可直接被苗种吃掉一些，也可以培肥水质，丰富天然饵料。目前，已有专门用于鱼苗的微颗粒饲料或粉料，可从开口后6～8天开始投喂，既可补食，又可诱使鱼苗抢食，从而促进消化道发育，有利于提高成活率和壮苗。

②追肥和管水　鱼苗下塘后每3天施追肥一次，每亩用粪肥50kg或无机肥2kg，全池泼洒，让池水中轮虫密度始终保持在一个较高水平。也可每天从较肥的成鱼池中抽部分水加到鱼苗池，既能为鱼苗增加天然饵料，又能防止加机井水过多而导致气泡病的发生。每周应换水1/3～1/2。

③巡塘　鱼苗培育过程中应加强巡视，每日巡塘2～3次，观察鱼苗活动、摄食、生长情况及池塘水质变化、有无敌害、病害等情况。同时应对鱼苗适时分池，防止过密导致规格参差不齐。

6. 选优

（1）筛选时间　锦鲤鱼苗下塘后25天体长达20～30mm，即可进行初次筛选，优留劣汰。根据不同品种和养殖者经验情况，筛选时间也不同，如昭和三色在孵化后7～15天就可以从"黑仔"（体长约10mm左右）中予以筛选。红白或大正三色等大约在孵化后40～60天可以做第一次筛选。大正三色在培育过程中会呈现墨黑色，有的虽是淡墨，但如果绯花纹较好者在筛选时还是以保留为宜。有的在秋季时虽然呈现为淡墨，但到了立春时会变成艳墨；也有的要到2～3龄时才能变为乌黑，或者绯红变得更为鲜艳。

（2）筛选标准　筛选工作要掌握各种锦鲤的遗传特征，而筛选的准则是以育成何种质量的鲤鱼来定位的。筛选标准为：品种特征明显，体质健壮，色泽鲜艳，无杂斑。

(3）筛选操作注意事项　因筛选工作是在盛夏，所以要选择在早晨进行，最迟也要在上午10：00以前完成，否则会因水温上升而引起意外损伤。进行拉网和筛选操作的前一天，应给池塘排水，降低水位。

第一次挑选的淘汰率应在70%以上，日本一些有经验的挑选者的淘汰率可在90%以上。将没有培养价值的幼鱼淘汰有利于优秀品质锦鲤的培育和节约饵料、能源消耗及管理成本，淘汰下来的鱼苗亦可另行培养出售。挑选留下来的锦鲤可继续放入池塘培养，放养密度应控制在1万尾/亩以下。有条件的养殖场可按品种分别放入小型水泥池内培养，放养密度为120～150尾/m²。

第二次挑选在第一次挑选后20天左右开始，选择标准为鳍形的好坏、色彩鲜艳与否、图案斑纹是否清晰、品种特征是否明显等，此后的挑选与第2次挑选基本相同。一般经过5～6次的挑选，最终只有1%～5%的锦鲤保留下来，有时选优率甚至低于0.1%。

三、锦鲤的饲养管理

1. 锦鲤的水族箱养殖

在水族箱中饲养锦鲤，是近年才发展起来的方法。虽然水族箱容积狭小，不能养殖大型的锦鲤。但是饲养一些体长在10～20cm的锦鲤，还是有很多有利因素。水族箱养鱼大多在室内，从观赏角度来说，可以更清楚地观赏锦鲤；从鱼病的预防来说，可以及早发现；在室内不受自然环境和风雨天气的影响，更易控制水温、水质、光照的变化；冬、夏季节，能够抵抗天气的变化；还可以避免自然天敌的危害。

（1）水族箱的准备　水族箱的规格标准因鱼而异。由于锦鲤属于大型观赏鱼类，所以水族箱的选择一般以90cm×60cm×45cm或更大规格较为合适。

（2）水草的种植　锦鲤水族箱的水草种植与其它观赏鱼水族箱有所不同，因锦鲤体型偏大，身体强壮有力，容易将水草拔起、咬碎，或者吃掉。应该根据这种特殊情况改进种植方法，首先在水族箱内的后部10～15cm处，镶入1块与正面平行的玻璃板，固定在砂石之内，使水族箱内隔出1块长方形小区种植水草，将该区与锦鲤游动的地区隔开。镶入的玻璃板要略低于水面1～2cm，使水互相流通，既能起到吸收水中二氧化碳、释放氧气、净化水质、装饰水族箱的作用，还使得水草不被锦鲤所破坏。

（3）锦鲤的选购与放养

①选购方法　选购锦鲤除了要根据不同品种的色彩图案标准外，还要求体形端正、雄健、无损伤，此外，要观察鱼身上有无白点、白色绒毛、血丝和溃烂等病状，再看胸、腹、尾鳍是否齐全，游动时是否欢畅活泼，有无翻滚、侧卧、倒立或沉底现象，不健康的鱼不能选。

②放养　购回的锦鲤要进行消毒处理，可用5%的盐水或20mg/L的高锰酸钾溶液浸泡10min，在干净的水中冲洗后再放入水族箱。在操作过程中应注意水温变化不能超过3℃，刚购回的锦鲤如果包装水温低，可连同包装一起放入事先准备好的水中适应30min后再处理。

（4）饲料投喂　锦鲤是杂食性鱼类，对饲料的适应能力强，但水族箱养殖锦鲤最好以专门的配合饲料为好，不易败坏水质，营养价值高。蔬菜、水果等富含维生素和纤维素的植物性饵料是保持锦鲤健康必不可少的饵料，应每日添加。为保持锦鲤光滑的皮肤与鲜艳的体色，要添加一定量的活饵料，如红虫、黄粉虫等，并在配合饲料中添加适量增色剂。

家养锦鲤的投喂原则是少量多次，以利于锦鲤完全消化吸收，减少对水质的污染。日投饵量根据水温和鱼体大小一般控制在1%～3%之间。

(5) 水质控制　将锦鲤带入水族箱中养殖，控制水质一直是最大的难题。近年来随着水族科技的发展，特别是过滤系统不论是滤材材质、种类、过滤器、底部导流管等都有了质的飞越，再配合微生物的处理，可说现代的水族箱已可以负荷高污染的鱼类养殖。水族箱养殖锦鲤的水质控制主要通过以下方面实现。

①定期换水　锦鲤养殖缸和一般鱼缸的换水频率相同，一星期换水一次即可，每次换水1/3，在换水前先在新水中倒入适量的水质安定剂，再将调和过的新水加入鱼缸中。只要经过水质安定剂的处理，自来水也可以直接使用于鱼缸中。

②使用充氧机　锦鲤体型大，耗氧量大，在水箱容积狭小的生活环境中，必须装置充氧机提高水中溶氧。否则，水体中的溶氧量逐渐下降，二氧化碳等有害气体不能及时排出，水质极易恶化、败坏，致使锦鲤缺氧而"浮头"，严重时将造成死亡。

③选择适当的放养密度　每1L水体放养1cm的锦鲤是锦鲤水族箱中最适当的养殖密度，只可以低于此范围绝不能高过此标准，否则不论如何勤加换水，水质终究不能维持。水族箱养殖锦鲤的放养密度可参照表4-2。

表4-2　锦鲤在水族箱中的放养密度

水族箱容积/(cm×cm×cm)	锦鲤规格/cm	放养数量/尾
60×30×30	5～10	4～8
90×60×45	5～10	10～20
120×60×60	5～10	20～40

④采用少量多餐的喂食方式　锦鲤的消化系统构造简单，没有胃，所以它们吃入食物很快就会经由肠道消化吸收，排出排泄物。它们没有饱足感，很容易摄食过量造成消化不良，大量排泄物是造成水质败坏的主要原因之一。最佳的喂食是少量多餐的喂法，每天投喂3～6次，每次以3min内可以摄食完毕的量为限。

⑤定期监测水质　水质监测对锦鲤缸尤其重要，在每次换水前要测水中的硝酸盐（维持5mg/L以下）、磷酸盐（维持1mg/L以下）、亚硝酸盐（维持0.1mg/L以下）、氨氮（维持0.1mg/L以下）等的浓度，这些有害的水质因子都可通过换水来立即改善，但要维持鱼缸长久健康地运转，还需要建立完善的过滤和生物处理系统。

⑥加强物理过滤　由于锦鲤摄食量大，排泄物多，所以要在生物过滤器的上方加上物理过滤的部分，利用物理滤材将水中的残留物预先滤除，只要定期将物理滤材取出清洗即可。这样可以减少进入生物过滤器的有机物数量，提高生物滤器的处理效果。

⑦添加微生物制剂　过滤系统中最重要的一环——生物过滤，就是利用微生物分解水中的代谢有机质、亚硝酸盐、硝酸盐及硫化物等。水族箱生物滤器中的主要有益微生物有：硝化细菌、硫化细菌、光合细菌等。这些有益菌可在锦鲤放养前预先接种培养，使之在系统中形成一定数量后再放入锦鲤。在养殖过程中也要定期添加一定量的微生态制剂，以保持养殖系统中有益菌的数量和分解效率，维持系统的健康运转。目前已有专业的水族生态制剂，可在水族店中购买并按说明使用。

⑧利用花园造景植物过滤　植物性过滤也是维护水质的好方法，采用花园造景的方式，在水族箱内部或上方设计景观，种植水生植物或喜水植物，让循环水流经景观植被，利用植物吸收水中分解矿化的盐类，不但增加了观赏乐趣，还起到很好的过滤效果。近年来亦有将

水族养殖与无土蔬菜栽培相结合的过滤设计，让鱼缸中的水经生物处理后流过无土蔬菜栽培系统，利用蔬菜根系吸收水中的盐类和有机物，也可起到很好的过滤效果，并能在家庭中收获无公害的新鲜蔬菜，带给养殖者额外的收获喜悦。

2. 锦鲤的池塘养殖

要培育出优质的大型锦鲤，或进行大规模的锦鲤繁育生产，宜选择条件适宜的池塘进行养殖。在日本，有名的锦鲤饲养繁育场都建在环境幽静的乡间，在土质适宜、水源优良处建池培育繁殖锦鲤。

（1）池塘条件　选择土壤矿物质含量高、略呈碱性、水源方便的地方修建池塘，水源最好是清新无污染的河道水或地下井水。池塘面积以2～3亩为宜，水深1～1.5m，底泥10～20cm。每口池塘配备投饵机一台，3kW的增氧机一台，有充足的电力保障。不配备投饵机的池塘可采用人工投喂。

（2）池塘的清整与消毒　锦鲤成鱼养殖前，清除池塘过多的淤泥，曝晒池底数天，注水20cm左右，每亩用150kg的生石灰化水消毒。在鱼种放养前5～7天每亩池塘施发酵后的鸡粪200kg，培肥水质。

（3）鱼种投放

①鱼种投放时间　夏花投放时间应在6月底之前，大规格锦鲤养殖时鱼种投放时间最好在3月上旬，此时水温已适宜锦鲤摄食。过迟会影响其规格，且水温升高后进行捕放鱼苗易造成伤害和感染。

②鱼种投放密度　在苗种培育及养殖过程中，为减小生产水面负荷、提高单位面积的产值及降低生产成本，同时保证优质鱼的生长速度，应对第一次筛选后的鱼种进行分级饲养：即将A、B级优质锦鲤与C、D级锦鲤分塘养殖，均可搭配其它鱼种，进行混养。锦鲤就其色彩图案而论，是一种极不稳定、变异性很大的品种，同一亲鱼的子代中优劣各异，通常只有0.08%左右的上品鱼（A级鱼），具培养价值的B级锦鲤一般也只有1%～5%，其余的（C、D级）作为商品鱼或垃圾鱼可随时出售或淘汰。分级饲养的放养密度分别为：对于50g左右的鱼种，A、B级每亩放养250尾，C级每亩放养500～800尾，D级每亩放1000～1500尾，均可搭配鲢、鳙鱼种，用以控制调节水质，每亩放养200尾。

（4）饵料投喂　养殖过程中主要采用全价配合饲料投喂，并搭配一定量的青饲料。夏花鱼种培育期间水温较高，一旦完成人工驯化摄食，就足量投喂。6～9月份，日投喂5次，日投饵率为4%～8%，10月份以后，随着水温降低到10℃以下时，可逐渐减少投喂。每次投喂饵料的时间以不超过30min为宜，并以"八分饱"为原则。适当保持鱼类的饥饿感，可提高饲料的利用率，降低饲料系数，同时有助于保持鱼的消化道健康。对春放的大规格鱼种当水温达到7℃以上时，即可投喂，水温在18℃以下时，每天投饵1～2次，投饵率0.5%，水温在18～25℃时，每天投喂2～3次，当水温在25～30℃时，要足量投喂，每天投喂4～5次，投饵率3%～5%，具体投饵量可根据投喂后30min是否吃完，酌情增减。投饵要实行"四定"的原则，即定时、定量、定质、定点。

（5）水质调控　养殖前期，池塘载鱼量较小，以注水为主，每周加注新水10～20cm。在养殖的中后期，主要靠增氧机来曝气增氧。坚持晴天中午开机2h，阴天次日清晨开机，阴雨连绵半夜开机，温差大时及时开机，特殊情况随时开机，确保水体中有较高的溶氧，防止浮头泛塘；当水体太肥时，可抽掉部分老水，加注新水，保证水质的"肥、活、嫩、爽"，使水体的透明度保持在30～40cm。水温达到25℃以上时，每15天全池泼洒光合细菌一次，可有效改善水质，减少鱼病的发生，使用光合细菌应当在使用抗生素、消毒剂等3天后进行。

（6）鱼病防治　投放鱼种时，应尽量减少鱼体受伤，放养前用5%盐水或20mg/L高锰酸钾溶液浸泡鱼种5～10min。投放后，及时用0.15mg/L菌毒双效灵和水菌净等消毒剂对水体消毒，防止水霉病和细菌病的发生。养殖期间每半个月用菌毒双效灵、渔瘟灵、高效菌毒灵、生石灰等对水体交替消毒，也可以经常性对饵料台附近的水体进行局部消毒。6～9月份，用敌百虫、鱼虫杀、灭虫威等对水体全池泼洒，使之成0.5mg/L浓度，防止寄生虫病的发生。鱼类的生长旺季用大蒜等制成药饵投喂，防止肠炎病的发生。做到无病早防，有病早治。

（7）日常管理　坚持早晚巡塘，观察鱼的摄食、活动情况，发现问题及时处理。每半个月检查一次生长情况，及时调整饲料的投喂次数和用量，清除敌害生物。

思考题

1. 锦鲤的主要品种有哪些？
2. 优秀红白锦鲤的评判标准是什么？
3. 优秀大正三色锦鲤的评判标准是什么？
4. 优秀昭和三色锦鲤的评判标准是什么？
5. 写鲤和别光锦鲤的区别是什么？
6. 花纹皮光鲤是如何培育出的？
7. 什么是衣锦鲤？其主要品种有哪些？
8. 锦鲤的生物学特性怎样？
9. 锦鲤繁育如何挑选亲鱼和配组？
10. 锦鲤如何催产和人工授精？
11. 锦鲤鱼苗培育过程中如何选优？
12. 锦鲤水族箱养殖的管理要点有哪些？
13. 锦鲤池塘养殖的管理要点有哪些？

实训四　锦鲤的人工繁育

一、实训目的

通过实训，系统掌握锦鲤人工繁育的生产工艺流程，并在实训过程中熟练掌握各生产环节的操作技能。

二、实训内容和操作步骤

1. 亲鱼的强化培育及促熟催产

（1）强化培育　于每年秋季挑选品种特征鲜明、健壮完整的成熟亲鱼，一般选4～8龄的雌鱼和3～5龄的雄鱼为宜。越冬后水温升至5℃以上后加强饲喂，以植物性饲料为主，水温升至12℃以上加强投喂高蛋白低脂肪的鲜活动物性饵料（如血虫、黄粉虫、蚯蚓及新鲜鱼虾贝肉），同时补充富含维生素的蔬菜水果（如莴苣、桔子等）。

（2）促熟　水温升至14℃以上，挑选发育良好的亲鱼。根据育种需要进行配组，一般雌雄比1:（1～3），如采用人工授精则可减少雄鱼的用量。配组后的亲鱼可直接入产卵孵化池（自然产卵）培育，如采用人工授精则需雌雄分开饲养。通过加大流水、升温等措施进一步促熟。

（3）催产　当自然水温上升并稳定在16℃以上，便可催产。检查选取成熟度好的亲鱼，将亲鱼提起生殖孔朝下，轻挤或可自然流出精卵者即可，雌雄配组后流水刺激可自然产卵，或注射催产激素，一般雌鱼每千克体重用HCG 600～1000IU或LRH-α 30～50ug，亦可两者减量混合使用，雄鱼用量为雌鱼一半。注射后7～12h即发情，可人工采集精卵授精。将雌鱼提出用干毛巾擦净，将卵挤入干的瓷盆中，迅速用同样的方法挤入精液，用羽毛轻轻搅拌3min，然后将受精卵均匀涂抹于人工鱼巢上或脱粘后进行孵化。

2. 孵化

将受精卵用10mg/L的高锰酸钾溶液浸泡消毒10min，放入孵化池孵化，水温保持20～22℃，60～72h即可孵化出膜。

3. 鱼苗培育

（1）培育池准备　培育池面积以1～2亩为宜。催产前3周用生石灰100kg/亩或漂白粉50 kg/亩全池泼洒，24h后注水40～60cm。7～10天后每亩施发酵粪肥150～300kg或无机肥5kg，繁殖浮游生物，1周后即可投放鱼苗。

（2）鱼苗下塘　在受精卵孵化出膜前1天，或在孵化池孵化后第2～3天仔鱼开口摄食前1天，选择在上午风和日丽之时下塘，放养密度控制在每亩水面投放10万～15万尾仔鱼，若是投放受精卵，则适当高些，一般在每亩20万粒左右。

（3）管理　锦鲤苗种培育期的管理工作主要包括补充投饵、追肥和水质调节、巡塘。

①补充投饵　若池塘饵料生物不足，则必须进行人工投饵。根据池塘饵料生物的繁殖情况，在鱼苗投放后第3天补充投喂人工饵料，一般按每亩水面每天2～4kg黄豆加3个熟蛋黄，混合磨浆，全池泼洒投喂。1周后改投人工微颗粒饲料。

②追肥和水质调节　为保证浮游生物持续繁殖，调节水质，一般在鱼苗开口后第3天，每隔3～5天每亩施粪肥50kg或无机肥2kg。鱼苗投放后每天添加新水10cm，至水位达到120cm后维持，每周视水质情况换水1/3～1/2。

③巡塘　每日巡塘2～3次，观察鱼苗活动、摄食、生长情况及池塘水质变化、有无敌害、病害等情况。

（4）选鱼分塘　鱼苗培育25天左右，待鱼苗长至2.5～3cm，即可进行选鱼。选择品种特征明显、体质健壮、色泽鲜艳、无杂斑的育苗，淘汰劣质鱼苗。选鱼根据品种不同和选鱼者经验差异开始时间也不一样，最早从鱼苗孵化后2周即可挑选，一般每隔20天左右挑选一次，经过三次以上挑选，淘汰率在90%以上。每次选鱼后根据品种和大小分池培养，保持合适密度，以促进优质鱼苗的快速生长。

（5）病害防治　鱼苗培育过程中，正值夏季高温季节，病害多发，要注重水质调节，控制病虫害发生，及时发现病鱼并采取措施防治，以提高锦鲤的成活率和品质。

三、实训报告

1. 详实记录生产实训过程。
2. 总结生产操作经验体会，讨论交流，针对生产环节及操作提出改进提高建议。

第五章

热带观赏鱼养殖

知识和技能目标

1. 了解热带观赏鱼的分布区域和生态条件。
2. 熟悉热带观赏鱼的主要种类及其习性。
3. 掌握热带观赏鱼的人工饲养和繁殖技术并熟练生产操作。

第一节　热带观赏鱼的自然分布及生态条件

一、热带鱼的自然分布状况

热带鱼，是指生活在热带和亚热带地区水中的鱼类。热带鱼分为淡水热带鱼和海水热带鱼，本章中所介绍的是生活于淡水中的热带观赏鱼品种，即淡水热带鱼。目前已发现的可供养殖并具观赏性的淡水热带鱼约有600多种。淡水热带鱼有一个共同的特点，就是大多数鱼必须在20℃以上水温时才能生存，而且大都喜欢弱酸性的软水。

淡水热带鱼主要分布在东南亚、中美洲、南美洲和非洲等地的江河、溪流、湖沼等淡水水域中。其中，以南美洲的亚马逊河水系出产的种类最多、形态最美，如被誉为热带鱼中皇后的神仙鱼，就出产在那里。马来西亚、印度尼西亚、斯里兰卡、泰国、缅甸等国家，热带鱼的种类也很多。在我国的广东、云南等省的南部，也有很漂亮的观赏鱼类，如白云金丝鱼、西双版纳的蓝星鱼等。

二、生态条件

1. 硬度

水的硬度是根据水中钙、镁盐的含量多少而定的，这些金属离子以碳酸盐、重碳酸盐、硫酸盐和氯化物等形式存在于水中。一般硬度在8DH以下为软水，在8～14DH为低硬度水，在20～30DH为硬度较高的水。井水、泉水多属于硬水，自来水、河水则大多数属于低硬度水，雨水属于软水。绝大多数热带鱼生活的自然水域为软水和低硬度水，但热带鱼对水的硬度要求不如温度那么苛刻，硬度较高的水也能适应，只是在繁殖时要求硬度较低的水或软水。

2. 酸碱性

水的酸碱性即pH值。热带鱼对水的酸碱性要求与其它观赏鱼不太一样，一般鱼类适宜中性或微碱性水质，而热带鱼由于自然分布区域的土壤属红壤，微酸性，加之地表、水中腐殖质较多，一般水质为微酸性，所以大多数热带鱼喜欢微酸性的水，大约pH在6～7。但也有例外，如有的热带鱼经长期移殖驯化适应了微碱性水，有些鱼因出生地的水是微碱性的，则要求微碱性水质，还有些鱼要求含微量盐分的水，这也是因为它们的原生活水环境中含盐的缘故。

我国淡水资源，大多属微碱性水，用以饲养热带鱼一般都能适应。相对而言北方水比较偏碱性，而在南方，如华南有些湖泊、水库、河流的水质属微酸性软水。城市中的自来水酸碱度基本合乎热带鱼生活的要求，但由于水厂在处理水时经常要加一些消毒剂和净化剂，因此水中常含有微量的氯和碱的残留，用来养鱼必须进行处理，最常用的办法就是晾晒法，即将水在烈日下晒2～3天，或者是在阴凉缺光处晾1周才可以使用。

3. 温度

温度是热带鱼生存的最重要的条件，没有合适的水温鱼就无法生存，热带鱼对水的温度要求比较苛刻，对水温度的变化也极为敏感。

热带鱼适宜的生活水温一般在20～30℃，但不同种类的热带鱼对水温要求也有差异，如孔雀鱼、红剑鱼、黑玛丽等鱼种可以忍耐10℃左右的水温而不死亡，而燕鱼、虎皮鱼等水温低于18℃时就会死亡。绝大多数热带鱼对水温变化极其敏感，水温变化超过2℃就会得感冒，水温长期上下波动不稳定，鱼就会患各种疾病，因此，要尽量地保持养殖水温的恒定。虽然热带鱼喜欢高温水环境，但在养殖热带鱼时水温也不能过高，水中的菌类在高水温条件下会过快繁殖而影响水质。一般对大多数鱼将养殖水温控制在20～24℃较适宜，繁殖期间水温控制在25～28℃为宜。

4. 溶氧

水中溶解氧的多少是水质好坏的重要指标之一。和其它水生生物一样，热带鱼维持正常的生命活动需要足够的水中溶解氧，鱼类通过鳃丝上密集的微血管吸取水中氧气，排出二氧化碳。水中溶氧量的多少，不但影响鱼类能否存活，还能影响到鱼类的摄食、成长。溶解氧含量高，鱼类食欲旺盛，消化吸收率高，生长快，反之则差。

一般淡水鱼类要求水中溶解氧达到5mg/L即可，但是，热带鱼要求水中溶解氧的含量必须在7mg/L以上，降低到5mg/L时，热带鱼就有不舒服的反应，再进一步降低就会窒息死亡。

自然水域中溶解于水中的氧气，一是来自于空气中的氧的溶解，二是来自水生大型植物、浮游植物的光合作用。水族饲养条件下，水中溶解氧除靠加新水和换水获取外，也可以利用水中水草进行光合作用产生氧气，但最主要的是靠增氧机——气泵或纯氧罐增氧。

5. 食性及饵料

热带鱼虽然种类繁多，习性差异较大，但它们的食性却可以大致分为三大类：肉食性鱼类，这类鱼占热带鱼的绝大部分；杂食性鱼类，占热带鱼的一小部分；植食性鱼类，这类鱼占热带鱼极少部分。无论哪种食性的热带鱼，在幼苗阶段，都必须有微型活饵料供其摄食，才能顺利地正常发育生长。

动物性天然饵料主要是浮游动物和底栖无脊椎动物、甲壳类、昆虫幼体等。这类天然活饵料，在我国各地淡水水体中都有分布。热带鱼喜食的浮游动物主要是枝角类，其次是轮虫、草履虫、变形虫等。此外，小鱼虾、螺肉、陆生昆虫、黄粉虫（面包虫）、禽畜肉碎块等均可作为热带鱼的饵料。动物性鲜活饵料，营养丰富，蛋白质含量高、脂肪、维生素、微量元素等含量全面，能促进热带鱼的生长发育、性腺成熟、增强繁殖力，以及保持鲜艳亮丽体色。

植物性饵料主要包括浮游植物、大型水生植物及陆生植物、蔬菜、水果等。热带鱼常摄食的浮游植物有绿藻、金藻、黄藻类等，另外水草嫩叶、水生植物碎屑以及经加工烫制的菜叶、水果等，热带鱼也能很好摄食。

6. 光线

光线对于热带鱼生存十分重要。光线对饲养热带鱼的作用主要体现在两个方面：一是热带鱼生长繁殖需要光照，鱼在适宜的光照下生长更快，鱼体会更加绚丽，繁殖周期会缩短；二是光照通过影响鱼类生活环境的其它因素而间接影响鱼类，如没有光水草就无法进行光合作用，就不能吸收二氧化碳和制造氧气。热带鱼对光照有一定的限度要求，光线过强、光照时间过长或是光线过弱、光照时间过短都不利于热带鱼生活。合理的光照应该是在有阳光的室内不要接受阳光的直射，不要摆在阳台上和窗下，而是利用早晚的阳光照射1～2h即可，若利用窗的散射光时间可以适当延长一点。在没有阳光或阳光不足的室内，要利用人工光源照射，可以用60W白炽灯或40W的日光灯每天照射6h左右。

7. 水域环境

水域环境包括水体的理化因素和生活于其中的各类生物，在天然水域中的生物与生物、生物与非生物之间互相依赖、互相制约、互相转化，构成统一平衡的生态系统，在该系统内通过理化、生化反应进行着物质循环和能量转换。在人工饲养条件下，最好也根据生态学原理，模拟自然水域环境并加以管理控制。

第二节　常见热带观赏鱼的种类及特征

一、多鳍鱼科

多鳍鱼被认为是和肺鱼或腔棘鱼一样，具有悠久历史而保存下来的"活化石"。分类上属硬骨鱼纲、辐鳍亚纲、多鳍鱼目，仅有多鳍鱼科1科，分多鳍鱼属与芦鳞属2属，共11种，前者分布于热带非洲的尼罗河，后者产于刚果河等河流中。多鳍鱼虽被分类为硬骨鱼类，但却具有部分软骨、肠螺旋瓣、眼睛后面有喷水孔等软骨鱼类的特征。原产地分布在非洲中部的浅淡水区域。多鳍鱼目前是新的观赏鱼热门之一，在观赏鱼界称之为"恐龙鱼"。

多鳍鱼体延长，近圆筒形，略宽。口大，上下颌均具细齿，腭骨有倒"V"字形的宽齿带。喉板1对。鼻孔1对，有较长的鼻管。无内鼻孔。眼小。鳃孔大。背鳍由5～18个分离的特殊小鳍组成，每小鳍由一"支鳍骨"支持，由硬刺及一或多根鳍条构成。胸鳍基部具有发达的肉叶，其上被覆细小鳞片，其内为1软骨板和2骨条，向外有很多"支鳍骨"支持鳍条，向内连至肩胛骨和乌喙骨；腹鳍短；臀鳍亦短小，靠近尾鳍；尾鳍圆形，外观为对称状，属于非典型的矛型尾鳍（diphycercal）。鳔分2叶，多分隔，似肺，前端开口于食道的腹侧。心脏有动脉圆锥、后大静脉。肠内有退化的螺旋瓣。无泄殖腔。

栖息于温暖的浅湾和沼泽地带。耐受力强，即使在缺氧条件下也能生存。性凶猛，成鱼主要捕食鱼类。一般在7～9月产卵，卵附着在水草上发育，亲鱼有护卵护仔的习性。幼鱼有外鳃；背、尾鳍相连，特别高大，背鳍分成多数小鳍；以无脊椎动物为食。按体表特征大概分为以下几种。

1. 金恐龙（图5-1）、青恐龙

这两种恐龙除颜色和大小之外基本一样，头部比较短、圆，上颚比下颚长一点；金恐龙背鳍一般为8个，青恐龙为6个），两者体型一般都比较小，30cm左右。

2. 大花恐龙、刚果恐龙王和斑节恐龙

这三种似乎是上面的种类和恐龙王之间的过渡类型。头部比较扁一些，上下颚几乎等长，刚果恐龙和大花恐龙（图5-2）背鳍一般8个，斑节11个。前两者是大型恐龙，后者为中型恐龙。

3. 恐龙王

它们是恐龙中的王者，都是超大型品种，体长均可以超过60cm，其扁平的头部，突出的下颚说明它们是凶猛的掠食者，背鳍一般为11个或以上，包括鳄鱼恐龙王、金恐龙王和虎纹恐龙王（图5-3）。

4. 草绳恐龙

这个种类比较怪异，体形比一般恐龙细长得多，头型类似于金恐龙、青恐龙，胸鳍退化，但没有腹鳍，成鱼体长60cm左右（图5-4）。

市场上比较多见的为金恐龙、大花恐龙、虎纹恐龙王等。

图5-1 金恐龙

图5-2 大花恐龙

图5-3 虎纹恐龙王

图5-4 草绳恐龙

二、骨舌鱼科

骨舌鱼，中国大陆称为"龙鱼"、香港人称之为"龙吐珠"（可能是由于幼龙的卵黄囊像龙珠的缘故）、台湾省称之为"银带"、日本人称之为"银船大刀"。骨舌鱼科是一类非常古老的鱼类，远在石炭纪就已在地球上出现，至今已有上亿年的历史，后来，地球地壳的移动逐渐把它们分布到世界各大陆去，如今主要分布于大洋洲、南美洲和亚洲等地。

该科鱼的主要特征是下颌具须,体侧扁,腹部有棱,鳔为网眼状,常有鳃上器官。适宜生长水温在24～32℃之间,喜中性偏酸(pH在6.4～6.9之间)、硬度较低的水质。自然环境中以昆虫、鱼、虾及小型两栖动物等为食,特别喜食落于水面的昆虫。人工饲养可喂食青蛙、泥鳅、金鱼、蚂蚱、小虾等。12cm以下的幼鱼刚刚开始吃生饵,这时可以投喂刚刚脱壳的白色面包虫、小虾(一定要去掉头尾,最好是剥成虾球投喂以免硬壳伤其肠胃)、血虫等较适口的饵料。要少吃多餐,一天投喂四次。15cm左右的小龙鱼可喂食正常的面包虫和小虾(小虾最好去掉额角刺);也可以投喂1.5cm左右的小鱼,此时的龙鱼生长迅速,食量惊人,可适当增加投饵次数和投饵量。20cm以上的龙鱼可以投喂较大型的鱼、虾、泥鳅、肉块等饵料,还可以投喂各种昆虫等活饵,但要注意投喂这些饵料前要消毒处理。

龙鱼由于价格昂贵,目前市面上以次充好者很多,相当紊乱,尤其像名贵的红龙、澳洲龙也因大量引进,价格差距相当大,红尾金龙由于等级区分的不同,价格亦高低不同,所以选购时应多加注意。一般而言,选择龙鱼参照以下标准。

(1) 色泽 依据龙鱼的品种来鉴赏其所应具备的颜色,愈亮丽愈好。

(2) 体型 体型要宽广,要跟全部的鳍、头部、眼睛大小成比例,且头部到背部要有一点点的斜度,整个龙鱼体型要看起来非常柔顺平滑。各部位的比例要匀称,具有雄伟气势。

(3) 鳞片 鳞片要光滑整齐,鳞片与鳞片间要能清楚地分辨,且排序顺畅平滑,不能有忽大忽小的鳞片。色泽要明亮,并且配合品种应有的色泽,不能有其它杂色点的出现。

(4) 胡须 要长而挺直。龙鱼的触须就像是传说中龙的触须,少了就不够权威,触须必须要等长等宽,并且要笔直地朝上,颜色最好能跟身体的颜色一致。

(5) 鳍 各部位的鳍要大而且张开,鳍条要平顺,不要有歪扭变形现象。各鳍必须完整,不能有破损、卷曲的现象,大小须与体长、体高成比例。在游泳时,要能完全伸展,且整齐,呈现完美的弧度。

(6) 鳃 龙鱼的鳃盖就像是脸部,鳃盖必须紧贴头部,鱼身弧度相配合,鳃盖膜平贴鱼身,看上去和身体一致呈现平滑柔顺,不能有突出或凹陷。鳃盖呼吸时,闭合的动作不可太明显,且两边呼吸正常,频率缓慢一致。鳃盖要具备应有的颜色与亮度。

(7) 眼睛 眼睛对龙鱼是相当重要的一个部位,是其精神所在。龙鱼的两眼必须大小一致,不要过大,比例要适中,位置相对称,不会朝上或朝下。眼球晶体部分,看起来要清澈透亮,不能混浊。在看东西时要自然且灵活,明亮有神,没有下视现象。

(8) 嘴要密合。龙鱼的嘴要往上翘,并且要紧紧合拢,不能有空隙,上颚下颚要互相对称。下颚不要有突出现象与赘肉(摩擦水箱玻璃而形成的肉块)。

(9) 牙齿 要整齐细密,不要有缺损变色情形。

(10) 肛门 要与鱼腹平贴不能凸出。

(11) 游姿 游动时要缓而大方,回转时要柔顺平滑。龙鱼的泳姿呈现出王者气势的风范,也是最吸引人注意的地方。

龙鱼根据产地分为亚洲龙鱼、澳洲龙鱼和美洲龙鱼等不同形态的几个品系。亚洲龙鱼按纯正血统可细分为辣椒红龙、血红龙、橙红龙、过背金龙、红尾金龙、青龙、黄尾龙七种,有等级之分,等级越高,价钱越贵,以辣椒红龙为极品;澳洲龙鱼有星点龙和星点斑纹龙两种;美洲龙鱼包括银龙、黑龙和象鱼三种。

1. 辣椒红龙

生长于仙塔兰姆湖以南的地方,是目前价格最高的红龙。它又有两种:第一种鳞片的底色是蓝色的；第二种的头部则长有绿色的鱼皮。辣椒红龙的价格昂贵是因它的稀罕及其身上所覆盖着的粗框鳞片（故其呈现深红的色彩）、深红色的鳃盖还有比较大的鳍和尾鳍（图5-5）。体大型，可达60～80cm。此鱼的幼鱼可从它较宽的身体、较大的眼睛、菱形的尾鳍、较尖和突出的头部以及红色的鳍，特别是其胸鳍，轻易地被确认出来。它大眼睛的直径

图5-5　辣椒红龙

通常与眼睛和嘴尖的距离相等。鳞片带有淡淡的绿、黄或橙色。不过，此鱼的色彩最快也要等一年半的时间才会显现出来，慢的话就要等上四年或者更长的时间了。

2. 血红龙

血红龙的原产地是在仙塔兰姆湖以北的地方。血红龙成鱼的身体主要由细框的鳞片覆盖着，鳃盖也同样是红色的。此鱼有红色的鳍，不过身体却比较细长。和辣椒红不同的是，血红的色彩会很快地在一年后便显现，所以甚受人们的喜爱（图5-6）。而且，此鱼的售价也因其充裕的供应量而比辣椒红低。它幼鱼的身体比辣椒红龙幼鱼相对要长，鳍和眼睛也比较小。此外，血红龙幼鱼的鳍也一样是红色的。所不同的是，它的尾鳍呈圆形，头部也不比辣椒红龙幼鱼的突，鳞片略带浅绿和粉红的色泽。体大型，可达60～80cm。

图5-6　血红龙

3. 过背金龙

过背金龙又被称为马来西亚骨舌鱼、来西亚金龙、布奇美拉蓝、太平金、柔佛金等，原产自马来西亚半岛。过背金龙的魅力和美丽之处在于其鳞片的亮度，和红尾金龙不相同，成熟的过背金龙全身都长了金色的鳞片，不仅如此，过背金龙的颜色也会随着鱼龄的增加而加深，就好像从鱼身的一边跨越到另一边去似的。过背金龙有几种不同的底色，但多以紫色为主。其它较为罕见的尚有蓝、绿、金。高价的紫底细框过背是日本人最为偏爱的品种。细框指的是鱼鳞上的紫色多于金，那金只显现在鳞片的边缘罢了。这使得鱼看起来就像一尾鳞片镶金以及鳃盖呈金的紫色龙鱼，既华丽又贵气，令人不禁为之侧目（图5-7）。7～8cm长的幼鱼，其鳃盖可见一抹金。紧接着便是由头部延伸到尾部那青黄色的直线。长到9～10cm长的时候，紫色过背金龙的紫色色底鳞片就已经长

图5-7　过背金龙

到第四排了。最后到了适宜出口的12～15cm长的时候，有些龙鱼的甚至已达到了第五排，最起码也有背鳍周围的部分。这样长度的六七个月大过背金龙鳞片上的金色边缘已经很明显了，仅仅两周岁的鱼便已宛如闪亮耀眼的纯金块。虽然过背金龙与红尾金龙尾巴和鳍的颜色都一样，但前者的这一大特征却和价格较低的后者形成了强烈的对比。不过，有些过背金龙也会有颜色较浅的鳍。

4. 红尾金龙

产于印度尼西亚苏门答腊岛的北干巴鲁河和坎葩尔河中。其身体的上半部，包括它第五和第六排整整两列的鳞片都是很独特的黑或深褐色。因此，它鳞片上的金色色彩最多也只能达到第四排，这一点绝对有别于过背金龙。它和过背金龙还有另一个差别，就是尾鳍上端1/3的部分和背鳍都是深绿色的，至于尾鳍下端2/3的部分，则与臀鳍、腹鳍和胸鳍一样都是橙红色的（图5-8）。

图5-8　红尾金龙

5. 星点龙

产于澳大利亚东部，和星点斑纹龙很相似，幼鱼极为美丽，头部较小，体侧有许多红色的星状斑点，臀鳍、背鳍、尾鳍有金黄色的星点斑纹，成鱼体色为银色中带美丽的黄色，背鳍为橄榄青，腹部有银色光泽。各鳍都带有黑边（图5-9）。属夜行性鱼类。

图5-9　星点龙　　　　　　　　　　图5-10　星点斑纹龙

6. 星点斑纹龙

产于澳大利亚北部及新几内亚，体型较小，口部尖，体色为黄金色中带银色，半月形鳞片，腮盖有少许金边，尾鳍、背鳍有金色斑纹（图5-10）。饲养容易，可人工繁殖。

7. 银龙

主要产于巴西亚马逊河流域。1929年被鱼类学家温带理（Vandelli）首先发现。在当地是一种食用鱼。1935年引入美国。1955年引入日本。1966年日本神户的宫田先生在九州阿苏长阳的热带养殖场利用温泉首先人工繁殖成功。但我国市场上所见的还是由南美经过美国转口引进的，人工繁殖的极少。此鱼鳞片巨大，呈粉红色的半圆形，鱼体呈现像是金属的银色，其中含有钴蓝色、蓝色、青色等颜色混合，闪闪发亮。背鳍、臀鳍向后生长其基部很长，尾鳍短、胸鳍大（图5-11）。体长可达100cm。

图5-11　银龙

三、脂鲤科

脂鲤科又称拟鲤科或加拉辛科，此类鱼主要产于非洲、南美洲、中美洲与北美洲。种类繁多。此科鱼类的尾柄上都生有1个小的脂鳍，绝大多数品种躯体小型、美丽，性情温顺，只有极少数是肉食性的大型凶猛鱼类。

此科鱼体质强健，容易饲养，外形美丽，价格低廉，是极受欢迎的观赏鱼。适应弱酸性的软水水质，适宜生活水温为22～30℃。大多有集群生活的习性，所以在饲养时，同一水族箱中应减少鱼的种类，增加同一种类的尾数更好。这类鱼大多数喜好动物性饲料，且多在水面附近摄食，很少在缸底觅食。

脂鲤科鱼种类繁多，其中以红旗、黑裙、头尾灯鱼等最易繁殖。除非洲产的鱼种外，几乎所有的脂鲤科鱼卵都具有黏性，故繁殖时需准备产卵床。若任其产于砂土上，往往会因水霉菌的附生而使鱼卵腐烂。

1. 红绿灯鱼

红绿灯鱼又名红莲灯鱼、霓虹灯鱼、红绿霓虹灯鱼、红灯鱼，原分布于秘鲁和哥伦比亚境内亚马逊河支流及巴西境内。红绿灯鱼体型娇小，全长3～4cm，鳍也不大。全身笼罩着青绿色光彩，从头部到尾部有一条明亮的蓝绿色带，体后半部蓝绿色带下方还有一条红色带，腹部蓝白色，红色带和蓝色带贯穿全身，光彩夺目（图5-12）。红绿灯鱼性情温和而胆小，喜群游，是典型的底层鱼，对饲养环境要求比较高，生活适宜水温22～24℃，水质要求弱酸性软水（pH6.4～6.8，硬度4～8），饲养水要保持陈旧清澈，少换水，环境要安静，避免强光直射。对饵料不苛求，鱼虫、水蚯蚓、干饲料都肯摄食。红绿灯鱼喜欢集体活动，宜以几十尾为一群饲养水族箱中。

图5-12　红绿灯鱼

2. 拐棍鱼

拐棍鱼又名斜形鱼，原产于巴西、亚马逊河支流。拐棍鱼体长5～6cm，亚纺锤形。头小、眼大。全身银灰色，至尾部转变为灰绿色，身体两侧偏上各有一条黑带，起自鳃盖后缘至尾鳍下叶末端，由于尾鳍叉形，下叶倾斜，黑带也随之弯下一段，加上它那倾斜的游姿，使人一见此鱼如见一根小拐棍而得名（图5-13）。拐棍鱼在22～27℃的水温中都能生活，但要求酸性软水，喜食小型浮游动物。拐棍鱼生性友善，容易相处，喜欢集体活动，游动时头朝上尾朝下垂。成45°倾斜，也能垂直身子停在水中不动。

图5-13　拐棍鱼

图5-14　铅笔鱼

3. 铅笔鱼

铅笔鱼又名三线铅笔鱼，产于南美洲的亚马逊河中下游。鱼身最长6.5cm，呈长梭形，体色浅黄。适宜水温24～28℃，适合弱酸性软水。喜成群活动，互相追逐嬉戏，游玩累了停下休息，以鳍保持平衡，停在水中不动，似一条横放着的铅笔，因而得名（图5-14）。杂食性（包括黑毛藻及丝状藻）。

4. 玫瑰扯旗鱼

玫瑰扯旗鱼又名红扯旗鱼、红旗鱼，原产于南美洲亚马逊河流域巴西境内。体长4cm左右，呈纺锤形而侧扁，尾鳍叉形，胸鳍、腹鳍较小，臀鳍很长，一直延伸到尾鳍基部。背鳍黑色，四周镶白边，呈尖旗状，立于背之中央。玫瑰扯旗鱼鱼体的基本色调为淡红色，胸腹部呈鱼白色带微红；臀鳍鲜红色，前半部镶白边，后半部近尾鳍处镶黑边；尾鳍、腹鳍均为鲜红色，胸鳍很小，近似透明；鳃盖后有一块菱形黑斑（图5-15）。玫瑰扯旗鱼是一种小型热带鱼，喜欢生活在下层水域，要求水质是pH6.5～6.8、硬度低于8的弱酸性软水，水温以23～26℃为宜。玫瑰扯旗鱼性情温顺、活泼，能与其它小型鱼混养。它的饲养并不难，水族箱要铺底砂，种植较多水草，它喜欢吃各种鱼虫，也吃昆虫幼虫及干饲料，是人们喜爱的一种名贵热带鱼品种。

图5-15 扯旗鱼

该科其它主要种类有：头尾灯鱼、宝莲灯鱼、玻璃灯鱼、柠檬灯鱼、黑莲灯鱼、银瓶灯鱼、黑裙鱼、红裙鱼、红鼻鱼、黑十字鱼、三带鱼、网纹鱼、玻璃扯旗鱼、刚果扯旗鱼、皇帝鱼、血翅、短鼻六间鱼、食人鲳、银鲳、红钩银鲳等。

四、胸斧鱼科

胸斧鱼又名银石斧鱼、银手斧鱼、银斧鱼、银飞刀鱼、淡水飞鱼、银燕子，分布于亚马逊南部流域的巴西、圭亚那、苏里南境内。胸斧鱼腹部突出，形如斧头（图5-16）。胸鳍大，如翅膀，俗称燕子。有胸斧属、飞脂鲤属和大胸斧属等3属10种。没有艳丽的色彩。性格温顺，跳跃能力强。它是唯一会飞行的鱼，可以跃出水面，飞行数米远的距离，以躲避敌害的追捕。它们与飞鱼的滑翔不同，在飞行的时候像蜂鸟一样，快速地摆动胸鳍。

图5-16 胸斧鱼

胸斧鱼性格温顺，喜欢在水的上层活动，有群游性。饲养胸斧鱼的鱼缸应多种植水草，如芋类、托尼纳草等，最好有浮水性的植物。由于胸斧鱼的跳跃能力强，鱼缸应该加盖，宜放置于安静处，灯光最好缓缓变亮。偏好弱酸性软水，适宜水温23～30℃，最适宜水温26～28℃。食性杂，以动物性食物为主，能摄食水中、水面的小型昆虫等活饵以及人工饵料，不摄食沉底饵料。

胸斧鱼的繁殖比较困难。在繁殖期，雌鱼的腹部会明显地鼓起。繁殖适宜温度26～27℃，要求pH6.5左右的弱酸性软水，水体不可过于狭小，溶氧充足，微流动，缸内需种植水草，产黏性卵于细叶水草上。

五、鲤科

鲤科（Cyprinidae），属鲤形目。该科观赏鱼颌骨无齿，最后一对鳃弧腹面部分特别粗壮，成为下咽骨，上有1～3行咽齿，具角质咽磨。体常被覆瓦状圆鳞，无脂鳍；背鳍只有1个，前部有2～4根不分支鳍条；腹鳍腹位；尾鳍多呈叉形，绝少平截或微凹。一般为卵生，卵有黏性，黏附在水草等附着物上孵化。刚孵出的仔鱼仍然附在水草等附着物上，由体内卵黄囊提供营养，需经过2～4日龄的胚胎发育后才能觅食。亲鱼有吞食鱼卵的恶习，一旦产卵结束，应立即把亲鱼捞出另养。鲤科鱼的适宜温度多为20～26℃，软水，pH值约5.5～7.5之间。

鲤科鱼的种类繁多，分布广，大、中、小型鱼都有，全世界共约有2000多种，我国约产451种，其中观赏鱼种类主要分布在东南亚和非洲。常见的鲤科观赏鱼有：虎皮鱼、斑马鱼、蓝三角、剪刀鱼、白云金丝鱼、棋盘鱼、玫瑰鲤、三间鱼、皇冠鲫、T字鲫、红线鲫、银鲨、黑鲨、红尾黑鲨、彩虹鲨、厚唇鱼等。

1. 虎皮鱼

虎皮鱼又名四间鱼、四间鲫鱼。产于马来西亚、印度尼西亚苏门答腊岛、加里曼丹岛等内陆水域。虎皮鱼体高，似菱形，侧扁，长5～6cm。体色基调浅黄，分布有红色斑纹和小点，从头至尾有4条垂直的黑色条纹，斑斓似虎皮。背鳍高，位于背上中部，尾柄短，尾鳍深叉形（图5-17）。虎皮鱼的变异种有绿虎皮鱼、金虎皮鱼等。绿虎皮鱼体形、鳍形均未变，但体色改变成不规则的绿色大斑块和条纹，非常美丽。金虎皮鱼体则呈金红色，眼红色。最适生长水温24～26℃，要求含氧量高的老水。杂食性，但爱吃鱼虫、水蚯蚓等活饵料，干饲料也摄食，爱吃贪食。

图5-17　虎皮鱼

2. 斑马鱼

图5-18　斑马鱼

原产于印度、孟加拉国。体长4～6cm。体呈纺锤形。背部橄榄色，体侧从鳃盖后直伸到尾末有数条银蓝色纵纹，臀鳍部也有与体色相似的纵纹，尾鳍长而呈叉形。雄鱼为柠檬色纵纹，雌鱼为蓝色纵纹加银灰色纵纹（图5-18）。适宜水温18～26℃，可在10℃以上的水中很好地生长，属低温低氧鱼。喜食红线虫、红虫等，也可以用颗粒饲养喂养。该鱼性情温和，活泼玲珑，几乎终日在水中不停地游动，可与其它小型鱼类混养，是初饲者最理想的鱼种。

3. 蓝三角

蓝三角又名三角灯，原产于泰国、马来西亚、印度尼西亚等地。体长5～6cm，纺锤形。背部淡红色，前半身银白色，后半身有一个黑色三角斑块。背鳍、臀鳍、尾鳍淡红色（图5-19）。饲养水温22～26℃，适应弱酸性软水，水质要求澄清。饵料有鱼虫、颗粒饲料等。繁殖水温25～26℃，亲鱼性成熟年龄6个月，繁殖期间雄鱼具鲜艳的婚姻色，体型瘦小，雌鱼腹部膨大，属水草卵生鱼类，雌鱼每次产卵100～200粒。

图5-19　蓝三角

4. T字鲫

图5-20 T字鲫

T字鲫又名T纹鱼、T字鱼、邮戳鱼。原产于泰国、马来西亚、印度尼西亚加里曼丹和门答腊岛。体亚纺锤形，大的可达18cm左右。它的特征是鱼体两侧有一T字形大黑纹，由于在T字前还有1条黑横纹，形似国外的邮戳，故又得名邮戳鱼（图5-20）。幼鱼时此花纹不清楚，5cm以上时此T纹清晰可见。当成鱼性腺成熟时，黑T纹开始散乱褪色。适宜弱酸性软水，水温22～28℃。杂食性，也吃水草。不宜与小鱼混养。

5. 银鲨

银鲨又名黑鳍袋唇鱼。产于泰国、印度尼西亚苏门答腊和加里曼丹岛等地。身体为流线形亚纺锤形；鳞片呈光亮的银白色，腹部泛白；全身各鳍端均呈尖形，背鳍、腹鳍、臀鳍三角形，尾鳍深叉形，背鳍和尾鳍都较大且较尖锐；各鳍为黄色且边缘为黑色，黑边内侧为淡灰色宽带；眼睛较大（图5-21）。银鲨对水质要求不苛刻，最适宜水温22～26℃，也能适应较低温度。喜欢集群游动，个性温和，有清除残饵的习性。此鱼敏感而易受惊吓，善于跳跃。适合养殖在水草和沉木的水族箱中。摄食活饵、红虫或一般饲料，食性杂但偏植食性，摄食量比较大。

图5-21 银鲨

六、鳅科

身体多为拉长的侧扁或圆筒形，头部平扁。口小，居下位，上颌由前颌骨构成，有一行下咽齿，没有角质垫。眼睛很小，部分鱼种眼下有刺，另有须3～6对，吻须2对，口角须有1对或2对，颏须与鼻须则各1对或没有。身体及头部布满细小鳞片，有些鱼种则仅留痕迹。侧线有无则依鱼种而异，背、臀鳍均短小。

鳅科成员多分布于欧亚大陆及其附近岛屿的淡水区，非洲摩洛哥与埃塞俄比亚亦有分布，基本上各种水域皆有，但以具流水环境较多。由于大部分鱼种都具有"肠壁呼吸"能力，当水中溶氧不足时，可以直接吞吸空气，因此可在低氧水域存活。鳅为夜行性鱼类，主要以水生昆虫和其它底栖无脊椎动物为食，也会摄食植物碎屑、藻类及浮游生物等。

1. 三间鼠

图5-22 三间鼠

学名皇冠沙鳅，原产于印度尼西亚苏门答腊、加里曼丹岛。野生种体长可达30cm，饲养于水族箱内的个体仅有10cm左右。背部窄，尾部侧扁，下颌及胸腹部较平直。头吻尖小，触须短，躯干粗短。尾鳍深叉形。全身颜色为桔黄色，有3条黑宽带，分别横贯于眼、背鳍前至胸鳍间和背鳍后至臀鳍间，胸鳍和尾鳍呈红色（图5-22）。三间鼠鱼喜溶氧量丰富的水质，最适温度为 23～28℃。常活动觅食于水的底层，喜欢活食，卵生，适合有水草和沉木的水族箱。性情温和，胆小怕人。可以与中小型鱼混养。三间鼠鱼眼下有棘，受到攻击时，能弹出此棘，但不足以自卫。

2. 青苔鼠

青苔鼠学名吻刺鳅，又名马头鳅。分布地为中国西双版纳（澜沧江下游江段）、泰国等地。体长可达18cm。体细长，稍侧扁。身体最高处在胸鳍起点垂直上方，向前急剧下斜，向后较平直，头长，侧扁。吻前端略尖。眼上位，腹视不可见，明显位于头的后半部。口下位，上唇边缘有发达而稀疏的突起，侧端连于口角须的基部。唇后沟很深。须3对，吻须2对，口角须1对。背鳍外缘微凸；胸鳍左右基部紧连在一起；腹鳍短小，左右基部紧靠；臀鳍短；尾鳍深凹。体被细鳞，头部无鳞。侧线走向平直，沿侧线有十余个小黑斑，背部正中隐约可见横跨的数个棕色大斑。吻端至眼前缘有两黑色纵条纹，各鳍浅棕色，无斑（图5-23）。

图5-23　青苔鼠

生活于江边砂底浅滩流水回缓之处，依靠斜向下方的吸盘状口部，吸贴于水草岩石等物而徐徐移动，同时舔食其上的青苔或沉淀的有机碎屑，故在水族箱中用以清除附生藻类和剩余的食物。饲养容易，适合干净水质。青苔鼠很怕缺氧，它们缺氧后不是浮上来，而是在水里闷死。其生活适宜的水温为23～27℃。

七、鲶科

"鲶"亦常写作"鲇"。两颌多具发达的须。又因鳔借一组韦伯小骨与内耳相连，而和鲤形目等一起组成骨鳔类。鱼体大多裸露无鳞，有的被以骨板。头骨无顶骨、下鳃盖骨等。上颌骨一般退化变小，无齿，仅作为上颌须的须基。第二、三、四节椎骨愈合为复合椎骨，第一节及第五节椎骨常分别固连或愈合于其前后。齿发达，眼小。胸鳍及背鳍常有用于自卫的硬刺，常存在脂鳍。

多为底栖肉食性鱼类，绝大多数生活于淡水。本科中观赏鱼类的特点是喜欢舔食附着在水底或器具上的藻类或食物残渣，有的还喜欢挖砂。常见种类有下列几种。

1. 玻璃鲇

学名双须缺鳍鲇，又名玻璃猫头鱼、幽灵鱼，产于亚洲的泰国、马来西亚、印度尼西亚等水域。一般成鱼体长12～18cm。"玻璃猫"的名字来源于全身透明和生长在嘴部的两根长长的状若猫须的触须。它们的游姿快捷，停留不动时身体呈上倾的40°角，水晶般透明的躯体轻微地摆动，偶尔在适合角度的灯光的折射下，会映现出如三棱镜折射阳光所产生的如彩虹般梦幻色彩。平时，不仔细观察，是很不容易发现它们的踪影的，至多看到一副鱼类骨骼在飘动，也因此，它的另一个名字被称为"幽灵鱼"（图5-24）。同种类还有另一种也是全身透明，但色泽偏向浅褐色的品种，称

图5-24　玻璃鲇

为咖啡玻璃猫。

玻璃猫习性温和，较胆小，不喜欢游动，经常躲藏在阴暗的角落中，所以适合在饲养环境中种植大量水草，供它们栖息和躲藏。玻璃猫适合水温为20～25℃，对水温变化较为敏感，当水温低于18℃左右时，它们原本透明的身躯将渐渐发白，若水温继续下降，它们就会整个身体蜷曲僵化而死亡。玻璃猫喜活饵料，对食物没有特殊要求，适宜水质环境为弱酸性的软水，适合与小型热带鱼类混合饲养。

2. 反游猫鱼

反游猫鱼，又名倒游鲶，原产于非洲的坦干伊克湖、维多利亚湖、马拉维湖、尼日利亚湖、尼日尔湖和萨伊水系。该鱼成鱼体长5～40cm，适宜存水温23～28℃，适宜水质的总硬度6～11度，最好是软水，pH6.5～8.5。平时游动或静止都是腹部向上，所以定名为反游猫鱼（图5-25）。眼睛大，最好用间接散射光。杂食，要适当喂些植物性食物。

反游猫鱼有打斗习性，因此，在饲养环境中，应多设置岩石、树根或沉木等必要隐蔽场所。反游猫鱼易患白点病，平时应加强水质管理，防止水质突变或恶化。目前尚无成功的繁殖方法。

图5-25 反游猫鱼

3. 红尾鲶

红尾鲶又名红尾鸭嘴，产地为亚马逊河流域。成鱼体长70～100cm。该鱼外形比较优美，体延长，宽而扁平。在嘴的上下有雪白的须共6对，其中1对较长，常向前方伸展。该鱼体色基本上有三种颜色：背部的灰黑色、腹部的雪白色、尾鳍的桔红色，且分界极为明显。头及吻部很大，一条白线从吻部一直延伸到尾部，尾和背鳍均为胭红色，其它各鳍为蓝黑色，体态优雅。眼眶上半部为白色，形成一半圈白圈（图5-26）。此鱼饲养容易，饲养时需要有过滤器，且要求单独饲养。白天游水的动作非常优雅，在夜晚开灯后，容易受到惊吓上下翻动。在中性或弱碱性软水水质中生活良好，水温25℃左右。饵料为活饵、鱼肉等，喜食动物性饵料，尤其是小鱼。

图5-26 红尾鲶

八、美鲶科

1. 花鼠鱼

花鼠鱼又名花豹鼠鱼。原产于巴西、阿根廷，体长7～8cm。体扁圆形，嘴部有两对触须。背鳍高耸，背部隆起。体色青黄，体表有很多不规则排列的灰黑色斑点，尾鳍和背鳍上也有花白色条纹（图5-27）。饲养水温20～26℃，对水质要求不严格。饵料有水蚤、水蚯蚓等。它属底栖鱼类，常在水底摄食残渣剩饵。幼鱼需9个月龄达性成熟。繁殖水温

图5-27 花鼠鱼

22～23℃，水质为中性软水，以平滑的石板或大理石板作鱼巢。雄鱼先射精，雌鱼随后排卵，受精卵黏附在鱼巢上，卵粒较大，约经3～4天孵化为仔鱼。雌鱼每次产卵50～100粒。

2. 咖啡鼠

咖啡鼠学名侧带甲鲶，原产地为南美洲的广泛地域。小型鱼类，体长5～7cm。本种鱼是鼠鱼类中最受欢迎的一种，也是最有名的品种之一。体色为微绿的咖啡褐色，故俗称为"咖啡鼠"，在体侧中央有一黑色纵带（图5-28）。

图5-28 咖啡鼠

适宜水温为22～26℃，喜好中性弱碱性，而完全不含盐分的淡水。性情温和，能与其它的鱼混合饲养，而且体质强健，底栖，杂食性，是清道夫鱼之一。

图5-29 紫罗兰鼠

3. 紫罗兰鼠

紫罗兰鼠原产自巴西马德拉河（流经隆多尼亚洲的马德拉水系）支流。最大体长在4.5～6cm。紫罗兰鼠的尾柄斑点则是深黑蓝色，边缘淡出并且散出金属光泽（图5-29）。紫罗兰鼠也因为其尾柄难以界定的特殊斑点，被国外的爱好者称作为"污斑鼠"。与之类似的还有国王豹、红鳞鼠、瓜皮鼠等几种。适应pH7.0左右的中性水，适宜温度22～26℃。

4. 青铜鼠

青铜鼠又名安纽氏鲶鱼、青铜猫，原产地为亚马逊上游水域，包括巴西、秘鲁、厄瓜多尔等地。体长可达7cm。口下位、有口须，叉尾，青铜色（图5-30）。属于性情温驯的群居鱼，杂食性。几乎可与任何鱼搭配混养。对水质要求不严，适宜20～30℃的温度环境，喜欢在水族箱底层生活。

繁殖习性：雄鱼略小，雌鱼腹部膨大，产前将雌雄鱼分养一段时间后按雌雄比1：3放入种有皇冠草的缸中，亲鱼产卵于水草叶上，怀卵量300粒左右，孵化期5～7天。

图5-30 青铜鼠

5. 熊猫鼠

熊猫鼠原产于秘鲁境内，现已有人工培育种。属于小型且知名度很高的鼠鱼品种，在眼睛部位有黑带横过，尾柄及背鳍上亦有黑色斑点，就像是小熊猫一般，十分逗趣可爱（图5-31）。杂食性，可与小型鱼混养，属于活泼好动的品种。底层鱼，适合水草和沉木的水族箱。可在水族箱中铺满小石子或细的暗色底砂，犹如原始栖息地一般，以保护它们的触须。

图5-31 熊猫鼠

6. 皇冠豹

皇冠豹又名黑线巴拉圭鲇，主要分布于南美洲哥伦比亚山区的河流，体色多样。一般成鱼体长30cm。皇冠豹外表威风凛凛，体形格外隆起，加上流线形的条纹——黑色和白金色相间搭配，显得格外漂亮，堪称绝美的异型鱼类（图5-32）。适宜水温22～25℃。水质要求硬度在7～10DH，pH7.0～7.2。皇冠豹的食性以植物性饵料为主，亦可喂饲人工专用饵料。皇冠豹的牙齿坚硬，又有欺负其它鱼类的习性，所以应该避免与性格温和的鱼类一起混合饲养。在体表擦伤的情况下，会产生白色的棉絮状物体，可用抗生素或抗菌性药物进行治疗。在水族箱中饲养时，除了放置沉木供它们栖息躲藏之外，还需要注意过滤系统，最好能够产生强烈水流效果。

图5-32 皇冠豹

该科常见的其它观赏鱼还有花椒鼠鱼、红铜鼠鱼、皇冠鼠鱼、虎皮鼠鱼、眼镜鼠鱼等。

九、溪鳉科

溪鳉科主要生活在非洲、东南亚、北美南部及南美洲等地静止的水域中，分布较广，多为小型鱼，性情凶暴，不可与其它品种鱼混养，同种也尽量分开养。常见品种有：琴尾鱼、黑鳍珍珠鱼、飞弹鱼等。

罗氏琴尾鱼又名七彩麒麟、罗氏齿鲤、琴尾鱼。体长4～5cm。体表的鳞片为蓝色，鳞片边缘是红色，背鳍、臀鳍蓝色镶有棕色斑点。全身红蓝相衬，吻部淡黄色，眼睛蓝色，背鳍、臀鳍蓝色有棕色斑点，尾鳍蓝色有红色和黑色边缘（图5-33）。最适水温24～26℃。这种鱼是世界上最美丽的热带鱼之一，也是最难养的鱼之一，适合弱酸性的软水。对硬度高的水质极为敏感，如进入硬水，鱼鳃会动个不停，并浮在水面游动，不久即死亡。喜吃鱼虫、红虫等活食，在有水草的水族箱中生活安静。

图5-33 琴尾鱼

十、花鳉科

花鳉科又称胎鳉科，分布于非洲及美国东部至南美洲的淡水域或河口区，经人工引进后，广泛分布于许多国家。雌雄体型略有差异，一般雌鱼较大型，体色较朴实；雄鱼则较小型，体色大多艳丽，且具特化之交接器。口上位而可伸缩。背鳍短小，位于体后部。全世界分3亚科，包括花鳉亚科、河鳉亚科及单唇花鳉亚科，共37属，约304种左右。大部分种类体态优美，色彩多变，个性温和，体内受精，卵胎生，繁殖力强，人工育种容易，是受欢迎的观赏鱼。主要以水生昆虫为食。

1. 孔雀鱼

孔雀鱼又名百万鱼、彩虹鱼，原产地为圭亚那、委内瑞拉、巴西等。体圆筒形，尾鳍特大，体色富于变化。孔雀鱼体形修长，有极为美丽的尾鳍。成体雄鱼体长3cm左右，体色艳丽，基色有淡红、淡绿、淡黄、红、紫、孔雀蓝等，尾部长占体长的2/3左右，尾鳍上有

1～3行排列整齐的黑色圆斑或是一彩色大圆斑。尾鳍形状有圆尾、旗尾、三角尾、火炬尾、琴尾、齿尾、燕尾、裙尾、上剑尾、下剑尾等。成体雌鱼体长可达5～6cm，尾部长占体长的1/2以上，体色较雄鱼单调，尾鳍呈鲜艳的蓝、黄、淡绿、淡蓝色，散布着大小不等的黑色斑点，这种鱼的尾鳍很有特色，游动时似小扇扇动（图5-34）。

图5-34　孔雀鱼

孔雀鱼适应性很强，最适宜生长温度为22～24℃，喜微碱性水质，pH7.2～7.4，食性广，性情温和，活泼好动，能和其它热带鱼混养。孔雀鱼4～5月龄性腺发育成熟，但是繁殖能力很弱，在水温24℃、硬度8DH左右的水中，每月能繁殖1次，每次产鱼苗数视鱼体大小而异，少则10余尾，多则70～80尾。当雌鱼腹部膨大鼓出，近肛门处出现一块明显的黑色胎斑时，是临产的征兆。

2. 月光鱼

原产于墨西哥、危地马拉。鱼体长4～6cm，头吻部尖小，尾部宽阔，胸腹部较圆厚。尾柄宽阔侧扁，尾鳍外缘浅弧形。月光鱼也是容易杂交变异的品种，能与剑尾鱼杂交，经人工优选培育，至今已在体色和鳍色上产生许多不同色彩的月光鱼，非常美丽（图5-35）。

图5-35　月光鱼

月光鱼对环境和温度的适应能力也比较强，可适应18～28℃的水温，最适生长温度22～26℃。喜中性、弱碱性水质。性情温和，爱静，游动觅食都很文雅。月光鱼5～6月龄性腺成熟。雌雄鱼区别在臀鳍，雄鱼的臀鳍演化成输精管，雌鱼腹部膨大，近肛门处出现大黑斑时即为临产征兆。繁殖适宜水温26℃，水硬度9DH左右。

3. 剑鱼

原产于墨西哥、危地马拉。体长10～12cm，体呈纺锤形。雄鱼尾鳍下缘向后延伸出一针状鳍条，俗称剑尾（图5-36）。体色有红、红白、五花等，常见品种有红剑、青剑、白剑、墨鳍红剑、鸳鸯剑等。饲养水温18～24℃，水质中性，饵料以鱼虫为主。喜跳跃，水族箱顶要加盖。繁殖时临产雌鱼腹部有一明显黑斑，俗称胎斑。雌鱼直接产出仔鱼。每次产仔50～200尾，每月产仔1次。

图5-36　剑鱼

4. 玛丽鱼

原产地墨西哥。体长8～12cm（图5-37），体色有红、黑、银、三色等，常见品种有燕尾红玛丽、燕尾黑玛丽、三色玛丽、高鳍红玛丽、高鳍金玛丽、皮球银玛丽等。饲养水温18～24℃，喜弱碱性硬水，杂食，爱啃吃藻类，饵料以鱼虫为主，也可摄

图5-37　玛丽鱼

食颗粒饲料及开水烫过的蔬菜。繁殖水温24～26℃，雌鱼临产前腹部有一明显的胎斑，每次产仔50～150尾，每月产仔1次。玛丽鱼的饲养水中注意要定期加点盐，以保持水质弱碱性。

十一、丽鱼科

丽鱼科原产于热带中南美洲、非洲、西印度群岛、印度、叙利亚及马达加斯加的淡水及咸淡水水域，因具有养殖食用及观赏用途而被引进全球各地，如今已是热带与亚热带地区最常见的外来鱼种。丽鱼科约有680余种，其中多种鱼体形奇异，色泽灿烂，成为水族箱观赏鱼类。喜生活于静止或稍有微流的水域中。绝大多数为肉食性鱼类，以小鱼、昆虫幼虫、蠕虫、软体动物为食。这一科鱼类以保卫"领土"及无微不至地关怀后代的行为引人注目，卵子受精后由雌鱼含在口中孵化，直到鱼苗能独立活动时，亲鱼才停止护理。

1. 非洲慈鲷

产于非洲坦干伊克湖、马拉维湖、维多利亚湖。一般成鱼体长4～26cm。具金属般光泽，色彩千变万化（图5-38）。适宜水温23～28℃，它们需要一个硬度和酸碱度较高的水质环境才能很好地生活和繁殖，硬度9～11DH，pH7.2～8.0。部分品种以口孵方式繁殖。在原产地以浮游生物、水草、藻类、蜗牛、小动物为主食，在水族箱里饲养可以广泛接受各种饵料，要补充植物性的饵料，尤其是针对一些草食性的特定种类，这是它们可以良好生存的关键。

图5-38 非洲慈鲷

2. 酋长短鲷

原产地在秘鲁、巴西玛瑙斯以及哥伦比亚境内的河流水系。一般成鱼体长8～10cm。发育成熟的酋长短鲷雄鱼的鳃盖上分布有红色斑点，在体表沿侧线以上，背鳍以下的部位排列有胭脂色的纵带鳞片，显得格外醒目。此外，酋长短鲷雄鱼的尾鳍上下端开叉，各延伸出一部分鳍边，呈琴尾状。而背鳍端分布有近10条棘刺，完全伸展的时候，异常美丽而具有威严，宛如印第安酋长头戴的羽冠。相对来说，酋长短鲷的雌鱼和大多数短鲷一样，色泽偏黄而单调（图5-39）。适合水温25～27℃，硬度2～6DH，pH5.0～6.0。杂食性，以丰年虫幼体为主食，其它如薄片、水蚤等做辅助，有时可以喂摇蚊幼虫（血虫）。

图5-39 酋长短鲷

3. 七彩凤凰

七彩凤凰又名马鞍翅，原产于委内瑞拉。体长8～10cm，椭圆形。体色浅紫，身体上布满宝石蓝色泽，各鳍粉红色，头部桔红色，鳃盖上有蓝色花纹，鱼体七彩绕身，非常漂亮。雄鱼体色鲜艳，背鳍第一硬棘较长，背鳍末梢尖长；雌鱼个体略小，体色略逊（图5-40）。饲养水温24～27℃，水质要求弱酸性软水，饵料有鱼虫、水蚯蚓、红虫等。繁殖

图5-40 七彩凤凰

水温27～28℃，亲鱼半年可性成熟，自由择偶，雌鱼每次产卵200～500粒。

4. 红魔鬼

原产于中美的哥斯达黎加、尼加拉瓜。属大型慈鲷，厚侧扁形，大者可长达30cm，全身鲜红，雄性额头半球状突起，高于颅顶，为全身制高点，雌鱼额头仅稍稍隆起。雄鱼背鳍和臀鳍的后缘鳍条延长（图5-41）。该鱼有强烈的侵略性，在鱼缸中攻击一切可以见到的生物。对水质的适应性强，中等硬度、水温20～28℃、pH6.5～8.0的水体环境条件可满足它的生活要求。肉食性，但可驯化，各种饲料经驯食均适应，鲜活、冰鲜、商品饲料都吃。12～14个月性成熟，雄性个体大于雌性，一雌一雄自行配对，产卵于水底硬物表面，双亲有护卵护幼行为。

图5-41　红魔鬼

5. 花罗汉

花罗汉是由我国台湾发展出来的罗汉鹦鹉交配墨西哥的杂交七彩蓝火口改良而成，头上具有巨大额头，宛如寿星，十分独特，因其头型如罗汉突出，所以获得"花罗汉"封号（图5-42）。花罗汉成鱼体长一般可达30cm，有着硕大体型及力与美的气魄，在欧美是相当受欢迎的品种，而在东南亚地区，花罗汉也因其喜气洋洋的体色及吉祥名称而日渐受到人们的青睐。对水质要求不严，pH6.5～7.2的软水是最合适的，可以有效地使鱼发色充分，提高鱼的品质。水温26～28℃。性情凶猛，同种间格斗剧烈，对不同种的鱼有极强的攻击性，不宜混养。投喂汉堡、小鱼、虾、面包虫、蚯蚓都行，不挑食。食量巨大，每天喂3～4次，每次喂七八成饱即可。

图5-42　花罗汉

6. 七彩神仙

七彩神仙鱼别名铁饼、七彩燕。成体长20cm左右，近圆形，侧扁，尾柄极短，背、臀鳍对称（图5-43）。体色上有红、绿、蓝绿、蓝之分。在花纹上的差别，全身主要纵条纹的比例，占75%以上者归入松石类。在体型上，有宽鳍型体仍为圆盘形，还有高身型和高身宽鳍型两种。其名称也因地区习惯等有不同叫法，如红松石、蓝松石、钴蓝、松石、一片蓝、发光大饼及大饼子等。七彩神仙鱼属高温高氧鱼，对水质和饵料要求苛刻，要求弱酸性软水，在弱碱性水中难以存活。要求水质稳定、洁净、含氧量丰富，光照适宜，水温常年保持在26～30℃。该鱼好食动物性饵料和活饵料，除天然活饵料外，切碎的牛肉、瘦肉、鸡心、鱼虾肉、面包虫等均可投喂，每次八成饱，一年半至两年即达性成熟。同群中雄鱼比雌鱼大，雌鱼腹部宽大，每次产卵200～300粒。初孵仔鱼靠吸食亲鱼体

图5-43　七彩神仙鱼

上的黏液为生，稍大后可投喂卤虫幼体。

7. 金菠萝

金菠萝又名西付罗鱼、新蓝头、新蓝火口鱼、斑眼花鲈等。原产于南美洲的亚马逊河流域，主要分布于巴西、圭亚那境内。金菠萝体长可达到18～20cm。椭圆形，体色金黄，头部有红色花纹。眼大，口小，眼虹膜呈金红色。背鳍末端之间有一垂直的黑色条纹。雄鱼体侧有红色小点组成的纵条纹，呈菠萝纹状排列；雌鱼体形略小于雄鱼，色彩稍呈淡白色（图5-44）。金菠萝对水质的要求不是很严格，最适合生长于水温为20～25℃，pH7～7.2。爱在水族箱中底部活动。平时性情安静温和，但在发情期和极度饥饿时性情变得暴躁，具有攻击性。喜吃红线虫、水蚯蚓。成鱼最好以血虫或水蚯蚓喂养。如只喂水蚤等小型鱼虫，会使其营养不良，发育迟缓，导致成为僵鱼。所以，一旦长至4cm以上，一定要喂以大型鱼虫。

图5-44　金菠萝

8. 地图鱼

地图鱼主要分布于南美洲的圭亚那、委内瑞拉、巴西的亚马逊河流域。一般成鱼体长35cm。地图鱼体型魁梧，宽厚，鱼体呈椭圆形，体高而侧扁，尾鳍扇形，口大，基本体色是黑色、黄褐色或青黑色，体侧有不规则的橙黄色斑块和红色条纹，形似地图。背鳍很长，自胸鳍对应部位的背部起直达尾鳍基部，前半部鳍条由较短的锯齿状鳍棘组成，后半部由较长的鳍条组成；腹鳍长尖形；尾鳍外缘圆弧形（图5-45）。地图鱼色彩虽然单调，其形态却很别致，具有独特的观赏价值，同时它的肉味鲜美，具有食用价值。

图5-45　地图鱼

对水质要求不苛刻，在弱酸性、中性和碱性水中均能正常生活，适宜水温为22～26℃，最低饲养温度14℃，但进食明显减少。地图鱼的颜色随年龄大小而异，亮度与光照密切相关，饲养时应给予充足的光照。地图鱼看起来笨拙，实际上游泳很灵活，捕食敏捷，比较贪食，喜食动物性活饵料，属肉食性凶猛鱼类，能摄食水蚯蚓、蝌蚪、小鱼、小虾，所以不宜与其它鱼类混养。家庭饲养时，要注意它的杂食性，除喂它一些小鱼、小虾、蝌蚪外，也可以喂一些瘦肉等，以免造成它的食性单一。

地图鱼的雌雄鉴别比较难，一般雄鱼头部较高而厚，背鳍、臀鳍较尖长，身上的斑块和条纹较多较艳，雌鱼身躯较粗壮，臀鳍较小，体色没有雄鱼亮丽。亲鱼性成熟年龄为10～12个月，一般可自选配偶，产卵期为每年7～10月，可多次产卵。繁殖水温以26～28℃为宜，繁殖前应在水族箱底置放平滑的大理石板（规格为20cm×20cm×2cm），将配好对的亲鱼放入。亲鱼会在石板上用嘴啃出一块产卵巢。雌鱼将卵产在清洗过的石块上，雄鱼随后使之受精。雌鱼每次产卵500～1000粒，其卵粒比一般鱼卵粒大，并呈不规则的直线排列。受精卵经48h孵出花褐色仔鱼，7天后仔鱼游水，开始觅食。亲鱼有吞食卵粒的习惯，产卵结束后应将产巢取出，放入孵化缸中人工充气孵化。

十二、丝足鱼科

丝足鱼属鲈形目，只丝足鱼一科，又名丝足鲈。分布于东南亚地区的马来西亚、印度尼西亚、越南、柬埔寨等国。体侧扁，体高、背宽、肉厚、头小，吻端突出，口裂大、下颌突出、上颌小，眼距比较宽，头顶和两边有突出的额角似头盔甲，臀鳍向后延长但不与尾鳍相连，尾鳍棘为扇形直射状，腹鳍第一鳍棘特别长，并呈丝状，可达到身体的尾部。幼鱼阶段体长3cm以内时鱼体呈银白色，在3～15cm时体呈银灰色，体侧有8～10条垂直的暗色条纹，各鳍基部淡红色，尾鳍边缘呈红、黄、黑一圈，口较小、上翘，头比较尖平。当体长再增长时则垂直条纹逐渐消失，体色趋于一致（图5-46）。体重可达9kg［201b（磅）］。

图5-46　丝足鱼

长丝足鲈喜群居和群游，生活于水的中下层，有的个体经常浮出水面"换气"。长丝足鲈食性属于偏动物蛋白的杂食性鱼类，鱼苗阶段以浮游动物为食。幼鱼阶段可食一些小虾或用蛋白质含量较高的饲料喂养。成鱼偏肉食性，喜食小鱼小虾，同时也吃玉米、黄豆、菜叶以及人工配合饲料。长丝是鲈属热带鱼类，在北方饲养冬季需保温越冬，最低临界温度为12℃，当水温降至14℃时，鱼开始失去平衡，生长温度19～32℃，最适生长温度为26～28℃。长丝是鲈比罗非鱼耐低氧，其低氧窒息点为0.3mg/L，一般溶解氧在3mg/L时生长良好。

十三、斗鱼科

斗鱼科鱼为淡水鱼，分布于巴基斯坦、印度、马来群岛到韩国等淡水流域，栖息于江河支流、小溪、沟渠、池塘或稻田等。体呈椭圆形且侧扁。头中大，有些种类的吻部短而钝，有些则略长而尖。口小，开口斜裂，口能伸缩，下颌较为突出；颌齿是细小的锥状牙齿；锄骨和腭骨均无齿。有一特殊的辅助呼吸器官，是由第一鳃弓之上鳃骨扩大而形成的上鳃器，又称为迷路器官。鳞片为中大型的栉鳞，有些种类的侧线退化。臀鳍的基底远长于背鳍基底；多数种类的腹鳍会延长如丝状。

斗鱼科鱼多为肉食性，部分品种会吃小鱼。适应弱酸性软水，pH值5.5～6.5之间，适应水温20～30℃。同种间的雄鱼领域性强，常彼此相斗。以捕食浮游动物、水生昆虫、孑孓及蠕虫等为食，有些鱼也会吃丝状藻。具有特殊的产卵行为，产卵前，雄鱼会先在水草多的水面上吐出气泡，引诱雌鱼产卵于气泡中，由雄鱼在旁守护。

1. 五彩搏鱼

五彩搏鱼俗名泰国斗鱼、暹罗斗鱼、彩雀鱼。鱼体长可达8cm（图5-47）。泰国斗鱼简单的体色分类可以分成浅色身体（light body）和深色身体（dark body）两大类，改良型泰国斗鱼的详细体色分类，是以色彩斑纹分为单色（concolorous）、双色（bicolor）、大理石纹（marble）及蝶翼（butterfly）。泰国斗鱼喜欢生活在22～24℃的水

图5-47　泰国斗鱼

中，但不能低于20℃。对水的酸碱性、硬度不苛求。泰国斗鱼以好斗闻名，两雄相遇必定来场决斗，相斗时张大腮盖，抖动诸鳍。因此在饲养中，不能把2尾以上的成年雄鱼放养同一缸中。

泰国斗鱼4～8月龄性腺成熟。雌鱼比雄鱼小，诸鳍也小，色泽较差。选择6cm以上的做亲鱼。雌雄鱼以1∶1合缸后，雄鱼吐泡筑巢雌鱼进入孵巢区，最后雄鱼以体拥裹雌鱼，并持续许多次后，完成产卵排精。这一过程几乎持续两天。受精卵孵化期间捞出雌鱼，留下雄鱼守巢护幼，2天后孵出鱼苗，捞出雄鱼。一年中多次繁殖，一次产卵数十粒至数百粒不等。繁殖中的水温应比平时提高2℃，以26～27℃为宜，水质弱酸性、中性，硬度8DH左右。

2. 叉尾斗鱼

叉尾斗鱼又名中国斗鱼、兔子鱼、天堂鱼等。鱼体长可达5～10cm（图5-48）。中国斗鱼对温度的要求并不苛刻，一般4～31℃之内都能成活，水温处于24～27℃时最适宜其生长。水的酸碱度以中性水为宜，pH值为6.5～7.2。在人工饲养条件下溶氧量最好保持在5mg/L。斗鱼是属于杂食偏肉食性的鱼种，因此可搭配喂食多种饵料，尽量不要让斗鱼的食谱过于单调。通常人工干燥饵料营养成分齐全且干净卫生，是饲喂斗鱼的必备饵料。为适应斗鱼水上层活动的习性，最好选浮水性饵料，若能间隔投喂新鲜的活饵，如丰年虫、孑孓、丝蚯蚓、水蚤等，可使斗鱼体色更加鲜艳，但由于这类饵料大多带细菌而易于给鱼只染病，只能作为斗鱼口味的调剂品，投喂时一定要经过漂洗，每次投喂量能在5min内吃完为度，每天投喂一次即可。

图5-48 叉尾斗鱼

3. 毛足鱼

毛足鱼俗名丝鳍毛足鱼、三星、三点曼龙、青曼龙、三星攀鲈。分布于东南亚及我国的我西双版纳。体形呈卵圆形，体较高而侧扁，背缘隆出，以背鳍的起点处最高。头中大，吻短。眼较大。体被有小型栉鳞。侧线完全。背鳍基底约与胸鳍等长。臀鳍基底长而发达，后部较宽大，起点于胸鳍基部后下方，几乎可达到尾鳍的基部。腹鳍小，其第1根鳍条延伸成丝状，末端延伸可达尾鳍的基部。尾鳍呈叉形，上下叶均以其中部的鳍条最长。体色呈淡青色。体侧具有16～18条不明显的浅灰色横纹，但有时会消失。体侧中央与尾鳍的基部处各具有一青黑色的斑点，和眼睛刚好连成一直线，故称"三星"。背鳍、臀鳍及尾鳍的鳍膜散布有淡黄色或桔黄色的圆点（图5-49）。主要栖息于池塘、小河湖、沟渠等水草较多的静水环境水体。对环境的生活适应性强，体质强健。主食浮游生物。生殖期为3～4月。雄鱼吐泡沫与碎草混合，筑成浮于水面的产卵巢。

图5-49 毛足鱼

十四、吻鲈科

吻鲈科只有吻鲈一种，又名接吻鱼，原产于泰国、印度尼西亚。身体呈长圆形，体长一般为20～30cm。头大，嘴大，尤其是嘴唇又厚又大，并有细的锯齿。眼大，有黄色眼圈。

背鳍、臀鳍特别长，从鳃盖的后缘起一直延伸到尾柄，尾鳍后缘中部微凹。胸鳍、腹鳍呈扇形，尾鳍正常。体色淡浅红色。以喜欢相互"接吻"而闻名。实际上，不仅异性鱼，即使同性鱼也有"接吻"动作，故一般认为接吻鱼的"接吻"并不是友情表示，也许是一种争斗（图5-50）。性情温和，无攻击性，能混养。对水质要求不苛求，pH7.0～7.5，宜生活的水温为21～28℃，最适生长温度22～26℃。主要的食物是冷冻卤虫、蚯蚓，能刮食固着藻类，刮食时上下翻滚，极为活泼，好动，宜与比较好动的热带鱼混养。

图5-50 接吻鱼

同斗鱼类的繁殖方式不同，接吻鱼不吐沫营巢，而直接产漂浮性卵，浮在水面。卵呈琥珀色，如发白，则说明卵未受精。产卵量较大。接吻鱼15个月大的时候进入性成熟期，一年可繁殖多次。繁殖时，可按雌雄1：1的比例把亲鱼放入繁殖缸内，同时兑进一些蒸馏水，刺激亲鱼发情。每尾雌鱼的产卵过程要持续数小时，可产卵1000余粒，有的可达2000～3000粒。由于接吻鱼有吞吃鱼卵的习惯，所以繁殖缸里应该多种植一些浮性水草。

十五、射水鱼科

射水鱼又名枪手鱼、高射炮鱼。原产于印度、泰国、缅甸、印度尼西亚和菲律宾。这种鱼体呈长椭圆形，侧扁，尾鳍扇形，后缘平直，体长最大可达30cm，但常见的多为10cm左右，鱼体通常呈淡黄色，但体色有时发生变化，体侧有6条横向黑色粗条纹，最前面的1条通过眼睛，最后面1条通过尾柄基部。背鳍和臀鳍均靠身体后部，都有黑色边缘，并与尾柄基部的黑色条纹相连，尾鳍为浅黄色（图5-51）。这是一种奇特的热带鱼，它有着其它鱼所不具备的特殊功能——射水。当它在水面游动，发现距水面不远处的树枝草叶上的昆虫，就会将头露出水面，从嘴里射出一股细水柱，将虫打落水面，在1m以内的距离，可谓百发百中。昆虫落水后，它会将头伸出水面捕食。但它们不完全依靠射下的食物生活，它们食物中的很大一部分是用普通摄食方式获得的浮游生物，且以动物性饵料为主。

图5-51 射水鱼

射水鱼是生活在河口地区的鱼，所以是淡咸混合水类鱼，饲养时应在水族箱里放一些盐，适宜弱碱性（pH7～8）水质，水温25～30℃。

第三节 热带鱼的饲养及繁育技术

一、热带观赏鱼的饲养管理

热带鱼的饲养管理是一项综合性工作。它包括用水、投饵、保温等，它要求掌握热带鱼不同品种的生活习性，有针对性地完善热带鱼的生活环境。

1. 饲养设备

热带鱼对水质和水温的要求相对比金鱼要高，所以饲养设备除水族箱外，还必须有加热设备，其它根据具体情况，可选用水质循环过滤设备、增氧设备、照明设备、抽水设备等。

热带鱼的加热设备有各种不同功率的加热棒，如100W、200W、500W、1000W的玻璃质或不锈钢质的可自动调温的电热管。

热带鱼的增氧设备有单孔气泵、双孔气泵、四孔气泵和涡轮式充氧机等。对于单个水族箱，可选用单孔气泵。对于多个水族箱，可选用双孔或四孔气泵。单孔、双孔或四孔气泵都是用塑料材料制作，它们采用橡皮塞的运动来完成水中充氧工作。橡皮塞长时间使用后，会出现破裂或老化，这时要及时更换。规模较大的饲养热带鱼可选用涡轮式充氧机，它是金属材料制作的，故障率很低，使用寿命长。此外辅助的充氧设备有气石、输氧管道等。

热带鱼的照明设备以日光灯为主，此外，还有卤素灯、水银灯等。单一水族箱的照明，有时也可采用水下彩光灯，它是一种玻璃质全封闭小型灯管，可直接放在水下吸附在玻璃缸壁上，其灯管可发出不同的色彩，如红色、蓝色、绿色、白色，造景效果较好。

热带鱼的抽水设备多采用小功率的全塑料材料的潜水泵，它小巧轻便，功率大小有200W、500W、1000W等，其扬程5～10m，使用时可将其吸附在缸壁上，可在数分钟内将水族箱中的水抽完，安全可靠。

2. 环境条件的控制

（1）水温控制

①温度范围　热带鱼的大部分品种适宜生活在20～32℃的范围内，只有极少数品种能耐受18℃以下的水温。一般热带鱼的最适水温是24～26℃，但热带鱼中不同品种对水温的要求也不一样，特别是繁殖期的种鱼，常需要27～30℃的高水温。

②保温方法　热带鱼的保温方法有两种：一是采用直接增加水温的方法；二是采用增加室温来间接增加水温的方法。

家庭饲养热带鱼的水族箱，通常采用直接加温的方法，即将加热器直接放入水族箱中。可用来加温的电热管，常见的有普通的电热管和自动调节温度的电热管。一般容水量为100L的水族箱约需100W的电热管。家庭观赏鱼水族箱可选用温度可控的电热管，当水温达到设定温度时，电热管会自动停止工作。批量生产热带鱼的室内暖房多采用燃煤或暖气的方式，通过保持室温的恒定来间接保证水温稳定。在暖房中，由于暖气散热的不均匀，上层空间温度偏高，下层空间温度偏低，离散热片近的地方温度偏高。暖房内的水族箱一般按高、中、低三层排列，分别饲养不同水温需要的热带鱼。

热带鱼水族箱中水温要求稳定，但并不是说水温完全恒定，热带鱼通常能忍受水温日温差3～5℃的变动，因此饲养水温允许有轻微的变化或水温缓慢地上升或下降。但热带鱼却不耐短时间的水温剧变，所以水族箱中水温的上升或下降过程，应是缓慢的。

无论采用哪种方法保温，水族箱中都应装备充氧的循环水设备，使气泵散发的微小气泡将热量均匀地扩散开来，避免加温点的温度过高。

（2）换水

①兑水　兑水是指部分换水，这是热带鱼饲养中经常采用的方法。兑水前，先将水族箱内的加热器、充气泵、循环过滤泵等电器的电源关掉，然后用纱布擦净水族箱四壁玻璃或景物上附生的青苔，待静置15min后，水中悬浮物全部沉入缸底，用橡皮管轻轻地吸出底部污物。一般吸出的水量约占总水量的1/4～1/3。然后将备好的同温度的新水，沿着缸壁缓缓地注入。

②换水　换水是指全部更换饲水,它是改变水质的最简单有效的方法,但换水的工作量较大,尤其是水族箱中有景物时,工序复杂烦琐。换水前,将水族箱内所有电器的电源切断,将鱼和景物全部取出,然后将箱内水排净。把水族箱冲洗干净后,将景物重新摆放好,放入新水,经处理调节后再把鱼放入。

(3) 水硬度的调节　热带鱼对水的硬度要求各有不同,但多能忍受较大幅度的硬度变化,对硬度的变化不如温度敏感。一般对水质适应性强的品种可不调节硬度,但在繁殖期,水的硬度要调整到该种热带鱼繁殖的要求。对水的硬度调节前,需先测定其硬度,一般用硬度测试剂测试(在一个有刻度的试管中注入一定量的水,并滴入滴定液,直到试管内的颜色改变,由所滴定的滴数来算出硬度)。一般来说,原生活于亚马逊河流域的热带观赏鱼,偏爱弱酸性软水,在硬度低的水中生长良好。常用的调低水硬度的方法有以下三种。

①常用煮沸的水调低硬度。因沸水只能排除碳酸化合物,降低暂时硬度,不能排除硫酸化合物、氯化物等而降低永久硬度,所以沸水只能降低硬度的1/3～1/2。如水的原硬度为20DH,则煮沸的冷却水硬度可降为10DH。

②可利用树脂或活性炭吸附水中金属离子,而降低水的硬度,该法同时还有杀菌和除异味的作用。

③配比法调节硬度,即在原有水中添加一部分软水(如蒸馏水)降低原有水的硬度。

(4) 酸碱度的调节　酸碱度对热带鱼的正常生长影响很大,酸性过强,鱼呼吸困难,并导致环境中的许多化合物生物毒性增加,碱性过强则鱼鳃组织受到腐蚀,影响正常生长。调节水的酸碱度同样要先测定所要用水的pH值(即酸碱度,用pH计测试),如果与饲养品种要求的酸碱度差距很大时,偏酸性的水需加入碳酸氢钠溶液(1%的溶液)以提高pH值,对偏碱性的水需加入磷酸二氢钠溶液(1%的溶液)以降低pH值。操作时,要逐渐增加入调节液并充分搅拌,不时用pH测试计测试,直到水的酸碱度达到要求为止。调节pH要注意,pH值不能剧烈变化,忌碳酸氢钠加多了加磷酸二氢钠,磷酸二氢钠加多了加碳酸氢钠。

(5) 光线调节　热带鱼中大多数品种并不需要较强的光线,一般日常饲养中,光线调控的效果不明显,但在繁殖期间,有些品种需要暗淡的光线,有些则需要较强的光线。另外,观赏用水族箱有时也常采用特殊灯光照明,来获得较高的观赏效果。家庭观赏鱼水族箱一般不宜放在阳光直射的地方,因太阳光直射,易使水中藻类繁殖迅速,使玻璃缸壁或水草叶面长满青苔,降低观赏效果。水族箱中种植水草后,由于水草对光线的强弱有一定要求,光线调控就很有必要。有些水草需要较强的光线,如睡莲、金鱼藻、水浮莲、香蕉草等;有些水草需要暗淡的光线,如竹叶兰、水芹、皇冠草、兰花草等。

水族箱中一般通过安装人工光源调节光照强度,并改善水族箱的视觉效果。人工光源有白炽灯、日光灯、卤素灯及荧光灯等类型,具体选用种类及功率大小要依据不同水族箱的光线需要,可参照表2-4选定。人工光源应安装在鱼缸的上方,让光线由上往下照射,这样由正面观看时,水族箱内的一草一木、鱼的一举一动都十分清晰,观赏效果很好。家庭用水族箱也常采用水下彩灯来造景,增加视觉效果。水族箱中的灯光,一般每天打开数小时,即可满足热带鱼、水草对光线的要求。

3. 投饵

(1) 觅食习性　热带鱼多数以动物性饵料为主,小型品种也可驯化为以颗粒饲料为主,而以植物性饵料为主的鱼类很少。热带鱼的饲养水温一般是控制在24～28℃之间,在这个温度范围内,热带鱼的食欲旺盛,生长迅速,它不受外界气温变化影响,始终维持在一个相对稳定的状态中。热带鱼的饵料有水蚤、水蚯蚓、黄粉虫、小活鱼、颗粒饲料等。热带鱼品种繁多，大小悬殊，因此不同品种热带鱼的饵料选择也不同。对于体长在3～12cm的热带鱼，其饵料主要以水蚤为主，以丰年虾（即丰年虫）、水蚯蚓、红虫、黄粉虫为辅。对于体长在12cm以上的热带鱼，水蚤个体小，适口性差，应选择个体略大的饵料，主要有红虫、水蚯蚓、黄粉虫、小活鱼等。

（2）投饵次数及投饵量　热带鱼的投饵量应根据鱼体大小和数量多少来决定。家庭饲养热带鱼，一般每天只需投饵1～2次，其投饵量以5～10min内吃完为宜。大批量饲养热带鱼时，每天需要投饵2～3次。繁殖期间的亲鱼，一般每天投饵3～4次。每次投饵量以七八成饱为宜。热带鱼更换新饵料时，投饵量要由少逐渐增多。热带鱼在运输前，应停饵1～2天，提高运输成活率。

4. 放养密度及搭配

热带鱼放养密度应参考鱼体大小、水体情况及充气条件而定。在水温适宜、氧气充足的情况下，普通规格为60cm×40cm×35cm的水族箱，可放养小型鱼30～40尾，中型鱼15尾，大体型鱼4～6尾；规格为40cm×30cm×30cm的水族箱，则可放养小型鱼20尾，中型鱼5～10尾，大型鱼2～4尾。为了增加欣赏性，热带鱼常进行混养。混养的鱼类必须对水质需求相近，性情温顺。整日游窜不息的鱼，不能与喜静的鱼类混养，凶猛鱼类不能与性情温顺的鱼类混养。

二、热带观赏鱼的繁育技术

热带鱼的繁殖习性各具特点，难易不同。有的鱼种在自然条件下生活在急流中，改在箱中饲养其性腺不发育，很难繁殖。相对来讲，卵胎生种类繁殖容易一些，卵生鱼类繁殖较困难。

1. 繁殖器具的准备

准备繁殖器具主要指鱼巢和护卵（或护幼）设施。鱼巢主要应用在产黏性卵的鱼类，如猪仔鱼要在缸底准备一块瓦片，一般的神仙鱼要在中层放置一片万年青树叶或蓝、绿色塑料垫板等。

对于不同性情的鱼必须准备不同的人工护卵或护鱼设施。如卵胎生鱼，可以在繁殖缸种植水草给仔鱼躲藏，或把亲鱼放入特制网箱中产仔。五彩及七彩神仙鱼中有部分亲鱼会食卵，则可以把卵拿出放入孵化缸中孵化，或在鱼巢外用一玻璃或网将亲鱼与卵隔开。

2. 亲鱼选择及繁殖的基本条件

热带鱼品种多，成熟期各不相同。中小型鱼一般半年成熟，选6～8个月龄鱼作亲鱼。大型鱼一般1～1.5年成熟，选1.5～2年的鱼作亲鱼。中小型热带鱼平均寿命只有2～3年。大型鱼一般4～5年，一般雄鱼比雌鱼成熟晚1～1.5个月。

选择健康、生殖行为明显的鱼作亲鱼是繁殖的关键。还要选择适宜的水族箱及水草作产床。按不同品种配制繁殖用水，也是繁殖中的关键一环。调节适宜的繁殖水温，繁殖箱要放置在适宜光线及安静处。

3. 卵胎生鱼的繁殖

这类鱼繁殖较容易，成活率高，成熟后雌雄鱼混养一起自行交配，雄鱼通过交接器的输精管将精子输入雌鱼体腔内完成受精，卵在雌鱼体内发育成小鱼后产出体外，繁殖时只要单独将雌鱼捞出，仔鱼生出后即可游动、摄食，先以"洄水"投喂，逐渐增大饵料粒度，喂以红虫、桡足类、枝角类。这类鱼雌雄易鉴别。孔雀类、玛丽类、月光类、剑类、三色鱼、食蚊鱼等都属这类鱼。

4. 卵生鱼的繁殖

卵生鱼种类多，繁殖困难，繁殖习性各异。它们是体外受精，需要雌雄配对，选用适宜水族箱，配制繁殖用水和控制好水温，放好鱼喜欢的产床，才能顺利地进行繁殖，其成活率没有胎生鱼高，但产卵数量甚多。按产出卵的性质分为沉性卵、黏性卵、浮性卵三类。

（1）产沉性卵鱼类的繁殖

①红绿灯　6个月性成熟，寿命2～3年。雌雄易鉴别，雄鱼细长，臀鳍尖，颜色艳丽，红蓝条纹是直的；雌鱼肚子膨大，臀鳍圆滑，颜色较浅，红蓝条纹弯曲。用15～20cm全玻璃箱作繁殖箱，繁殖用水是蒸馏水与白开水（放置4～5d）配制成pH值5.5～6.8、硬度3～5DH的偏酸软水。用塑料丝或金丝草作产床。繁殖水温23～25℃，繁殖箱用报纸避光，每窝能产250～400枚卵。产完卵将亲鱼捞出，卵全部沉入箱底，不粘任何物体。24～34h孵出仔鱼。经过6～7天，仔鱼起游投喂"洄水"5～7天，再喂小红虫4～5天，然后投喂桡足类、枝角类等较大的饵料，25～30天后可与成年红绿灯颜色相差不多。

②金丝鱼　5～6个月性成熟，寿命3年。雄鱼背鳍、臀鳍长而宽，深金黄色。雌鱼肚子鼓起，背鳍、臀鳍窄而色浅黄。用40cm×20cm×20cm的繁殖箱，以放置4～5天的白开水作繁殖用水，水温21～23℃，塑料丝或金丝草作产床。每窝能产100～150枚卵，随即卵沉入箱底，2天后孵化出仔鱼，3天后起游。喂5～6天"洄水"，再喂小红虫3～4天，然后投喂蜘蛛虫等较大的饵料，25天左右长成幼鱼，倒入饲养箱内。

（2）产黏性卵鱼类的繁殖

①细叶草产卵鱼类　产出的卵粘在箱底细嫩的软草上。如虎皮鱼（四间鱼）的繁殖，虎皮鱼5～6个月性成熟，寿命2～3年。雄鱼头部、胸鳍呈鲜红色，体细长。雌鱼腹部隆起，头部胸鳍不呈鲜红色。雌雄1对放入40cm×20cm×20cm的箱中，用晾过4～5天的白开水作繁殖用水，水温24～26℃。用塑料丝或金丝草作产床。每窝能产400～500枚卵，所产出卵受精后都粘在箱底塑料丝或金丝草上。1天即能孵出小鱼，3～4天起游，喂"洄水"2～3天，喂小红虫3～4天就能吃蜘蛛虫了，20天左右倒入饲养箱中。

各种虎皮、裙类、扯旗类、盲鱼、咖啡鱼等品种亦可用此方法繁殖。

②石砾产卵鱼类　产出的卵粘在石块或瓷片上。如火口鱼（红胸花鲈）的繁殖，火口鱼6～7个月性成熟，寿命4～5年，雄鱼身体细长，背鳍、臀鳍略长于尾鳍，末端尖。发情时胸部特别红；雌鱼腹部鼓，背鳍、臀鳍末端略圆，略短于尾鳍，胸部色淡于雄鱼。成对饲养于40cm×20cm×20cm水族箱中，用4～5天的老水，繁殖水温25～26℃。雌雄鱼在无底花盆做的产床内钻来钻去，如不停舔食花盆内壁，即要产卵。每窝产卵500～600粒，都粘在花盆内壁上。将带卵的花盆取出，放入与上述水质、水温相同的水族箱中进行人工孵化。2～3天孵化出仔鱼，3～4天起游，喂"洄水"2～3天，喂小红虫3～4天能吃蜘蛛虫了，20天后倒入饲养箱中（用4～5天老水）。亲鱼第一次产卵后再过10多天又可产第二次卵。

红宝石、蓝宝石、桔子鱼、玉麒麟、红肚凤凰、马鞍翅等鱼类都用此方法繁殖。

③阔叶草产卵鱼类　产出的卵黏附在水族箱中层水域的宽叶草上面。如白神仙鱼的繁殖，白神仙鱼8个月至1年性成熟，寿命4～5年。雌雄鱼不易鉴别，雄鱼是奔头、胸部突出，平时较凶，繁殖时突出体外的输精管细；雌鱼的头部、胸部不突出，非常驯服，繁殖时突出体外的输卵管粗。神仙鱼有自由选配的习性，一旦雌雄情投意合，两鱼共选产卵的阔叶草（皇冠草、神仙草或用塑料板代替）舔食干净，这时不允许其它鱼进入其领地。一般用50cm×25cm×20cm水族箱作繁殖箱，成对搭配好。用5～7天老水，水温控制在25～26℃，

光线适宜，放置在安静的地方，雌鱼会在阔叶草上产卵，雄鱼马上排精。每次能产卵500～800粒。2.5～3天孵出小鱼，7天起游，喂"洄水"2～3天，喂小红虫3天左右，后可喂蜘蛛虫。25天左右可倒入饲养箱（用5～6天的老水）。亲鱼第一次产卵后再过7～10天亲鱼又可产第2次卵。

神仙鱼可人工孵化，也可以自然孵化，现在大都采用人工孵化，即将带卵草或板移到水温保持25～26℃的5～7天的老水中进行人工孵化。黑神仙、金头神仙、黑白神仙、斑马神仙、云石神仙都用此方法繁殖，但水温需升高1～2℃。五彩神仙、七彩神仙也用此方法繁殖，水温需保持27～29℃，用偏酸的软水。神仙鱼仔鱼起游后不能喂"洄水"，而要先吃亲鱼体表的分泌物（没有代用品）4～5天，才能吃小红虫，过了这一关，就能大批繁殖。

（3）产浮性卵鱼类的繁殖　这类鱼产出的卵要在浮于水面的泡巢内进行孵化。如珍珠马甲鱼的繁殖，珍珠马甲鱼5～6个月性成熟，寿命3年左右。雄鱼背鳍、臀鳍长而尖，下颌、腹部鲜红色；雌鱼背鳍、臀鳍短而圆，下颌、胸部红色逊色于雄鱼。发情时雄鱼颜色特别艳丽，并围绕雌鱼转圈。用50cm×25cm×20cm的水族箱，4～5天的老水作繁殖用水，在水温25～26℃时雄鱼开始吐泡营巢。水面放些浮萍或水草叶，雄鱼用无数泡将水草粘在一起成为产卵的巢，雄鱼将雌鱼抱住，雌鱼肛门朝上，产出鱼卵，雄鱼马上排放精子，受精卵慢慢沉入箱底。雄鱼松开雌鱼，把卵一一拾起送到泡巢。经过这样多次产卵完毕后，雄鱼开始追打雌鱼，此时将雌鱼捞出，每次产卵600～700粒。雄鱼看守着受精卵进行孵化，经过2～3天孵出仔鱼，仔鱼刚孵化漂浮于水面，不久泡泡自行破灭，仔鱼沉入箱底。将雄鱼捞出，5～6天后仔鱼游起来，喂"洄水"2～3天，喂小红虫4～5天后能吃红蜘蛛虫，20～25天倒入饲养箱（4～5天的老水）。

各种斗鱼、小桃核、吻嘴鱼、金蔓龙、蓝蔓龙、白兔等都用此方法繁殖，只是所需水温稍有差异。

（4）口含孵化鱼类的繁殖　该类鱼产出的卵要在口中孵化成小鱼，在热带鱼中这种鱼类较少，如蓝口孵鱼（埃及口孵）的繁殖。蓝口孵鱼6～7个月性成熟，寿命3～4年。雄鱼身体细长，条纹色深，背鳍、臀鳍末端长而尖。雌鱼腹部膨大，背鳍臀鳍短而圆，身躯条纹色浅。繁殖这种鱼要有耐心，细心选对，而后放入50cm×25cm×20cm的水族箱中长期饲养。箱内铺上砂，种植水草，置入山石，水温保持25～26℃。雄鱼在砂中掘窝，引诱雌鱼产卵，雄鱼同时排精，每次可产卵100粒左右，完成受精后雌鱼开始不许雄鱼接近鱼卵。雌鱼将受精卵含于口中孵化，不食不眠，这时将雄鱼捞出。大约10天，小鱼从雌鱼口中游出，在箱内可喂些小红虫，大、小鱼都吃。大鱼受惊又会把小鱼吸入口中，14～15天后小鱼能自由游动吃虫。雌鱼完成孵化后消瘦、疲惫不堪，需捞出单独饲养并恢复健康。这种鱼仔鱼的成活率较高。

非洲鲫鱼、非洲凤凰、红龙、金龙都是口孵鱼。

思考题

1. 热带鱼对水质的要求与金鱼有哪些不同？
2. 热带鱼的饲养技术要点有哪些？
3. 热带鱼不同繁殖类型的特点是什么？

实训五　孔雀鱼的人工繁育

一、实训目的

通过对孔雀鱼亲鱼的选择、繁殖器械准备、水处理等过程的操作，熟悉一般热带鱼的繁殖技术。

二、实训材料

性成熟的雌雄孔雀鱼、水族箱、水草、鱼虫、抄网、加热棒等。

三、实训内容与步骤

1. 亲鱼选择

选择繁殖亲鱼要注意体质是否健壮，各鳍（尤其是尾鳍）是否长大而舒展，体色是否鲜明，花纹特征是否明显，色彩是否纯正等。有了优良品种就可开始做准备工作。通常孔雀鱼长到4个月就可让其交配。

2. 繁殖器具及水的准备

选择一个较大的水族箱，注入理化特性适宜的水（pH值为6.8～7.4，硬度适当，水温24～27℃），盛水八成。箱底种水草或放置香蕉叶，然后按雌∶雄1∶（2～3）的比例投放亲鱼。

3. 加强饲喂

用鱼虫等营养丰富、适口性好的饲料喂养，日投4次。

4. 产卵

孔雀鱼为卵胎生，繁殖能力很强。一般4～5月龄便达性成熟，此时雄鱼臀鳍部分鳍条演化成尖形的输精器；雌鱼腹部明显膨大凸出，在臀鳍上前方的腹部近肛门处出现一块黑斑。这块黑色肿斑是临产的征兆，其颜色越黑表明越近临产时间。

发情期雄鱼尾部展开似"孔雀开屏"，用绚丽的色彩来吸引雌鱼，并追逐雌鱼。交尾时，雄鱼用交接器前端的钩状物钩住雌鱼的生殖孔，交尾时间每次约1s，但次数较频繁。待其交尾后将雄鱼取出，雌鱼可连续生殖数次。

5. 仔鱼投喂

雌鱼产仔数视其个体大小和年龄而异，少则20尾，多则100余尾。小鱼产出后就会游泳和捕食。第1周投喂的饲料可用纤毛虫与丰年虫，第2周投喂丝蚯蚓与干饲料。第1周内的幼鱼饲养要特别仔细，因为这一阶段饲养好坏对幼鱼以后的发育影响极大。

6. 产后处理

产后雌鱼单独静养3～5天，以免过早被雄鱼追逐而受伤。幼鱼长到3～4周龄时可辨别出雌雄，并有交配能力。为了保证子代健壮，雌雄鱼必须分开饲养。孔雀鱼的寿命短，雌鱼2～3年便已衰老，雄鱼的寿命较雌鱼更短。

四、实训报告

1. 按生产过程撰写报告，要求记录详实准确。

2. 总结生产过程中的经验教训和心得体会，应熟练掌握生产环节的操作，要有扩展和创新性思考。

第六章

海水观赏鱼养殖

> **知识和技能目标**
>
> 1. 了解海水观赏鱼的分布区域和生态条件。
> 2. 熟悉海水观赏鱼的主要种类及其习性。
> 3. 掌握海水观赏鱼的人工饲养和繁殖技术并熟练生产操作。

第一节　海水观赏鱼的自然分布及发展现状

一、海水观赏鱼的自然分布及生态条件

海水观赏鱼主要分布于印度洋、太平洋等热带、亚热带海底的珊瑚礁水域，故又名珊瑚鱼。常见产区有菲律宾、印度尼西亚、中国台湾和南海、日本、澳大利亚大堡礁、夏威夷群岛、加勒比海、印度、红海、非洲东海岸等。海水观赏鱼分布极广，它们生活在广阔无垠的海洋中，许多海域人迹罕至，还有许多未被人类发现的品种。

海水观赏鱼生活在5～15m深的海水中，栖息地有许多五彩斑斓、色彩艳丽的活珊瑚、海葵等腔肠动物以及各种软体动物。这里水质清新，食物来源丰富，阳光充足，有非常多孔洞、缝隙等隐蔽场所。独特的珊瑚礁生活环境使海水观赏鱼进化出了色彩丰富的体表，怪异的体形。它们极富变化，善于藏匿和伪装，具有一种原始的古朴之美，观赏价值极高。海水观赏鱼是全世界最有发展潜力和前途的观赏鱼类，代表了未来观赏鱼的发展方向。

二、海水观赏鱼的来源及贸易情况

1. 海水观赏鱼的采捕技术

市场上销售的海水观赏鱼主要采捕于热带珊瑚礁海域。目前采捕方式主要有网捕和氰化物捕鱼两种，网捕是指使用小型捕鱼网采集海水观赏鱼类的方式，这种采捕方式不仅可以得到品质较高的鱼，而且不会对环境造成破坏。后者是将氰化物喷在珊瑚礁的表面，致使鱼类中毒出现行动迟缓从而进行捕捉。用氰化物采捕得到的海水观赏鱼品质较低，氰化物毒性很大，会破坏鱼类的氧气代谢系统（如细胞色素氧化酶）及肝、脾、心脏和大脑，即使捕获后

马上转移到新鲜海水中，也只有大约50%的成活率。再经过出口商、进口商、批发商和零售商这几个环节后，海水观赏鱼的总死亡率超过90%。利用氰化物采捕珊瑚礁鱼类在东南亚地区十分普遍，1998年大约有4000名采集者采用这种方式捕鱼，每年使用30万千克氰化物。利用氰化物采捕鱼类已经成为珊瑚礁资源遭破坏的主要原因，有报道指出，每天向珊瑚喷洒浓度为5200mg/L的氰化物10～30min，将导致其在7天内死亡，而较低浓度（520mg/L）的氰化物也可导致珊瑚虫体内的虫黄藻死亡，进而破坏珊瑚的光合作用，引起珊瑚慢性死亡。因为这种采捕方式对环境的破坏较大，且提供的海水观赏鱼品质较低，各海水观赏鱼出口国已经将其列为非法的捕鱼方式。为了保护珊瑚礁资源，国际海洋生物联盟（the International Marinelife Alliance）和其它几个非政府组织已经开始训练东南亚渔民使用网捕方式采捕海水观赏鱼。由于出口商很难区分鱼类是通过哪种方式捕捉的，所以收购价格没有区别，加上网捕技巧性强，捕获量小，因此，在东南亚仍然有很多渔民使用氰化物采捕海水观赏鱼。

2. 海水观赏鱼的贸易情况

目前，世界观赏鱼市场中的海水观赏鱼主要来自菲律宾、印度尼西亚、新加坡、斯里兰卡、加勒比海地区、肯尼亚、毛里求斯和红海沿岸国家，其中菲律宾和印度尼西亚是全球最大的海水观赏鱼出口国。菲律宾拥有26000km^{2}的珊瑚礁海区和丰富的海洋观赏动物资源，是世界上海洋生物多样性最为丰富的区域之一，印度尼西亚每年有50科约1000种海水观赏鱼出口到大约80多个国家。美国和欧盟进口的海水观赏鱼有85%来自印度尼西亚和菲律宾。美国是全球最大的海水观赏鱼进口国，约占全球海水观赏鱼进口额的80%，其次是欧盟和日本。

我国的海水观赏鱼主要分布于南海，海水观赏鱼的主要产地是海南岛。我国大陆地区的观赏鱼行业和消费市场刚刚形成，海水观赏鱼只占其中很小比例，市场份额不到5%，且大多依靠进口，主要是满足各地海洋馆的展览需要，能够进入个人消费的还是少数。海水观赏鱼贸易主要集中在我国台湾和香港地区，我国丰富的海水观赏动物资源有待合理开发。农业部于2000年做出《关于调整渔业生产结构》的部署中指出："与渔业发展相适应的第三产业要大力发展，在有条件的地方应积极鼓励、引导发展休闲渔业。"海水观赏鱼养殖作为休闲渔业的一个重要组成部分，随着我国经济的不断增长，人们消费能力的增强，将具有巨大的发展空间。

第二节 海水观赏鱼的主要种类

海水观赏鱼多数属于硬骨鱼纲鲈形总目，由30多科组成，较常见的品种有蝴蝶鱼科、棘蝶鱼科、粗皮鲷科、雀鲷科等科的鱼类，其著名品种有女王神仙、皇后神仙、皇帝神仙、月光蝶、月眉蝶、人字蝶、海马、红小丑、蓝魔鬼等。

一、蝴蝶鱼科

蝴蝶鱼科鱼类种类繁多，色彩艳丽，姿态高雅，是海水观赏鱼类中最主要的成员。蝴蝶鱼的种类超过200多种，广泛分布在全世界珊瑚礁海区或浅海水域，其中印度尼西亚附近海域是主要产区，种类超过60种。在我国南海海域，包括台湾岛、海南岛、东沙群岛、西沙群岛及南沙群岛，已发现有蝶鱼48种之多。蝶鱼雌雄并无明显的区别，唯有在繁殖时期，雌雄鱼在水中往上游并排出卵子和精子，才看出差别。受精卵会漂浮在水面数日。幼鱼沉箱底前以浮游生物为主食。蝴蝶鱼的体色变化小，在生长过程中最多失去一点一线而已，不像棘蝶鱼类幼鱼和成鱼的形态完全不同。蝶鱼中的许多种类在背鳍后端靠近尾柄处有一个黑色眼状斑，称为假眼，而它的真眼常有一条横纹穿过，遮盖了眼睛。

1. 丝蝴蝶鱼

俗称　人字蝶、扬帆蝴蝶鱼。

英文名　Threadfin butterflyfish。

学名　*Chaetodon auriga*。

分布　红海、印度洋、太平洋、中国台湾及南海等海域。

体长　可达20cm。

形态特点及习性　在背鳍至头部有斜带5条与体侧的数条斜带形成中国的"人"字而得名。成鱼背鳍眼状黑斑的上方有丝状延长，而且身体后半部的黄色部分较广（图6-1）。

图6-1　人字蝶

人字蝶在珊瑚礁、藻丝中大群游动出现，很受鱼迷喜爱。人字蝶性情温顺，需要提供足够的躲藏地点供其隐藏，在纯活石缸放置它是很合适的，虽然它会在活石上取食。人字蝶可吃各种动物性饵料及藻类，冰冻的、干的、人工饵料都可以喂，干海藻也是很好的食物，也可以追加一些芦笋、椰菜等植物性饵料。

2. 双丝蝴蝶鱼

俗称　法国蝶。

英文名　Bluelashed butterflyfish。

学名　*Chaetodon bennetti*。

分布　印度洋、太平洋、中国南海。

体长　可达20cm。

形态特点及习性　体鲜黄色，体侧上部有一个镶白边的圆形黑斑，有两条始于鳃盖上部的弧形白色线条，头部有一镶白边的黑纹贯穿眼睛（图6-2）。喜在珊瑚礁区生活，以藻类、珊瑚虫、浮游动物为食。贪吃，可作诱食鱼种。

图6-2　法国蝶

3. 鞭蝴蝶鱼

俗称　月光蝶、黑腰蝶。

英文名　Saddle butterflyfish。

学名　*Chaetodon ephippium*。

分布　印度洋、太平洋。

体长　可达30cm。

形态特点及习性　背部有块带白边的大黑斑，身体下半部色彩丰富，尾柄有黑色圆斑，但黑斑会随成长而消失（图6-3）。喜欢栖息在珊瑚生

图6-3　月光蝶

长繁茂的水域。吃鱼卵、海绵、珊瑚虫、藻类和底栖小动物。幼鱼时容易驯饵,成鱼较顽固。水族箱要有足够空间供其游泳并保持良好的水质。如果不是同时入缸,它将对同类进行攻击。可以养在珊瑚缸里,但它会吃大部分的硬珊瑚、一些软珊瑚及活石(指长有生物的海石)上的无脊椎动物。可以喂食各种动物性饵料。

4. 波斯蝴蝶鱼

俗称 波斯蝶、皇帝蝶(中国香港地区叫法)。
英文名 Burgess' butterflyfish。
学名 Chaetodon burgessi。
分布 西太平洋。
体长 可达14cm。

图6-4 波斯蝶

形态特点及习性 银白色的鱼体上有三块大黑斑,眼部及鳃盖后方各一块黑斑,第三块黑斑由背鳍第二棘斜对角到臀鳍,尾鳍成一个三角形黑斑,非常明显易辨别(图6-4)。难捕捉,价格高,生活在60m深处。胆子很小,需要多提供一些藏身地点。理想的水族箱应该是带大量活石,既可以帮助其躲避灯光,又可以提供一些食物。不太适合放入珊瑚缸,它们会吃珊瑚,也控制一些有害的海葵。饲养不困难,冻的或干的海藻都可以摄食,需补充一些海虾或糠虾。

5. 镜斑蝴蝶鱼

俗称 黄镜斑蝶、黄一点、泪珠蝶、豆豉蝶(中国香港地区叫法)。
英文名 Mirror butterflyfish。
学名 Chaetodon speculum。
分布 西太平洋及澳大利亚附近海域。
体长 可达18cm。

图6-5 黄镜斑蝶

形态特点及习性 体金黄色,在背鳍软条下方有个大圆黑斑。除了有一眼带从背鳍前方到腹部外,其余部位没有斑(图6-5)。喜栖息在海水清澈的珊瑚礁区。生性胆怯,常独居,可喂饲动物性饵料,在水族箱中饲养,先用丰年虾诱食之后再改用其它的鱼饵。

6. 火箭鱼

俗称 黄火箭、火箭蝶。
英文名 Longnose butterflyfish。
学名 Forcipiger flavissimus。
分布 印度洋、太平洋、中国台湾、中国南海。
体长 可达22cm。

图6-6 黄火箭

形态特点及习性 体色鲜黄,头部和吻部呈深褐色(图6-6)。喜欢在珊瑚礁洞穴活动。有一个像镊子一样长长的嘴,擅长以其尖吻取岩缝中的底栖小动物。在野外可以长得很大,但在家庭水族箱中只能长到半大。一旦适应了新环境，黄火箭将在纯养鱼的水族箱中很容易饲养，如果配对成功，那将是终身伴侣。与之混养的鱼是温和的，它将生活得更好。抢吃饵料，容易亲近人，可以饲喂各种肉食、虾肉、贝肉及冷冻食物。

7. 网纹蝴蝶鱼

- 俗称　　黑珍珠蝶、网纹蝶。
- 英文名　Mailed butterflyfish。
- 学名　　Chaetodon reticulatus。
- 分布　　印度洋、太平洋。
- 体长　　可达18cm。
- 形态特点及习性　　黑色的鱼体上布满白色小点，从胸鳍沿着鳃盖至背鳍尾端都呈白色，尾鳍边缘有一镶黑边的黄带是其身体上的特征（图6-7）。喜栖息于水流湍急的珊瑚礁海域。以海绵和珊瑚虫等为主食。在水族箱饲养时驯饵较困难，可喂动物性饲料。

图6-7　黑珍珠蝶

8. 斑带蝴蝶鱼

- 俗称　　虎纹蝶、虎皮蝶、繁纹蝶。
- 英文名　Spotband butterflyfish。
- 学名　　Chaetodon punctatofasciatus。
- 分布　　中太平洋至西太平洋。
- 体长　　可达12cm。
- 形态特点及习性　　鱼体圆侧扁，头上方背鳍有一块黑斑，体黄色，眼部有一条金黄色的横带，体侧的暗色横带中途消失，在横带间和腹部有暗色斑点，当它成鱼时，背部会变得更黄，尾柄深黄色到金黄色（图6-8）。喜栖息在珊瑚茂盛的干净水域。水族箱饲养时要有许多藏身地点和温和的混养鱼，不要放入珊瑚缸，因为它能吃掉大部分珊瑚虫。可喂以甲壳类饵料及藻类，适合作为诱食的鱼种。

图6-8　虎纹蝶

9. 黄色蝴蝶鱼

- 俗称　　黄金蝶、金蝶、红海黄金蝶。
- 英文名　Bluecheek butterflyfish。
- 学名　　Chaetodon semilarvatus。
- 分布　　红海珊瑚礁区。
- 体长　　可达23cm。
- 形态特点及习性　　黄金蝶鱼全身鲜黄色，带细的褐色条纹，只有眼部有一块明显的淡色蓝斑，色彩鲜艳漂亮（图6-9）。在水族箱中与温和的鱼混养。红海黄金蝶在大水族箱中成对或小群饲养很适合。在刚入缸阶段应该喂活食及新鲜的贝肉，在每次开始喂食前应先喂一些藻类。

图6-9　黄金蝶

10. 铁嘴鱼

- **俗称** 三间火箭蝶、毕毕、三间毕毕。
- **英文名** Copperband butterflyfish。
- **学名** *Chelmon rostratus*。
- **分布** 菲律宾、新加坡、中国南海。
- **体长** 可达20cm。
- **形态特点及习性** 体色为黄白相间，体侧具有3条黄带纹，背鳍后方基底处有一个带圆晕的黑色假眼（图6-10）。有一个细长的嘴用以捕食岩石缝及洞里的食物。可以放入带珊瑚的大缸，与温和的鱼混养。可以单独饲养，不要和同种的或类似的蝶鱼放在一起，也不要和凶猛的鱼放在一起。当放入珊瑚缸时要小心，它会以无脊椎动物为食，尤其是海葵。幼鱼很快能摄食，成鱼摄饵需经一段适应时期。可喂甲壳类饵料生物，尽量少量多次投饵。饵料有冰冻鱼肉、虾肉、蟹肉、水蚯蚓、海水鱼颗粒饲料等，喜欢啄食软珊瑚。

图6-10 三间火箭蝶

11. 四刺蝴蝶鱼

- **俗称** 蓝斑蝶、蓝腰蝶、蓝印蝶、云蝶。
- **英文名** Blueblotched butterflyfish。
- **学名** *Chaetodon plebeius*。
- **分布** 印度洋、热带太平洋。
- **体长** 可达15cm。
- **形态特点及习性** 鱼体金黄，有一条带白边的黑带纵贯眼球，尾柄基部有黑斑，在侧线处有一块蓝色斑，死后会变黑或消失，称黑腰或蓝腰（图6-11）。主食珊瑚虫，不容易吃一般的鱼饵，要以活丰年虾诱食，有时可见其用小嘴在缸中为其它鱼去除身上的寄生虫。

图6-11 蓝斑蝶

12. 黑背蝴蝶鱼

- **俗称** 曙光蝶、斜纹蝶、黑背蝶。
- **英文名** Blackback butterflyfish。
- **学名** *Chaetodon melannotus*。
- **分布** 太平洋、中国台湾。
- **体长** 可达18cm。
- **形态特点及习性** 鱼体色为银白色有黑斜纹，背鳍下方呈灰黑色，越靠近背鳍颜色越黑，好似曙光微露，头部黄色，一道黑色条纹穿过眼睛（图6-12）。幼鱼多在沿岸浅水或港内静水地带活动。在海里生活时主食藻类、珊瑚虫等。人工饲养时，可喂以无脊椎动物饵料，但最好饲喂富含营养的虾及带有着色功能的饵料来保持其鲜艳的色彩。饲养在水族箱中的成鱼常有拒食情形。

图6-12 曙光蝶

13. 领蝴蝶鱼

俗称 红尾珠蝶。

英文名 Redtail butterflyfish。

学名 Chaetodon collare。

分布 印度洋东部。

体长 可达18cm。

形态特点及习性 鱼体深褐色，缀满淡色斑点，尾鳍基部为红色，幼鱼时期此鱼红色未显示出来时近似黑蝶（图6-13）。放在珊瑚缸里要加倍小心，它会吃掉大部分附在活石上的无脊椎动物。最合适的方法是一对同时入缸，或单独饲养。易饲养，容易跟饲养者亲近，贪食，可喂动物性、植物性饲料。

图6-13 领蝴蝶鱼

14. 四斑蝴蝶鱼

俗称 四眼蝶。

英文名 Foureye butterflyfish。

学名 Chaetodon capistratus。

分布 加勒比海。

体长 可达7.5cm。

形态特点及习性 银白的体色上有"<"形黑线纹和一个似眼睛的黑斑（图6-14）。健康易养，很容易亲近人，适合初养海水鱼者作试养鱼用。

图6-14 四斑蝴蝶鱼

15. 稀带蝴蝶鱼

俗称 红海红尾蝶、红尾箭(中国香港地区叫法)。

英文名 Eritrean butterflyfish。

学名 Chaetodon paucifasciatus。

分布 红海。

体长 可达14cm。

形态特点及习性 红海的特有鱼种，体上有黑色"<"型斜纹，体后部鲜红色，尾鳍后边也为红色（图6-15）。水族箱饲养要提供足够的活石供其躲藏和啃食。对类似大小和形状的鱼有攻击行为，对其它大部分蝶鱼也是。适合与温和的鱼混养。可喂干海藻、螺旋藻、富含营养的海虾及切碎的海鲜。

图6-15 红海红尾蝶

16. 马夫鱼

俗称 黑白关刀、长鳍关刀。

英文名 White butterflyfish。

学名 Heniochus acuminatus。

第六章 海水观赏鱼养殖 123

分布 斐济、夏威夷、印度洋。

体长 可达25cm。

形态特点及习性 鱼体白色，带两条宽宽的黑色条纹，眼睛上也有一个黑纹穿过。尾鳍及背鳍呈现亮黄（图6-16）。水族箱饲养时适合与温和的鱼及其它同种鱼混养，而且要同时入缸。黑白关刀游泳时，背上的长刺是此鱼的亮点，很漂亮。喂食动物性饵料及植物性饵料。

图6-16 黑白关刀

17. 华丽蝴蝶鱼

俗称 黄斜纹蝶。

英文名 Ornate butterflyfish。

学名 *Chaetodon ornatissimus*。

分布 印度洋及太平洋礁岩海域。

体长 可达20cm。

形态特点及习性 鱼体中央为灰白色，底边缘为黄色，体上有六条斜的黄褐至红褐色纵带（幼鱼颜色较深，成鱼颜色较浅），头部在眼部及吻后各有一条横切带，两眼间隔有黑斑相连，眼后方有两条褐色暗带。沿背鳍和臀鳍各有两条黑色带，其中一条在软条边缘（图6-17）。栖息在干净的珊瑚礁水域，有领域范围。吃多毛类、石灰藻、珊瑚虫等。因驯饵不容易，水族箱中较难供应适合其口味的饵料，可喂无脊椎动物冷冻食品。

图6-17 黄斜纹蝶

二、刺盖鱼科（棘蝶鱼科）

棘蝶鱼原属于蝴蝶鱼科中之亚科，最近由Warren Brugess将它提升为独立的一科。它和蝴蝶鱼科主要的区别是，棘蝶鱼的前鳃盖骨下方有一枚向前的尖锐硬棘。棘蝶鱼口小，齿细，通常以无脊椎动物包括海绵、珊瑚虫的水螅体、藻类等为食。虽然它们吻部不突出，但是却可以利用各种不同姿势来设法获取躲在礁缝中的食物。台湾人习称为神仙鱼，分布在温暖的珊瑚礁浅海域。它们不仅是海水观赏鱼类中的主要种类，同时也是潜水摄影的最佳对象。其绚丽的色彩是无法用笔墨加以形容的。无论是它们的色彩、斑纹、姿态、形状、游姿等，均有鱼中之王和鱼中之后的美誉。棘蝶鱼也像蝶鱼，体形呈圆盘形，但并不像蝶鱼样细小。它们属大型珊瑚鱼，在海里大部分神仙鱼能生长至60cm。棘蝶鱼在海中常成双成对出现，雌雄体色无明显差异，神仙鱼如何交配尚不清楚，目前只知其卵为漂浮性，在深海孵化后，经变态过程回到沿岸定居。

1. 主刺盖鱼

俗称 皇帝神仙、帝王鱼。

英文名 Emperor angelfish。

学名 *Pomacanthus imperator*。

分布 印度洋、太平洋、红海等水域。

体长　可达40cm。

形态特点及习性　幼鱼和成鱼体色差异很大。幼鱼在蓝黑色的底色上有白色弧纹形成环状，成鱼变成宝石蓝的底色上有15～25条黄色纵纹（图6-18）。在胸鳍基部上方有一大黑斑。成鱼会发出"咯咯"声吓退来者，会攻击同种或不同种的大型棘蝶鱼。体色华丽、高雅，故俗称皇帝神仙。喜栖息在潮流湍急的岬岩或崖岩壁洞，以海藻和附着生物为食。水族箱要提供活石躲藏及供其啃食。最好提供大的岩石及深的洞穴让其感到安全。偏爱动物性饲料，饲养时注意搭配植物性饵料。喂食螺旋藻、海藻、高质量的神仙鱼饵料、糠虾、冻虾及其它动物性饵料。营养均衡的皇帝神仙鱼，其蓝色会呈现漂亮的荧蓝光芒。

图6-18　皇帝神仙

2. 条纹刺盖鱼

俗称　半月神仙。

英文名　Yellowbar angelfish。

学名　Pomacanthus maculosus。

分布　西印度洋、红海珊瑚礁水域。

体长　可达50cm。

形态特点及习性　幼鱼体上有6条斑线，体长10cm后会在鱼体中央出现一块类似半月形的斑纹，身体会变成美丽的金属蓝（图6-19）。一缸最好养一条，不适宜珊瑚缸。喂食脊椎动物冷冻食品、藻类及神仙鱼专用饵料，饲养很容易，能很快摄食。

图6-19　半月神仙

3. 黄额刺盖鱼

俗称　蓝面神仙、蓝面（中国香港地区叫法）。

英文名　Yellowface angelfish。

学名　Pomacanthus xanthometapon。

分布　西部太平洋、印度洋海域。

体长　可达38cm。

形态特点及习性　吻和鳃盖上布满了细密的格状蓝纹，有一鲜黄色斑块横贯眼部，鱼体具有镶黄边的网格状蓝色斑。幼鱼背鳍有不明显的橙色斑点（图6-20）。水族箱要有许多藏身地点及活石，不适宜放入活珊瑚缸。一个缸只放一只，成鱼有领域意识。成鱼很快会吃饵，易养，但同种间有激烈争斗，要避免同种混养。喂食动物性、植物性冷冻食品及神仙鱼专用饵料。

图6-20　蓝面神仙

4. 额斑刺蝶鱼

俗称　女王神仙、太后神仙（中国香港地区叫法）。

英文名　Queen angelfish。

第六章　海水观赏鱼养殖

学名　*Holacanthus ciliaris*。

分布　加勒比海、西太平洋珊瑚礁海域。

体长　可达45cm。

形态特点及习性　成鱼的额上有冠状的斑纹，尾鳍、胸鳍均为黄色，容易辨别。色彩有黄有橙（图6-21）。幼鱼有黄色的胸鳍与尾鳍，而且身上也有5～6条粗细不等的蓝色条纹，非常美丽。可喂动物性、植物性饲料及人工专用饵。水族箱要带藏身地点及活石供其啃食藻类。会吃掉珊瑚虫及软体动物，不适宜放入珊瑚缸。具有侵略性，应该最后入缸。较难饲养，水质不好易死亡。

图6-21　女王神仙

5. 弓带全刺鱼

俗称　蒙面神仙、贼仔（中国香港地区叫法）。

英文名　Banded angelfish。

学名　*Holacanthus arcuatus*。

分布　夏威夷、大洋洲珊瑚礁水域。

体长　可达18cm。

形态特点及习性　眼部有一黑带延伸至背鳍尾端，臀鳍是黑褐色，尾鳍是黑色。看上去好像用黑带蒙着眼睛一样，俗称蒙面贼（图6-22）。生性胆怯，水族箱要布置一些供藏身的石头，具有领地性，一缸适宜放入一条。爱吃软硬珊瑚及贝类，不适合养在珊瑚缸里。此鱼身上的鳞片有突出的鳞棘，应避免用网捞，免得钩住网受伤，用手捉或用赶入袋的方法较安全。幼鱼很快就抢食，成鱼需费心驯饵才肯食饵。可喂动物性、植物性饲料及神仙鱼专用饵料。

图6-22　蒙面神仙

6. 蓝点刺盖鱼

俗称　马鞍神仙。

英文名　Bluegirdled angelfish。

学名　*Pomacanthus navarchus*。

分布　西部太平洋。

体长　可达28cm。

形态特点及习性　鱼体从背鳍至腹部有一块黄色带黑点的斑块，似马背上的马鞍。幼鱼颜色非常不同，蓝色带浅色条纹（图6-23）。有一些谨慎，生性温和，不会欺侮弱小种类的鱼，是神仙类中比较好养的一种。水族箱要有许多藏身地带及活石。会啃食软硬珊瑚及附着的贝类，不适宜放在珊瑚缸。喂食动物性、植物性饲料及神仙鱼人工专用饵料。

图6-23　马鞍神仙

7. 胄刺尻鱼

俗称　火焰神仙、喷火神仙。

英文名　Flame angel。

学名　*Centropyge loriculus*。

分布 太平洋西部礁岩地区。

体长 可达15cm。

形态特点及习性 体色鲜红艳丽，体侧具有五条纵纹，是唯一具有鲜红色彩的棘蝶鱼（图6-24）。水族箱要带藏身地点及活石供其啃食。会啃食珊瑚及软体动物，不适于放入珊瑚缸。与温和的鱼混养时应该最后放入。适合生态环境良好的水族箱，不要跟同类混养。喂食冻鲜虾、海藻、动物性饵料及质量好的神仙鱼饵料。

图6-24 火焰神仙

8. 二色刺尻鱼

俗称 石美人、双色神仙、黄鹏神仙。

英文名 Bicolor angelfish。

学名 *Centropyge bicolor*。

分布 广泛分布于印度洋、太平洋海域。

体长 可达15cm。

形态特点及习性 鱼体由鲜黄和深蓝两色整齐地划分为前后两半，额上有一深蓝色斑点，尾鳍为鲜黄色（图6-25）。色调美丽、高雅。同种鱼会争斗，对较大的鱼又畏惧，水族箱要足够的躲藏地点及活石供其取食。最好不要放入珊瑚缸中，会啃食软硬珊瑚及贝类。喂无脊椎动物饲料、藻类及人工饲料。

图6-25 石美人

9. 博伊尔刺尻鱼

俗称 红薄荷神仙、君子仙、薄荷仙。

英文名 Peppermint angelfish。

学名 *Centropyge boylei*。

分布 中太平洋东部拉罗汤加诸岛。

体长 可达7cm。

形态特点及习性 体呈亮丽的嫩红色，体侧具有五条白色纵带（图6-26）。多数生活在200m水深以下的水域，因而极难捕捉，每年全球最多也可能捕获数条，有时可能一条也没有，因而被视为最高价的海水鱼，在美国的售价几乎相当于一辆新款的家庭房车。薄荷神仙能接受大部含海绵成分的高品质海水神仙鱼饲料。

图6-26 红薄荷神仙

10. 雀点刺蝶鱼

俗称 国王神仙、一幢仙（中国香港地区叫法）、白脚。

英文名 King angelfish。

学名 *Holacanthus passer*。

分布 东部太平洋礁岩海域。

体长　可达35.6cm。

形态特点及习性　尾鳍为黄色，背鳍、臀鳍有蓝边，身上有蓝直纹，成鱼体色为深褐色，前半部有细密的蓝斑，中间有一条白色的纵纹为间隔。雄性胸鳍为白色,雌性胸鳍则为黄色（图6-27）。能容易适应水族箱，不挑食，很容易饲养。杂食性,领域性极强，是神仙鱼中较恶的鱼种，好斗，要和比较好斗的鱼混养。不适宜放入珊瑚缸。喂食海藻、动物性饵料及质量好的神仙鱼饵料。

图6-27　国王神仙

11. 乔卡刺尻鱼

俗称　可可仙、黄蓝二色神仙。

英文名　Yellowhead angelfish。

学名　Centropyge joculator。

分布　东印度洋：可可岛与圣诞岛。

体长　可达9cm。

形态特点及习性　鱼身体分黄、蓝两部分，前半部为黄色，后半部为蓝色，尾为黄色，与石美人鱼类似。此鱼眼睛部分有蓝纹围绕，眼上方无深蓝色斑，身体也显得略宽。当长至成鱼时，幼鱼

图6-28　可可仙

的鲜黄色部分变为金黄色，背鳍和臀鳍蓝黑色具鲜蓝色的边线，背鳍末端的眼斑消失（图6-28）。居于陡峭的外礁斜珊瑚坡上与碎石区域,独居或4~5条形成小群。可喂动、植物饵料及人工专用饲料。在水族箱中饲养不易。

12. 美丽月蝶鱼

俗称　多色燕尾神仙、土耳其神仙。

英文名　Ornate angelfish。

学名　Genicanthus bellus。

分布　东印度洋、菲律宾。

体长　可达18cm。

形态特点及习性　雄鱼和雌鱼能通过体色和花纹来区分。雌鱼体侧上半部具宽阔的黑色横纹，体侧中间和下半部分别具白色和蓝色横纹，尾鳍蓝色透明，上下缘具黑色边带；雄鱼体棕黄色至白色，体侧具两条黄色横带，一条在体中间，另一条

图6-29　多色燕尾神仙

在背鳍处，尾鳍黄色透明，上下缘具蓝色边带（图6-29）。主要栖息在菲律宾沿岸50m以下的深水海域。因其美丽的外形及健康好养的特性使其非常受鱼迷喜爱。在水族箱中不要与大型凶猛的鱼混养。可投喂动物性饵料及人工专用饲料。

13. 弓纹刺盖鱼

俗称　法国神仙、法仙（中国香港地区叫法）。

英文名　French angelfish。
学名　*Pomacanthus paru*。
分布　加勒比海、大西洋西部海域。
体长　可达41cm。

形态特点及习性　体型大,呈三角状,具金边的鳞片,灰黑色的鱼体上有金黄色的细点,眼睛周围为浅黄色(图6-30)。幼鱼时身体呈现萤光黄色直间纹,颜色条纹和成鱼完全不同。幼鱼和灰神仙的幼鱼非常相似,很容易混淆,但这种鱼尾鳍上的黄斑成圆环状,而灰神仙的黄斑纹是直线形。有领域意识,水族箱要带许多活石供其躲藏及啃食藻类。会吃掉珊瑚虫及软体动物,不适宜放入珊瑚缸。不挑食,可喂食动物性及植物性、冷冻饵料,很易饲养。

图6-30　法国神仙

14. 黄刺尻鱼

俗称　黄金神仙、蓝眼黄新娘神仙。
英文名　Lemonpeel angelfish。
学名　*Centropyge heraldi*。
分布　印度洋珊瑚礁海域。
体长　可达14cm。

形态特点及习性　鱼体上半部金黄色,下半部蓝色,身上有条纹,与蓝嘴新娘很容易搞混,幼鱼特征中央有黑蓝圆点(图6-31)。此鱼很胆小,此类的鱼很容易出现杂交情况,故市面上有着很多橙批、杂批出售,当中有些特别纹的价钱会较贵。水族箱要带藏身地点且有活石,会啃食珊瑚及软体动物。最好不要与其它小神仙混养。摄食容易,喂食藻类、冻虾、动物性饵料及神仙鱼专用饵料。但此鱼比其它神仙鱼需要更多的海藻及藻类。

图6-31　黄金神仙

15. 金点阿波鱼

俗称　金点蓝嘴神仙、金点仙、火花。
英文名　Goldflake Angelfish。
学名　*Apolemichthys xanthopunctatus*。
分布　太平洋、吉柏特岛到列岛群岛。
体长　可达30cm。

形态特点及习性　黄褐色的鱼体上布满金黄色的斑点,吻呈蓝色,尾鳍、背鳍和臀鳍皆为黑色(图6-32)。幼鱼时和蓝嘴幼鱼很相似,但那黑斑点较大,尾部有黑色花纹。水族箱要带足够隐藏地点,不袭击可移动的无脊椎动物,可以饲养在珊瑚缸。能与所有的鱼和平共处,喂食无脊椎动物冷冻食品及神仙鱼专用饵料。因数量少,市面上较难看到,是珊瑚鱼友喜爱的神仙鱼之一。

图6-32　金点蓝嘴神仙

16. 多带刺尻鱼

俗称　八线神仙、十一间仙(中国香港地区叫法)。
英文名　Multibarred Angelfish。

第六章　海水观赏鱼养殖 129

学名　*Centropyge multifasciatus*。

分布　印度洋、太平洋。

体长　可达13cm。

形态特点及习性　有黑白线和黑白相间的斑马条纹，从吻部延下腹部到腹鳍，其黑色部分变为黄色，所以下腹部就变成黄白相间的颜色（图6-33）。生性非常胆小，通常只在躲藏洞穴附近数厘米的范围内活动。水族箱要带藏身地点且有活石。最好一个鱼缸只放一条。会啃食珊瑚及软体动物。主要以海藻、珊瑚虫以及海鞘等被囊动物为食。挑食，有领土意识，因而此鱼饲养有一定难度。它是较难开口进食人工饲料的一种鱼。

图6-33　八线神仙

17. 双棘刺尻鱼

俗称　蓝闪电神仙、珊瑚美人（中国香港地区叫法）。

英文名　Twospined angelfish。

学名　*Centropyge bispinosus*。

分布　印度洋、西太平洋。

体长　可达10cm。

形态特点及习性　头部及背鳍、臀鳍颜色为暗褐至蓝紫色，身上斑点规则排列成纵线。在海里呈蓝色，离开水体后身体两侧会现出褐红色（图6-34）。同种间有较激烈的争斗。所以，若把类似的鱼种混养时，应选择体型相等者较好，以藻类、珊瑚虫、浮游动物为食。水族箱需要带藏身地点并有活石供其啃食，不适于放入珊瑚缸，它会啃食珊瑚及软体动物，主要以海藻、珊瑚虫及附着生物等为食物。可喂海藻、螺旋藻、冻虾、糠虾、动物性饵料及神仙鱼专用饵料。

图6-34　蓝闪电神仙

三、雀鲷科

雀鲷科鱼类色泽亮丽，体态高雅，加上长得健壮活泼，使得它们成为人工饲养最早的观赏鱼种之一。雀鲷科鱼种类和数量很多，仅南海已发现14属80多种。此科鱼体型娇小，游动迅速，非常活泼可爱。不同属间形状有所差异。一般为体短而侧扁，卵圆或长椭圆形，头小有圆形轮廓，背鳍一枚，软条部基底长与臀鳍相对。雀鲷科鱼色彩明亮，适应力强，对氮化物忍耐力较高。雀鲷一般都有强烈的领域行为，所以水族箱内的栖所布置要足够它们栖息。不同种类的雀鲷对栖环境有所不同的要求，例如雀鲷鱼（Amphiprion）需要海葵、黄背雀鲷（Amblyglyphidodon）需要珊瑚头或海扇、太平洋真雀鲷（Stegastes）需要礁岩、有些三斑雀鲷（Pomacentrus）需要砂质底等。能够针对其所需分别满足它们的需要当然最好，但如果没有条件不能满足各自要求，大部分雀鲷也能够慢慢适应。雀鲷科鱼在人为环境下经过驯饵，可以吃很多杂食性的食物，如丰年虾、活饵、切碎的鱼肉。

该科中的小丑鱼目前发现的种类约有28种之多，是我们常见又熟悉的海洋鱼类，悠游在七彩缤纷又美丽的海葵与珊瑚礁之间。小丑鱼的身体上艳丽粉红的丑旦装扮，是它最吸引人的地方，小小的很可爱。小丑鱼是小型的珊瑚礁鱼类，通常体长不超过15cm，主要摄取浮游生物、小型甲壳类、藻类为食物。小丑鱼与海葵的共生关系最为人津津乐道，所以又称为海葵鱼，别小看那柔软无力的海葵，它可是小丑鱼最依赖的堡垒，海葵触手上的刺丝胞，像蓄势待发的弓箭一样，对于外来的入侵者随时给予痛击，同时也是海葵觅食的法宝。海葵为小丑鱼提供保护，小丑鱼也为海葵清理食物残渣、寄生虫，双方都获得相当的好处。

1. 棘颊雀鲷

俗称　透红小丑。

英文名　Spinecheek anemonefish。

学名　Premnas biaculeatus。

分布　西太平洋。

体长　可达17cm。

形态特点及习性　雄鱼个体较小，呈艳红色。雌鱼个体较大身上呈黄褐色。头部有白色宽的白色环纹，身体中部也有白色环纹，第三条在尾部（图6-35）。同种间有剧烈的争斗，也攻击其它小丑鱼。属大型小丑鱼。喂食动物性饵料和植物性饵料，冰冻的也可。水族箱如果发现两条小丑总是待在一起，那么它们很可能是一对，雌鱼是一对中较大的那只。它们会把卵产在海葵旁边平坦的表面，并驱赶其它鱼类以保护卵。

图6-35　透红小丑

2. 眼斑双锯鱼

俗称　公子小丑。

英文名　Clown anemonefish。

学名　Amphiprion ocellaris。

分布　印度、西太平洋。

体长　可达11cm。

形态特点及习性　体色为黄至桔红，身上有3条宽白带，眼后的白带呈半圆弧形。背鳍下方的白带呈三角形，幼鱼缺第三带（图6-36）。栖息于珊瑚礁海域与海葵共生。以藻类、小型甲壳类和浮游生物为食。不适宜和凶猛的肉食性鱼同时混养。公子小丑非常抢食，可喂食各种冰鲜的肉食及海藻。

图6-36　公子小丑

3. 背纹双锯鱼

俗称　银线小丑、银背小丑。

英文名　Skunk clownfish。

学名　Amphiprion akallopisos。

分布　印度洋珊瑚礁海域。

体长　可达11cm。

形态特点及习性　鱼体呈橙色或黄色，从吻端到尾鳍基部有一条狭窄的银带纵贯背部（图6-37）。有性转换现象，雄体先成熟，然后转化

图6-37　银线小丑

为雌体。和海葵共生，平时在海葵上方活动，有危险时躲入海葵，成鱼有领域行为。杂食性，可喂食各种冰鲜的肉食及海藻。

4. 克氏双锯鱼

- 俗称　双带小丑、红双带小丑、新娘。
- 英文名　Yellow tail clownfish。
- 学名　Amphiprion clarkii。
- 分布　印度洋-太平洋、中国台湾、中国南海。
- 体长　可达15cm。
- 形态特点及习性　此鱼体色为棕色，身上有3条白带，白带边缘有黑边，幼鱼体色较黄（图6-38）。有性转换现象，雄鱼尾鳍上、下缘有橙红色彩，雌鱼则呈白色透明状。和海葵共生，平时在海葵上方活动，有危险时躲入海葵，成鱼有领域行为。以藻类、浮游生物为食。水族箱中能和任何品种海葵相处，对其它小丑鱼不太友好，喜欢温和的混养伙伴。杂食性，可投喂大部分的动物性饵料及植物性饵料。

图6-38　双带小丑

5. 三带双锯鱼

- 俗称　黑白公子小丑、黑小丑(中国香港地区叫法)。
- 英文名　Black&white percula clownfish。
- 学名　amphiprion percula var.。
- 分布　大洋洲珊瑚区。
- 体长　可达15cm。
- 形态特点及习性　鱼体色为黑色，身上有3条宽白带（图6-39）。与其它公子小丑习性相似。栖息于珊瑚礁海域与海葵共生，以藻类、小型甲壳类和浮游生物为食。

图6-39　黑白公子小丑

6. 高欢雀鲷

- 俗称　美国红雀、加州红雀、加州宝石。
- 英文名　Garibaldi damselfish。
- 学名　Hypsypops rubicundus。
- 分布　东部太平洋美国加州沿海。
- 体长　可达30cm。
- 形态特点及习性　在雀鲷中属于体型较大的种类，体色呈鲜艳的红色（图6-40）。此鱼可啄食伤害活珊瑚、海星，已被美国加利福尼亚州下令保护。

图6-40　美国红雀

7. 闪光新箭雀鱼

- 俗称　花面雀、蓝线雀。
- 英文名　Bluestreak damselfish。
- 学名　Paraglyphidodon oxyodon。
- 分布　菲律宾、中国台湾、中国南海。

体长　可达15cm。

形态特点及习性　幼鱼蓝色线条明显，粗长，很诱人，成长过程中渐渐褪色。体墨黑色，背鳍前端到腹鳍有一条鲜黄色的垂直环带，头尖，眼睛上下各有一条天蓝色花纹，身体后背部有几条蓝色花纹，蓝环黑三色绕身（图6-41）。喜欢群栖，属小型雀鲷。食藻类、浮游生物。水族箱中会对其它鱼有攻击性，环境恶化时容易生病。饵料有海藻、海水鱼颗粒饲料、切碎烫熟的菜叶、鱼虫、丰年虾等，可和珊瑚、海葵等无脊椎动物混养，但它不敢游进海葵的触手中。

图6-41　蓝线雀

8. 三斑宅泥鱼

俗称　三点白。

英文名　Threespot dascyllus。

学名　Dascyllus trimaculatus。

分布　日本南部至西太平洋、中国台湾、中国南海。

体长　可达11cm。

形态特点及习性　幼鱼全身墨黑，全身共有3个白点。随着成长，白点逐渐消失（图6-42）。幼

图6-42　三点白

鱼常和小丑鱼一起与海葵共生，遇到危险即藏入海葵中避难。随着鱼龄的增长，会变得凶猛，因此，与个体较大的鱼混养较为合适。食虾、蟹、藻及浮游动物，有领域行为。水族箱饲养时能忍受恶劣的水质。喂食各种动物性饵料、植物性饵料及人工饵料。

9. 吻带菊雀鲷

俗称　蓝魔鬼、吻带豆娘鱼。

英文名　Sapphire devil。

学名　Chrysiptera cyaneus。

分布　西太平洋、中国台湾、中国南海。

体长　可达8.5cm。

形态特点及习性　全身鲜艳的蓝色，体型娇小，头部有细黑点缀成的一条黑线纹（图6-43）。栖息在较浅的水域，喜小群聚集或独居。但每当潮流涌来，浮游生物大量出现时，由各处汇集而来的

图6-43　蓝魔鬼

此鱼会成千结群活动于中层水域。饲养时群栖，但也有相互啄对方的现象。不攻击无脊椎动物及海葵，是混养水族箱的好配鱼。喂食动物性饵料及藻类、人工饵料都可以接受。

10. 副金翅雀鲷

俗称　黄尾雀、黄尾蓝魔鬼。

英文名　Goldtail demoiselle。

学名　Chrysiptera parasema。

第六章　海水观赏鱼养殖　**133**

　　分布　菲律宾。
　　体长　可达7cm。
　　形态特点及习性　鱼体为蓝色，尾鳍为黄色（图6-44）。与蓝雀鲷、变色雀鲷习性相同，爱吃浮游生物与藻类。黄尾蓝魔鬼是新手的首选鱼，攻击性不算强，也不需要很大的水族箱。有足够的躲藏空间和温和的混养伙伴时可以小群饲养。不会对无脊椎动物造成伤害，喂食海虾等食物。

图6-44　黄尾蓝魔鬼

11. 霓虹雀鲷

　　俗称　变色雀鲷、黄肚蓝魔鬼。
　　英文名　Neon damselfish。
　　学名　*Pomacentrus coelestis*。
　　分布　印度洋-太平洋。
　　体长　长达9cm。
　　形态特点及习性　身体由两部分颜色组成，前上半部分是荧光蓝色，后下半部分是亮黄色，黄色的尺寸被认为会不断变化（图6-45）。很适合新手饲养，需要足够的躲藏地点。很凶猛，需要注意缸中的混养鱼。可以饲喂动物性饵料、植物性饵料及人工饵料。

图6-45　黄肚蓝魔鬼

12. 克氏新箭齿雀鲷

　　俗称　红燕。
　　英文名　Cross' damsel。
　　学名　*Neoglyphidodon crossi*。
　　分布　中西太平洋。
　　体长　可达10cm。
　　形态特点及习性　稚鱼鲜桔红色，时常在水浅的礁石平台上游泳离底部一段距离。成鱼土褐色，与环境相协调而不易被发现（图6-46）。栖息于遮蔽的内湾岩石区或珊瑚礁与潟湖的水浅沟槽，喜独处，胆小害羞，时常游近表面。

图6-46　红燕

13. 金钝雀鲷

　　俗称　柠檬魔、黄鳍雀鲷。
　　英文名　Golden damselfish。
　　学名　*Amblyglyphidodon aureus*。
　　分布　印度洋-西太平洋、中国台湾的海区。
　　体长　可达13cm。
　　形态特点及习性　鱼体黄色，幼鱼体色较淡，成鱼黄色较浓，各鳍的颜色亦为黄色（图6-47）。本种鱼只出现在陡峭的礁壁处，尤其是海流强劲的海域。以浮游动物为食。水族箱要有藏身之处及良好的水质。不会伤害珊瑚礁及无脊椎动

图6-47　柠檬魔

物。喂食动物性饵料及藻类，人工饵料也可。

14. 宅泥鱼

俗称　三间雀。
英文名　Whitetail dascyllus。
学名　Dascyllus aruanus。
分布　琉球群岛至印度洋。
体长　可达10cm。

图6-48　三间雀

形态特点及习性　白色鱼体上有3条黑色横带，体形近圆形，有12～13条软背鳍条，尾鳍后缘凹入，尾部前面也有一条白色条纹（图6-48）。栖息于珊瑚礁区。水族箱必须有足够的躲藏地点。由于成鱼后性情凶猛，与性情凶猛一些的鱼混养较为适合。不会伤害无脊椎动物或缸里设施。喂食动物性饵料、植物性饵料及人工饵料。

四、刺尾鱼科

本科鱼类俗称"倒吊"，有一个共同的特征，就是在尾部前端的两侧各有一突起的尾棘，形状像外科手术刀那样，所以英文原意有"外科医生鱼"之称。这种"刀"锐利如剃刀，长达0.6cm，当和另一条鱼并游的时候，它能用尾鞭挞，使对方受到严重的创伤。在水族箱里，该科的鱼会对同一种类的鱼，或新添进水族箱中其它品种的鱼类（如蝶鱼、棘蝶鱼）进行攻击。体卵圆或长圆形，侧扁，一般体长150mm左右。皮肤颇坚韧，被以细小粗糙鳞片，与鲨鱼皮相似。尾柄两侧各有1个或多个尖棘或带有锐嵴的骨板或瘤突。口小，前位，不能或稍能向前突出。齿多少侧扁，且常有锯齿或波状缘，两颌各有一行，犁骨与腭骨无齿。前鳃盖骨后缘无锯齿。鳃盖膜与鳃峡相连。后颞骨固连于颅骨。腹鳍I-3～5，腋部无长形尖腋鳞。

分布于各热带海区。它们喜欢成群结队地在珊瑚礁附近游动，喜食礁壁上的藻类食物。该鱼雌雄两性在外观无明显差别，幼鱼和成鱼体色也没有太大差别，只是在生育期，雄鱼体色会变深，雌雄体型的大小也不一定，雌鱼有的体型也要超过雄鱼。其发育过程较长，从受精卵到幼鱼可能需要几个月时间，因此，在各种人工环境下，养殖和产卵虽非难事，但如何能培育出鱼苗才是真正的难题所在。

1. 黄尾副刺尾鱼

俗称　蓝倒吊、蓝吊剥皮鱼。
英文名　Palette surgeonfish。
学名　Paracanthurus hepatus。
分布　太平洋热带海域。
体长　可达31cm。

形态特点及习性　体色为鲜艳的碧蓝色，体侧有深黑色的钩状斑，尾鳍为三角形，色鲜黄，是具鲜蓝色彩的大型鱼（图6-49）。幼鱼生活在潮流湍急的浅海珊瑚礁区，吃藻类、浮游生物、小鱼虾等。水族箱饲养要带有一定数量的藏身地点及

图6-49　蓝倒吊

足够的游泳空间。蓝倒吊相对于其它倒吊类更易养,有时对同类有攻击行为。如果想多条放养,应该同时放入足够大的缸。容易患白点等皮肤寄生虫病。幼鱼驯饵容易,成鱼较困难。可喂食动物性饵料,但要提供足够的海草及海藻等植物性饵料,可在石头上绑上干海草来喂食,也吃人工的植物性饵料。

2. 黄高鳍刺尾鱼

- 俗称　黄三角倒吊、黄三角吊。
- 英文名　Yellow tang。
- 学名　Zebrasoma flavescens。
- 分布　中、西太平洋。
- 体长　长达20cm。
- 形态特点及习性　体色鲜黄,很耀眼,我国台湾产的此鱼,眼部呈红色(图6-50)。吃藻类、浮游生物等。此鱼大部分从夏威夷进口。水族箱要有足够游泳空间饲养。对同类鱼有攻击行为,最好一个缸只放养一条。如果想小群放养需同时入缸。可喂食动物性饵料,但要提供足够的海草及海藻等植物性饵料,可在石头上绑上干海草来喂食,也可喂食人工的植物性饵料。

图6-50　黄三角倒吊

3. 心斑刺尾鱼

- 俗称　鸡心倒吊。
- 英文名　Achilles tang。
- 学名　Acanthurus achilles。
- 分布　夏威夷海域。
- 体长　可达24cm。
- 形态特点及习性　黑色的鱼体,鳃部有一个亮白色条纹,尾柄处有红色鸡心般的斑纹,是其特色,尾鳍也有相同的条纹(图6-51)。同种间会激烈争斗,不易混养,幼鱼要在体长6~7cm时才会出现这种颜色,体长8cm后显示出其魅力。因此,成鱼色彩十分美丽,游动活泼,水族箱需较大的空间和水体。鸡心倒吊的尾棘具毒腺,能使人引起剧痛。可喂食动物性饵料,要提供足够的海草及海藻等植物性饵料,可在石头上绑上干海草来喂食,也吃人工的植物性饵料。

图6-51　鸡心倒吊

4. 带刺尾鱼

- 俗称　金线吊、蓝纹倒吊、小丑倒吊。
- 英文名　Lined surgeonfish Clown Tang。
- 学名　Acanthurus lineatus。
- 分布　印度洋、太平洋。
- 体长　可达38cm。
- 形态特点及习性　体色鲜明,上半身为黄色,上面有多条平行的蓝色条纹,腹部白色,背鳍、臀鳍黄色,上有淡蓝色横纹。尾鳍上下缘延长而呈弯月形,内凹处有白边(图6-52)。成群栖

图6-52　蓝纹倒吊

息在浅海波浪可达的珊瑚礁区，雄鱼带领一群雌鱼，在划分清楚的摄食领域内觅食，食藻类、小虫、小虾。容易饲养。水族箱需要足够的空间，需要干净清澈、氧气充足的水质。对其它吊类攻击，同时对体型与其相近或食物相同的鱼有攻击性。可喂食动物性饵料，要提供足够的海草及海藻等植物性饵料，可在石头上绑上干海草来喂食，也吃人工的植物性饵料。

5. 白胸刺尾鱼

- 俗称　粉蓝倒吊。
- 英文名　Powder blue surgeon fish。
- 学名　Acanthurus leucosternon。
- 分布　印度洋。
- 体长　可达54cm。
- 形态特点及习性　蓝色的鱼体配上鲜黄的背鳍和深蓝的头及吻，看起来非常美丽（图6-53）。

图6-53　粉蓝倒吊

水族箱要保证足够的游泳空间。对其它倒吊类鱼非常具有攻击性，特别是对体型和颜色接近的。最好一只鱼缸只放一尾粉蓝倒吊，除非水族箱足够大，并且同时入缸。索饵积极，可喂食动物性饵料，要提供足够的海草及海藻等植物性饵料，可在石头上绑上干海草来喂食，也吃人工的植物性饵料。多食植物性饲料，能保持体色艳丽。

6. 德氏高鳍刺尾鱼

- 俗称　珍珠大帆倒吊、印度大帆吊。
- 英文名　Desjardin's sailfin tang。
- 学名　Zebrasoma desjardinii。
- 分布　马尔代夫、红海、斯里兰卡。
- 体长　可达40cm。
- 形态特点及习性　暗色的身体带着非常明亮的条纹及斑点。有一条蓝色带白斑点的尾巴，亚成鱼比成鱼颜色鲜艳。背鳍很高像帆一样，当背鳍及臀鳍张开时，其身体尺寸能增大一倍（图6-54）。需要足够的游泳空间，要在600L以上水族箱饲养。

图6-54　珍珠大帆倒吊

对其它倒吊类有攻击行为，但对其它品种的鱼很友好，所以一个缸最好只放一只。虽然吊类鱼也和其它鱼一样喂食动物性饵料，但它喜吃丝藻，需要注意要提供足够的海草及海藻等植物性饵料，这能增强其身体免疫力，减少攻击行为及提高其全面健康。也可以在石头上绑上干海草来喂食，每天建议喂食3次。

7. 宝石高鳍刺尾鱼

- 俗称　珍珠倒吊、宝石倒吊(中国台湾省叫法)。
- 英文名　Spotted tang。
- 学名　Zebrasoma gemmatum。
- 分布　西印度洋。
- 体长　可达22cm。
- 形态特点及习性　黑色体色上，有规律的密布白色斑点，酷似珍珠而得名。身上的白直纹比大

图6-55　珍珠倒吊

帆倒吊细，靠近腹部有细点花纹（图6-55）。在海洋中以海藻、海草为食。在水族箱中抢食，喂人工饲料、植物性饲料均吃，易饲养。

8. 白面刺尾鱼

- **俗称** 五彩倒吊、金边吊、白额倒吊。
- **英文名** Whitecheeked surgeonfish。
- **学名** Acanthurus nigricans。
- **分布** 夏威夷。
- **体长** 可达21.3cm。
- **形态特点及习性** 鱼体紫蓝色，在吻端和眼睛间的面颊上各有一个亮白色的条纹。尾巴是蓝色带黄色条纹。在背鳍下面及臀鳍上面各有一黄色条纹（图6-56）。需要有足够游泳空间。对同类鱼有攻击行为，对其它品种的鱼则很友好。在海洋中以海藻、海草为食。在水族箱中喂人工饲料、植物性饲料均吃，但要提供足够的海草及海藻等植物性饵料。

图6-56 五彩倒吊

五、鲀形目

鲀形目鱼的主要特征是：鳞片变异成小刺、骨板或裸露。通常无肋骨。前额骨和上腭骨相连或愈合。齿圆锥状、门齿状或愈合成喙状齿板。

1. 鳞鲀科

体形为椭圆，侧扁，侧线不明显或缺少，体披菱形鳞片，似全身披挂盔甲，身体色彩艳丽，具有独特的美，有些品种很受饲养家的欢迎。鳞鲀（又称炮弹鱼）品种繁多，其特征是第一枚背鳍由三根棘刺构成，第一棘较长，强韧且可活动。鳞鲀喜吃珊瑚礁中的无脊椎动物，除虾、蟹等节肢类动物外，还包括九孔海胆等。鳞鲀很贪吃，生长较快，但多数种类性情凶猛，不要把它与蝴蝶鱼等娇弱的水生动物养在同一个水族箱中。在我国沿海，约有14种不同的鳞鲀鱼，多数可以在水族箱中饲养，当然，这是指体型不太大的鳞鲀。鳞鲀喜欢在海底砂床中的坑内产卵，这些坑宽约90cm，产卵后鱼在坑里照顾和检查那些卵，并攻击任何闯入者（包括潜水者在内）。由于鳞鲀身体强壮，美丽脱俗，并且有其独特的"性格"，容易驯养，还会耍一些"把戏"，所以颇受人们欢迎，但由于此科鱼多数吃得太多，往往使水族箱中的其它珊瑚鱼得不到食物。

（1）圆斑拟鳞鲀

- **俗称** 小丑炮弹。
- **英文名** Clown triggerfish。
- **学名** Balistoides conspicillum。
- **分布** 印度、太平洋、中国台湾海域。
- **体长** 可达50cm。
- **形态特点及习性** 幼鱼体色为深褐色，布满白色大斑点，吻为黄色，背鳍下方有黑斑。成鱼体色变为灰褐色，只有腹部有白色斑点，背鳍下方有黄网状纹（图6-57）。性情凶猛，水族箱中选择与那些凶猛的大型鱼混养比较合适。以底栖动物和藻类为食，可喂食各种动物性饵料，如鱿鱼、贝类、小鱼及带壳的虾。

图6-57 小丑炮弹

（2）叉斑锉鳞鲀

　　俗称　鸳鸯炮弹。

　　英文名　Humu picasso triggerfish。

　　学名　Rhinecanthus aculeatus。

　　分布　西太平洋、中国台湾海域。

　　体长　可达30cm。

　　形态特点及习性　头部圆锥形，灰白色似子弹头。眼睛位于头顶，眼睛有一条暗黑色环带。嘴部有黄带。鳃盖后身体中央有一块大的暗黑色圆斑，第一背鳍可自由伏卧，第二背鳍基部有二条暗黑色环带到达身体中央黑斑，臀鳍基部有7～8条黑白相间的环带到达身体中央黑斑。鱼体灰白色，尾柄有点状黑斑（图6-58）。饲养在水族箱里会口含碎珊瑚掘坑取乐，发出"咕咕"的声音。食物包括鱿鱼、虾、贝类、小鱼及硬壳虾，宜喂食带硬壳食物，帮助其磨掉不断成长的牙齿。

图6-58　鸳鸯炮弹

（3）金边凹鳞鲀

　　俗称　蓝面炮弹、蓝鳃炮弹、镀金炮弹。

　　英文名　Gilded triggerfish。

　　学名　Xanthichthys auromarginatus。

　　分布　西太平洋、中国台湾海域。

　　体长　可达30cm。

　　形态特点及习性　灰色的鱼体上布满排列整齐的白色斑点，从吻部至胸鳍前有一长方形蓝色盖斑，各鳍边呈金黄色（图6-59）。喜追逐随潮汐而来的浮游生物为食。水族箱要带石头及洞穴，它会把石头重新排列。它能发出的"咕咕"声。在水族箱里投给一般海水鱼的漂流饵，或削成薄片的虾肉，都能适应。

图6-59　蓝面炮弹

（4）红牙鳞鲀

　　俗称　蓝炮弹、红牙炮弹、尼日尔炮弹。

　　英文名　Redtoothed triggerfish。

　　学名　Odonus niger。

　　分布　印度洋-西太平洋。

　　体长　可达35cm。

　　形态特点及习性　全身蓝黑色，头部灰白色，密布浅蓝色圆点，上下颌齿红色，因头部似子弹头而得名（图6-60）。嘴部有蓝色花纹，眼睛位于头顶并有蓝色花纹。第一背鳍可自由伏卧，第二背鳍竖起，各鳍蓝黑色。体色会因栖息环境不同而有深浅变化。遇有危险，第一背鳍竖起，可将身体牢牢稳固在岩缝中。

图6-60　蓝炮弹

（5）棘皮鲀

　　俗称　龙髯炮弹、毛炮弹。

　　英文名　trigerfish。

　　学名　Chaetodermis penicilligerus。

　　分布　西太平洋。

体长　可达18cm。

形态特点及习性　各鳞的鳞棘基部愈合成片状，顶端具小刺（图6-61）。常混在枯枝、海藻中伪装海藻捕捉小虫虾，也会随海藻漂流到水面捕捉和啄食浮游生物及小鱼虾。

2. 箱鲀科

箱鲀科鱼体密披六角形骨质盾板，组成不能活动的坚硬外壳。此外壳由许多不同颜色的小件组成，看起来像镶嵌的一样。由横断面观察相对为三、四、五或六边形，每个角上长有棘刺。这些奇怪的鱼类产于热带海域，大鱼栖息深度较深，幼鱼较浅。虽然箱鲀游泳力弱，但是它前后左右游动自如，且能随海流漂送至远处。箱鲀捕食方法是它能由口喷吹底砂，暴露出饵料生物，再予捕食。箱鲀和六线黑鲈一样，在水族箱内不能和其它鱼共养，因为此鱼能分泌毒素毒死其它鱼类。特别是临死时口中会喷出一些带毒的液体，毒死全箱鱼。所以，一旦发现箱鲀染病时，便应立即把它移开，避免造成损失。

图6-61　龙髯炮弹

（1）粒突箱鲀

俗称　金木瓜、金木盒、木瓜。

英文名　Yellow boxfish。

学名　*Ostracion cubicus*。

分布　印度洋-西太平洋、中国台湾海域。

体长　可达45cm。

形态特点及习性　幼鱼时体形为圆球形，体色鲜黄上有黑点，随成长体形拉长而成为长矩形，体色也转为暗棕色，黑点变小。雄鱼体色略带蓝灰色，雌鱼则略带暗绿色（图6-62）。这种鱼皮肤会分泌毒液，与其它鱼混养在水族箱时要注意。如果水族箱中有鱼伴受伤时，应立即将它隔离，以防它吸吮伤口。其强劲的吸力能使病鱼身体开洞致死。以藻类、砂中无脊椎动物和小鱼为食。很易饲养，可以接受所有鱼饵。

图6-62　金木瓜

（2）角箱鲀

俗称　牛角、牛角鲀。

英文名　Longhorn cowfish。

学名　*Lactoria cornuta*。

分布　印度洋-西太平洋、中国台湾海域。

体长　可达46cm。

形态特点及习性　体色呈鲜绿带黄，头部前端长有两个长棘，酷似牛头上长的牛角一样而得名

图6-63　牛角鲀

（图6-63）。栖息在礁区附近的砂地，季节性大量出现。幼鱼常常隐藏在漂流的海藻中随波漂流。此鱼皮肤上有剧烈的毒性，如受惊吓或破损就会释放出能使同缸其它鱼死亡的毒素，包括其它牛角一样受到伤害。以底栖动物为食，能接受所有的肉饵。它们吃东西慢，不要和抢食的鱼混养。水族箱要带很多活石，最好先入缸，对其它牛角不友好。放入珊瑚

缸时要注意，它爱吃管虫。管理得当，其寿命很长。

3. 鲀科

（1）黑斑叉鼻鲀

俗称 狗头鲀、黑狗头、灰狗、黑斑鲀。

英文名 Black dogface pufferfish。

学名 Arothron nigropunctatus。

分布 印度洋、太平洋。

体长 可达33cm。

形态特点及习性 狗头鱼体色有很复杂的色彩变化，白色、灰色、黄色、至黑色均有，腹部有不规则小黑圆斑散布，具貌似小狗的头部（图6-64）。此鱼性情温和，攻击性小，适宜混养。鲀科大部分有毒，狗头无毒。主食珊瑚特别是鹿角珊瑚的尖端，偶尔也吃甲壳类和贝类。水族箱内与肉食性鱼类混养较合适，如果混养的其它鲀类不够凶猛，它会有攻击行为。很通人性并且外表奇特。刚入缸时胆子很小，用网捞会受到惊吓，用容器比较合适。喂食动物性饵料，包括鱿鱼、磷虾、蛤类及硬壳虾。

图6-64 狗头鲀

（2）横带扁背鲀

俗称 日本婆、黑马鞍鲀、四带河鲀。

英文名 Saddle valentini puffer。

学名 Canthigaster valentini。

分布 塔西提岛、斐济、汤加。

体长 可达10cm。

形态特点及习性 鱼体上布满黄绿色斑点。背上的4条黑纹带很像旧时日本妇女的发型，所以得名（图6-65）。吻部比狗头尖，身体较侧扁。杂食性，可喂以动物性饵料，包括：鱿鱼、磷虾、蛤类及硬壳虾等。

图6-65 日本婆

4. 刺鲀科

眼斑刺鲀

俗称 刺鲀、刺海猪、气瓜。

英文名 Long-spined procupunefish。

学名 Diodon holocathus。

分布 太平洋、印度洋海域。

体长 可达40cm。

形态特点及习性 背部浅灰色，有数个棕色斑块和一些深棕色斑点，腹部色浅。背鳍后移到尾柄与臀鳍上下对称，胸鳍黄色。眼睛位于头顶，两眼间有一条棕色带。全身长满了硬刺，刺鲀的名字由此而来（图6-66）。此鱼形状虽笨而实则非常灵活，身上鳞片演变成的硬刺，平时紧贴身体表面，一旦受到惊吓或敌害，就大量吸入海水或空气，身体迅速膨胀呈

图6-66 刺鲀

球形，体表硬刺根根竖起，状如刺猬，吓跑入侵者。险情解除后就吐出海水、气体，身体恢复原样。肉食性，以坚硬的珊瑚、贝类、虾、蟹等为食。

六、隆头鱼科

隆头鱼种类比雀鲷科鱼还多，全世界约有500多种。它们的体形变异很大，体色也极富变化，是一般水族箱中最常见的鱼种之一。许多种类色泽绚丽多彩，幼鱼的颜色与成鱼不同，之间的改变相当大。性别的转换在隆头鱼科是非常普遍的，这种必要的转换是基于单性鱼群的需求。假使鱼群中只有一个性别，此科鱼类通常会变性，一般是由雌变为雄。其食性随品种不同而有差异，但多数品种喜食软体动物及甲壳类。

隆头鱼科的鱼饲养容易，是受人喜爱的水族箱观赏鱼类，比较适合初学者饲养。这些鱼大部分都是用胸鳍游泳，用尾鳍掌握方向和加速，以逃离危险。在受惊吓或夜间睡觉时，会将自己埋在砂子中。这类鱼因为有咽齿，所以坚硬的甲壳类如蚌或软体动物都能咬碎来吃，故有些种类可用来做水族箱中的清道夫。因其不需任何特定食物，绝大部分都很容易在水族箱中饲养。

1. 鳃斑盔鱼

俗称 白龙、双印龙。

英文名 Clown coris。

学名 Coris aygula。

分布 印度洋-西太平洋、中国台湾海域、中国南海。

体长 可达120cm。

图6-67 白龙

形态特点及习性 成鱼和幼鱼的体色差别很大。幼鱼体色灰白，前半部有黑点分布，后半部靠背鳍处有两块半圆形橙色斑，随成长，后半部的斑会消失，变成灰黑色的体色，再成长则全身变成橄榄色，头部斑点则消失（图6-67）。夜晚在水族箱中会潜入砂中过夜，喜吃带硬壳的无脊椎动物。水族箱要有4～6cm的底砂供其隐藏。如同时或提前入缸，小群雌鱼可以与一只雄鱼混养。吃海胆、虾、蟹及其它小的无脊椎动物，是一个很好的捕猎能手，能翻石头寻找食物。可喂食海鲜、海水糠虾、活海虫及薄片食物。

2. 露珠盔鱼

俗称 红龙。

英文名 Yellowtail coris。

学名 Coris gaimard。

分布 印度洋、太平洋、中国台湾海域、中国南海。

体长 可达40cm。

图6-68 红龙

形态特点及习性 幼鱼体色为橙色，从吻端起到尾柄背部有白色镶黑边的斑点。成鱼尾鳍会渐渐变成黄色，体色也渐转变为蓝色，鳃上会出现绿色纹线（图6-68）。喜吃带硬壳的无脊椎动物，如海胆、贝、蟹等。会潜砂过夜。水族箱要有底砂供其把自己埋起来睡觉或当危险临近时躲藏。不能饲养在以碎珊瑚作底的水族箱中，在这种环境中成活率很低。幼鱼的时候，与其它鱼相处融洽，不会吃掉它们，但成鱼后，它们会具有破坏性。不建议与无脊椎动物混养。喂食动物性饵料，如营养丰富的虾类及海虾。

3. 红普提鱼

俗称　美国三色龙、紫狐。
英文名　Spanish hogfish。
学名　Bodianus rufus。
分布　加勒比海。
体长　可达40cm。
形态特点及习性　幼鱼背上呈蓝绿色，成鱼转变为紫红色，腹部及尾鳍为黄色（图6-69）。健康而易饲养。幼鱼时可饲养在250L的珊瑚缸中，可帮助其它鱼清洁身上的寄生虫。成鱼后，珊瑚会遭殃，需要用350L以上的裸鱼缸饲养。对弱小的鱼有攻击行为。成鱼会吃蜗牛、蠕虫、蚌类、小鱼虾及鱿鱼。

图6-69　美国三色龙

4. 美普提鱼

俗称　古巴三色龙、红狐。
英文名　Spotfin hogfish。
学名　Bodianus pulchellus。
分布　加勒比海。
体长　可达28.5cm。
形态特点及习性　体色鲜红美丽，尾鳍上黄下红，此种鱼数量少，价格昂贵（图6-70）。幼鱼期开始饲养，很快能索饵。水族箱需要足够的活动空间，如果缸足够大，此鱼非常适合新手饲养。很温和，对几乎所有的缸中生物来说都是安全的，除了甲壳类动物。混养的鱼需要比其大一些，因为它在需要进食时，会对小鱼有一些威胁。成鱼会吃蜗牛、蠕虫、蚌类、小鱼虾及鱿鱼。

图6-70　古巴三色龙

5. 裂唇鱼

俗称　鱼医生、漂漂、蓝倍良。
英文名　Bluestreak cleaner wrasse。
学名　Labroides dimidiatus。
分布　印度洋－西太平洋等各海域。
体长　可达14cm。
形态特点及习性　幼鱼为黑色而带有蓝带，长大后变为黄色而有黑带（图6-71）。每个珊瑚礁区都有几条此鱼负责该地区其它鱼的看病工作。夜间栖息岩间小洞，会吐黏液把身体裹住。水族箱中应该和一定数量能让其清洁的鱼混养。当刚入缸时，应该用活的海水虾诱其开口。喂食切碎的贝肉、海虾和活的黑蠕虫。此鱼比其它品种的隆头鱼易养，但要长久喂食及维持，需要丰富的养殖经验。

图6-71　鱼医生

6. 六带拟唇鱼

俗称　六线龙。
英文名　Sixline wrasse。

学名　　Pseudocheilinus hexataenia。

分布　　西太平洋。

体长　　可达10cm。

形态特点及习性　　桔色的身上有6条蓝纵线（图6-72）。平日在浅海区觅食。水族箱带大量藏身地点，提供活石供其搜索食物。对其它温和的隆头鱼或更胆小的鱼有攻击行为。当第一次入缸时，可以用活的海水虾诱其开口。食物包括切碎的动物性饵料，有时也可以喂食一些富含营养的冷冻食物。

图6-72　六线龙

7. 七带猪齿鱼

俗称　　藩王。

英文名　　Harlequin tusk。

学名　　Choerodon fasciatus。

分布　　澳大利亚、印度洋。

体长　　可达30cm。

形态特点及习性　　桔色带蓝边的纵纹覆盖全身（图6-73）。蓝色的牙用来撕咬无脊椎动物。这是一种很适合饲养在纯鱼带活石缸中的品种。它们小的时候很胆小，但成熟后，将会很有个性并且自信。适合250L以上带许多活石的水族箱饲养。与一般凶猛的、行动敏捷的鱼混养，如神仙、倒吊及小狮子等。每个缸最好只放一只。虽然不会骚扰珊瑚，但会吃掉任何小的甲壳类动物，如虾、蟹等。刚入缸时，用活的海水虾诱其开口。食物包括各种动物性饵料，如切碎的新鲜的或冷冻的海鲜、糠虾及海虾、磷虾。

图6-73　藩王

8. 蓝侧丝隆头鱼

俗称　　康氏鹦鹉。

英文名　　Conde's fairy wrasse。

学名　　Cirrhilabrus condei。

分布　　西太平洋岛群。

体长　　可达7.5cm。

形态特点及习性　　鱼上部分是红色，腹部为白色。雄鱼的背鳍为黑色，所有鳍都带蓝色的边（图6-74）。不像其它隆头鱼，雄鱼求偶时只张开2/3背鳍。颜色会随着鱼的心情不同而改变。性情温和，行动敏捷，无论裸缸还是珊瑚缸都非常适合，不会骚扰任何珊瑚及无脊椎动物。可以一只雄鱼与小群雌鱼一起饲养，但要雌鱼先入缸或同时入缸。会跳跃，缸要加密封盖。刚入缸时，用活海水虾诱其开口。食物包括人工饵料、冻虾及动物性饵料。

图6-74　康氏鹦鹉

9. 黄尾阿南鱼

俗称　　珍珠龙。

英文名　　Spotted wrasse。

学名　　Anampses meleagrides。

分布 印度洋-西太平洋、中国台湾海域、中国南海。

体长 可达22cm。

形态特点及习性 雌鱼体色为深褐色上有白色斑点，尾鳍为黄色，在背鳍及臀鳍尾端各有一眼斑。雄鱼则深褐色身上布满短蓝纹，尾鳍有一蓝色、半圆环带（图6-75）。喜单独活动，常见雌鱼，雄鱼较少。水族箱需要水质良好，有活石及活砂。以底栖生物为食，吃长在活石上的小的无脊椎动物（孔虫类和变形虫）。当刚入缸，用活的海水虾诱其开口。喂食活的饲料虾、蚌肉、黑蠕虫。在水族箱饲养时投饵不要太多，以免珍珠龙暴食胀肚死亡。

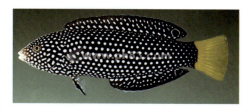

图6-75 珍珠龙

10. 颊带大咽齿鱼

俗称 蓝星珍珠龙、纳塔尔彩龙。

英文名 Blue star leopard wrasse。

学名 *Macropharyngodon bipartitus*。

分布 分布于西印度洋，南至南非的纳塔尔，红海除外。

体长 可达13cm。

形态特点及习性 颜色非常鲜艳。桔色、黄色及褐色的身体，带有亮蓝的斑点遍布全身（图6-76）。因为其吃食习惯，仅吃小的无脊椎动物（有孔虫类及端足类甲壳动物），很难饲养。当刚入缸时，用活的海水虾诱其开口。在250L以上的水族箱饲养，提供足够的活石、活砂及其它温和的混养伙伴。如果3条以上饲养，效果会更好。食物包括活的饲料虾及海虫。

图6-76 蓝星珍珠龙

11. 花尾美鳍鱼

俗称 角龙。

英文名 Rockmover wrasse。

学名 *Hemipteronotus taeniourus*。

分布 印度洋-西太平洋海域。

体长 可达30cm。

形态特点及习性 此鱼幼鱼外形就像一片海藻，背鳍第1、2棘会延长似牛角，幼鱼及雌雄鱼体都有变异（图6-77）。有性转变现象。能拨砂寻虫。受惊潜砂而逃，夜间潜砂而眠，水族箱要有4~6cm的底砂供其睡觉时藏入砂子。要与凶猛一些或体型比它大的鱼混养，但幼鱼期要和温和的鱼混养，并且一缸只放一尾。不能放入珊瑚缸，会吃甲壳类、蜗牛、虾、海星、小鱼、虫及其它无脊椎动物。它也会移动珊瑚，把石头重新排列以寻找食物。缸要加盖防止其跳出。喂食切碎的贝肉、海虾、黑蠕虫、草虾及薄片食物，大一些的可以喂食活鱼。

图6-77 角龙

12. 三色尖嘴鱼

俗称 尖嘴龙。

英文名 Bird wrasse。

学名 *Gomphonus varius*。
分布 印度洋-西太平洋、中国台湾海域。
体长 可达30cm。
形态特点及习性 成鱼吻部呈长管状。幼鱼在未长成长嘴之前背部为草绿色，腹部为白色，中间由黑色区隔开。随着成长，吻变长，且黑色消失，变成腹部前半部浅褐色，往后渐变为黑色，此时为雌鱼。当转变为雄鱼时，体色转变为草绿色（图6-78）。水族箱需要提供活石供其取食及躲藏。因为喜欢跳跃，所以需要加盖。如果想养一对，雌鱼应该先入缸。喂食动物性饵料，如活蛤、甲壳类及海蠕虫。

图6-78 尖嘴龙

13. 胸斑锦鱼

俗称 青花龙。
英文名 Yellow-brown wrasse。
学名 *Thalassoma lutescens*。
分布 印度洋-西太平洋、中国台湾海域。
体长 可达30cm。

图6-79 青花龙

形态特点及习性 此种鱼雌雄颜色不同。雌鱼为黄色，头部有淡红色曲纹，雄鱼则为黄绿色，头部也有红色斑纹（图6-79）。游泳方式很特别，呈波浪状前进，很少停下来休息。水族箱中应和其它凶猛一点的鱼混养，如倒吊类、魨类、小狮子鱼及神仙类。需要岩石躲藏，缸要加盖。具有领域性，会攻击新入缸的鱼，因此它应该最后入缸。如水族箱在600L以上，可以成对饲养。以有壳的底栖无脊椎动物为食，吃螳螂虾及沙蚕，但不会吃珊瑚及活的植物。喂食饲料虾、海虾、冷冻肉类食物及薄片食物。

14. 新月锦鱼

俗称 绿花龙。
英文名 Moon wrasse。
学名 *Thalassoma lunare*。
分布 太平洋、中国台湾海域。
体长 可达25cm。
形态特点及习性 鱼体绿色，尾巴带黄色、蓝色（图6-80）。在浅海区吃小虫、小虾，沿岸垂钓可得。水族箱要与个头大一些，性情凶猛些的鱼混养，提供足够石头供其躲藏。有领域意识，会攻击新入缸的鱼，所以应该最后入缸。吃螳螂虾及沙蚕，不会吃珊瑚或活的植物。喂食各种饲料虾、海虾、冷冻食物及薄片食物。

图6-80 绿花龙

七、鲉科

鲉科鱼古怪难看，头大而粗糙，长满硬刺，嘴也很大。本科鱼有些颜色鲜明，但大多数颜色暗淡，容易与环境的色泽混合，产于温带及热带浅水或水深适中的海域。鲉科鱼属肉食性鱼，鳍上的硬棘尖锐可作防御及攻击之用，因为这些鳍棘与分泌毒液腺相连。嘴大可吞下几乎与自己相同大小的鱼，常成为水族箱中的"恶霸"，绝对不能与其它小型鱼共养，只能和比它体型更大的鱼一齐饲养。水族箱内需要布置礁岩或洞穴供其躲藏。鲉鱼生长迅速，与其它鱼饲养在一起时间不能太长，因为它会吞吃小型鱼。喂食时宜采用间隔法，也就是每次喂几尾金鱼等活鱼，让它吃饱，然后间隔一段时间后再喂。经过驯饲后此鱼也可以吃适当的冷冻食物。鲉科鱼对水质变化不敏感，故饲养容易，对疾病抵抗力也强。此科鱼单独饲养可养时间较长。饲养中主要的危险是它会用毒刺攻击别的鱼，又会吞吃其它鱼，如果不注意，人的手被刺伤，必须马上赶往医院就诊。

1. 翱翔蓑鲉

俗称　　魔鬼鲉、长须狮子鱼。

英文名　Red lionfish。

学名　　*Pterois volitans*。

分布　　西太平洋、中国台湾海域。

体长　　可达30cm。

形态特点及习性　　鱼体具淡红褐色带，白色及黑色的条纹垂直分布全身。具有一个很大的扇形胸鳍，高高的条纹背鳍（图6-81）。背棘有剧毒。以活鱼虾为主食。水族箱要带藏身地点，在适应新环境时会躲藏起来，但慢慢地会出来并充分打开各鳍。喂食活虾、活鱼，并不时地给一些甲壳类动物。

图6-81　魔鬼鲉

2. 触角蓑鲉

俗称　　小白狮鲉。

英文名　Broadbarred firefish。

学名　　*Pterois antennata*。

分布　　印度洋–西太平洋、中国台湾海域。

体长　　可达20cm。

形态特点及习性　　该鱼的眼上触角有4～5个横环，胸鳍鳍膜间有许多黑色红缘的圆斑，胸鳍鳍条末端及第Ⅱ背鳍软条末端呈白色丝状延长（图6-82）。水族箱要带藏身地点。适应新环境时会躲藏起来，但慢慢地会出来并充分打开各鳍。各鳍有毒。肉食性，以小鱼虾为食。当刚入缸时，用活的海水虾诱其开口。喂食各种动物性饵料，如活虾、活鱼，不时地给一些甲壳类动物。

图6-82　小白狮鲉

3. 花斑短鳍蓑鲉

俗称　　花斑鲉。

英文名　Zebra turkeyfish。

学名　　*Dendrochirus zebra*。

分布　　印度洋–西太平洋、中国台湾海域。

体长　　可达25cm。

形态特点及习性　　眼上触角比眼径长，眼上

图6-83　花斑鲉

有皮瓣，身体上有7~8条暗褐色宽横带。前鳃盖及眼下有黑斑，本种鱼的最长背鳍棘可超过体高，胸鳍有许多暗色条纹（图6-83）。本种鱼求偶、产卵在夜晚，雄鱼领域性强，会赶走其它雄鱼保护自己的领域。在水族箱驯养能接受漂流的鱼虾肉。要注意其鳍、硬棘都有毒性，被刺后会疼痛发烧。当刚入缸时，用活的海水虾诱其开口。喂食活虾，活鱼，也可以投喂鲜贝。

4. 短鳍蓑鲉

- **俗称** 蓝翅狮。
- **英文名** Shortfin turkeyfish。
- **学名** Dendrochirus brachypterus。
- **分布** 太平洋、中国台湾海域。
- **体长** 可达17cm。
- **形态特点及习性** 体淡红色，具模糊的褐色横带；背鳍硬棘具暗褐色纵列斑纹；胸鳍呈圆形，基部成深蓝色，胸鳍及腹鳍通常亦具有褐色横带，横带内有小暗点；背鳍软条部、臀鳍及尾鳍皆淡色，而散具深色斑点（图6-84）。主要栖息于砂泥底质且有海草覆盖的礁石平台或潟湖浅滩。成鱼时常发现于海绵间，而稚鱼有时候发现于小群鱼群中。夜行性。以小型甲壳动物为食。

图6-84 蓝翅狮

5. 辐纹蓑鲉

- **俗称** 白翅鲉。
- **英文名** Radial firefish。
- **学名** Pterois radiata。
- **分布** 太平洋、中国台湾海域。
- **体长** 可达12cm。
- **形态特点及习性** 体型较小。身体由红色、白色及黑色垂直条纹构成，胸鳍为白丝状是其特征（图6-85）。栖息于较深海域。水族箱要带藏身地点，适应新环境时会躲藏起来，但慢慢地会出来并充分打开各鳍。背棘有毒。刚入缸要用活的海水虾诱其开口，喂食活虾、活鱼和鲜贝。

图6-85 白翅鲉

6. 双斑短鳍蓑鲉

- **俗称** 海象狮。
- **英文名** Twospot turkeyfish。
- **学名** Dendrochirus biocellatus。
- **分布** 西太平洋、印度洋、中国台湾。
- **体长** 可达13cm。
- **形态特点及习性** 体具红褐色横带；背鳍硬棘具暗褐色斑列纵纹；胸鳍及腹鳍通常亦具有暗褐色横带；背鳍软条部具2~3个眼状斑；臀鳍淡色，暗褐色斑带；尾鳍亦淡色，散具暗褐色斑点（图6-86）。主要栖息于清澈且珊瑚繁盛的水域，深度可达40m以上。晚上通常躲躲藏藏的，反而比较容易被观察到；而在白天期间则躲在洞穴中与海绵间，通常不容易被看

图6-86 海象狮

到。属于罕见种。此种狮子鱼性情较温和，索饵也很斯文。水族箱要带藏身地点，在新环境时会躲藏起来，但慢慢地会出来并充分打开各鳍。背棘有毒。刚入缸要用活的海水虾诱其开口，食物包括活虾、活鱼和鲜贝。

八、其它海水鱼

1. 大口腺塘鳢

- 俗称　雷达、火鸟（中国香港地区叫法）。
- 英文名　英文名：Fire goby。
- 学名　Nemateleotris magnifica。
- 分布　西太平洋、菲律宾。
- 体长　可达9cm。

图6-87　雷达

- 形态特点及习性　形态娇小可爱，体色艳丽，吻黄，前半身白，后半身鲜红，第二背鳍、臀鳍及尾鳍外缘深红，尤其是第一背鳍之第1棘延长耸立为丝状，像雷达似的（图6-87）。平时成对地停浮在距底两尺的水域。吃漂流而来的浮游生物和小虫类，喜爱群栖，可长久饲养。雷达喜欢跳跃，因此水族箱要加盖。使用卤素灯时可不加盖，但要保证周边至少高于水面20cm。对其它鱼温和，除了对同种鱼，但配成一对的雷达不会互相攻击。喜欢有中等光照、几个藏身地点和一个中等水流的珊瑚缸。可喂食切碎的甲壳类，活的或冷冻的鱼及虾。

2. 华丽线塘鳢

- 俗称　紫雷达。
- 英文名　Decorated dartfish。
- 学名　Nemateleotris decora。
- 分布　菲律宾、马尔代夫。
- 体长　可达7.5cm。
- 形态特点及习性　外形和雷达相似，身体颜色是由黄色过渡到白色，头部及各鳍呈现紫红色

图6-88　紫雷达

（图6-88）。这是一种栖息在菲律宾深海的虾虎鱼，捕自水深35m以下深海，捕鱼困难和危险。水族箱要带珊瑚或岩石供其躲藏，加密封盖防止其跳出。不会对其它鱼攻击，但具有领地意识，会对同种鱼攻击，除非它们是一对。能接受任何漂流鱼饵。在没有大鱼威胁下可长期饲养。可喂食切碎的海水鱼、虾、贝肉。如果不喂富含营养的食物，艳丽的色彩会消失。

3. 花斑连鳍鱼衔

- 俗称　七彩麒麟、五彩青蛙、绿麒麟。
- 英文名　Green mandarin。
- 学名　Synchiropus splendidus。
- 分布　印度洋。
- 体长　可达10cm。
- 形态特点及习性　身体上带蓝色、桔色及绿色。雄鱼的背鳍第一根棘条更长，所以比较容易辨别雌雄（图6-89）。水族箱要带活石、活砂和藏身

图6-89　七彩麒麟

地点。不会对其它鱼种有攻击行为，但是同种鱼不友善。七彩麒麟可以在水族箱产卵。喂食海虾、生活在活石及活砂中的动物性饵料。

4. 大斑连鳍鱼䘌

- **俗称** 金钱麒麟、斑点青蛙、绿青蛙。
- **英文名** Spotted mandarin。
- **学名** Synchiropus picturatus。
- **分布** 印度洋。
- **体长** 可达10cm。
- **形态特点及习性** 头部、身体及各鳍都是绿底带蓝色、桔色及黑色迷彩斑点（图6-90）。雄鱼的背鳍第一根棘条更长，所以雌雄可以辨别。水族箱要带活石、活砂和藏身地点。不会对其它鱼种有攻击行为，但是同种鱼不友善。绿麒麟可以在水族箱产卵。喂食海虾、生活在活石及活砂中的动物性饵料。

图6-90 金钱麒麟

5. 丽鲬

- **俗称** 瑰丽七夕鱼、七夕鱼、白点黑鲈。
- **英文名** Comet marine betta。
- **学名** Calloplesiops altivelis。
- **分布** 西太平洋、中国台湾海域。
- **体长** 可达20cm。
- **形态特点及习性** 体延长而侧扁，头部圆。头部及除胸鳍外之各鳍皆为黑褐色，且遍布小而淡

图6-91 瑰丽七夕鱼

蓝色的点。背鳍最末3枚软条上有一似眼径大小的斑点。胸鳍略带黄色而鳍膜透明。黑色的鱼体上带有白色斑点（图6-91）。栖息在外洋珊瑚礁区海底礁石和砂底交接处穴洞里，深居洞内深处，捕食进入洞里的小鱼、虾。饲养时常停浮在中层水位，颇有雄威姿态。刚入缸时，会很胆小，一直待在躲藏处。不会骚扰珊瑚、贝类或海葵，但会吃掉小鱼。同种间有残酷的争斗，一般一水族箱不可饲养两条。如果缸大，成对饲养。肉食性，吃食时很谨慎，饲养容易。喂食动物性饵料，像鱿鱼、海鱼、贝类及虾，也可投喂小孔雀鱼等淡水鱼。

6. 驼背鲈

- **俗称** 老鼠斑。
- **英文名** Humpback grouper。
- **学名** Cromileptes altivelis。
- **分布** 印度洋-西太平洋。
- **体长** 可达70cm。
- **形态特点及习性** 幼鱼体白色，有大黑圆点，形状、体色奇特可爱，成鱼圆点变小，数目增加，体色变灰褐色，失去观赏价值，是珍贵食用鱼（图6-92）。水族箱最好是纯鱼缸并有良好的过

图6-92 老鼠斑

滤系统。会长得很快,要确保有足够的空间饲养。会把任何它能吞掉的鱼吃掉,很容易饲养,喂食鲜鱼、鱿鱼、对虾、银鱼等。

7. 香拟花鮨

- 俗称　金花宝石。
- 英文名　Bartlett's anthias。
- 学名　Psudanthias bartlettorum。
- 分布　马绍尔群岛。
- 体长　可达8cm。
- 形态特点及习性　雄鱼颜色鲜艳,紫罗兰颜色,背部及背鳍是黄色。雌鱼为淡紫色,黄色的背及背鳍(图6-93)。可以在250L的缸中成群饲养,纯鱼缸或珊瑚缸都合适。喜欢在中水层活动,但也需提供几个藏身地点。这种鱼有一个显著特点,当占统治地位的雄鱼死了,这个族群的大一些的雌鱼会变成雄鱼,取代这个位置。食物跟其它鮨科鱼一样,在自然界的食物包括浮游生物及漂浮的丝藻类。在水族箱中,可以饲喂糠虾,富含营养的海虾、冷冻食物和其它适合食浮游生物的鱼吃的食物。一天建议喂食几次。

图6-93　金花宝石

8. 侧带花鮨

- 俗称　紫印。
- 英文名　Square-spot fairy basslet。
- 学名　Anthias pleurotaenia。
- 分布　印度洋、西太平洋、中国台湾海域。
- 体长　可达20cm。
- 形态特点及习性　体椭圆形。鳃盖淡紫色,下颌乳白色,臀鳍有蓝色花纹。雌鱼体色鲜黄,雄鱼体鲜红色,体侧两边胸鳍后方各有一块长方形的紫色斑(图6-94)。雄鱼体长14cm,雌鱼约10cm。因其漂亮的色彩,人们很喜欢。在水族箱饲养,一只可以用100L的水族箱,如想一只雄鱼与多只雌鱼混养,最好放入600L以上的水族箱。喜欢有足够的活动空间。喜欢弱光或非直射光,否则鲜艳的颜色会消失。当占统治地位的雄鱼死了,这个族群的大一些的雌鱼会变成雄鱼,取代这个位置。此鱼以浮游动物为食,喂食卵胎生的小鱼仔、冻食及活海虾,有时可以饲喂薄片。

图6-94　紫印

9. 考氏鳍竺鲷

- 俗称　泗水玫瑰、峇里天使、燕子。
- 英文名　Banggai cardinal。
- 学名　Pterapogon kauderni。
- 分布　印度尼西亚。
- 体长　可达7.5cm。
- 形态特点及习性　体表有白色圆点。背鳍一分为二,眼睛特别大,紧靠身体前方,眼睛有一条黑色环带。第一背鳍到腹鳍有一条黑色环带,第二

图6-95　泗水玫瑰

背鳍到臀鳍有一条黑色环带，尾鳍上下叶边缘黑色，并向后延伸似燕尾（图6-95）。对这种行动优雅的鱼，最好环境是120L以上的水族箱，带洞穴并与温和的鱼混养。因为其对同种鱼具有攻击性，所以不要在一个缸放太多。这种鱼比较容易繁殖。当产卵后，雄鱼会把卵放在嘴里来保护。应该喂食营养比较均衡的动物性饵料，根据其大小，可以喂食虾、贝类、血虫及活鱼、海藻、丰年虾、鱼虫、海水鱼颗粒饲料等。

10. 狐篮子鱼

- 俗称　　狐狸鱼、黎猛。
- 英文名　Foxface。
- 学名　　Siganus vulpinus。
- 分布　　西太平洋。
- 体长　　可达16cm。

图6-96　狐狸鱼

形态特点及习性　　体色为黄色，身上有一黑斑，头部外形像狐狸的头部，有黑、灰条纹，背鳍、腹鳍、臀鳍的硬棘有毒性，被刺会产生剧痛（图6-96）。水族箱饲养时除了对同类有攻击性外，是很温和的鱼。可以跟其它有些凶猛的鱼混养。因其背鳍带毒，凶猛的鱼不会攻击它。正常饲养情况下，一般不会骚扰珊瑚。杂食性，嗜植物性鱼饵，可喂食各种新鲜的植物性饵料及不受欢迎的藻类。

11. 千年笛鲷

- 俗称　　川纹笛鲷、磕头、白点赤海。
- 英文名　Emperor red snapper。
- 学名　　Lutjanus sebae。
- 分布　　西太平洋、中国台湾海域、中国南海。
- 体长　　可达75cm。

图6-97　川纹笛鲷

形态特点及习性　　幼鱼期，白色的身体带有"川"字的红色条纹。生长非常迅速，随着鱼龄的增长，条纹会逐渐消失，身体颜色全部变成粉红色（图6-97）。幼鱼期可以成群饲养，成鱼后，需要单独饲养。会吃掉缸中观赏性的甲壳类动物。可以一天只饲喂一次质量好的动物性饵料，如切碎的各种海鲜。

12. 日本松球鱼

- 俗称　　松球鱼、凤梨鱼。
- 英文名　Pineconefish。
- 学名　　Monocentrus japonicus。
- 分布　　西太平洋、中国台湾海域。
- 体长　　可达15cm。

形态特点及习性　　鱼体金黄色，硬鳞片看起来好像凤梨的表皮，因此又称为凤梨鱼，也有人称为松球鱼（图6-98）。喜栖在水深50～120m的深海，它的下颚腺沟有荧光虫寄生，夜里能发光，以虫、虾为食，喜25℃以下的水温。

图6-98　松球鱼

13. 条纹虾鱼

俗称 玻璃鱼、甲香鱼、刀片鱼。
英文名 Striped shrimpfish。
学名 Aeoliscus strigatus。
分布 印度洋。
体长 可达15cm。

形态特点及习性 长条形的身体，幼鱼期颜色为暗色，当成鱼后，身体变淡成为银白色，一条暗色水平条纹从头部延伸整个身体。在印度洋的珊瑚礁地区，大群头部朝下垂直游动在海鞭、海草或长刺海胆中间（图6-99）。很难在水族箱中饲养，除非带有大量活石的成熟海缸，足够的微藻，可以与海马、海龙混养。不会伤害珊瑚缸里的观赏性无脊椎动物。需要足够的藏身地点。当被其它凶猛的鱼袭击时，反应很迟钝。刚入缸时，用活的海水虾诱其开口，食物包括小的无脊椎动物，如海虾、小虾虎鱼、草虾、蚊子幼虫及水蚤，一天建议投喂三次。

图6-99 玻璃鱼

14. 灰镰鱼

俗称 神像、角蝶。
英文名 Moorish idol fish。
学名 Zanclus canescens。
分布 印度洋、太平洋、非洲东岸。
体长 可达23cm。

形态特点及习性 成鱼体极侧扁而高。口小，齿细长呈刷毛状，多为厚唇所盖住。吻突出，成鱼眼前具一短棘，尾柄无棘，背鳍硬棘延长如丝状。体呈白至黄色，头部在眼前缘至胸鳍基部后具一极宽黑竖带区；体后端另具一黑竖带，前后具黄色带；吻上方三角形而镶黑边的黄斑；吻背部黑色；眼上方具两条白纹；胸鳍基部下方具一环状白纹；腹鳍及尾鳍黑色，具白色缘（图6-100）。神像属于温和的鱼。根据其尺寸，提供足够的游泳空间，需要600L以上的水族箱保证其充分生长，其魅力在游动时充分体现。不要放入珊瑚缸，它会吃珊瑚虫、小的无脊椎动物。这种鱼难开口，提供足够带有海藻及海绵的活石供其取食将会对开口有所帮助。开口后，可以投喂各种精切的动物性饵，如糠虾、海虾及植物性的螺旋藻、海藻等。

图6-100 神像

15. 大海马

俗称 海马。
英文名 Hippocampus ramulosus。
分布 印度洋、太平洋。
体长 可达15cm。

形态特点及习性 海马的身体呈淡褐色，因其头部酷似马头而得名。海马尾部细长，呈四棱形，而且可以卷曲。体表没有鳞片，却披着坚硬的环状骨板，有些环节上生有突起（图6-101）。

海马性情温和，行动缓慢，做直立状游动，喜欢海藻很多的地方，休息时将尾部缠绕在海藻或其它漂浮物上，这使海马可以用尾巴钩住海草，直立于水中。因为海马头重尾轻，一脱离缠绕物便要下沉，这便要靠背鳍的频频拨水和胸鳍的帮助方能直立于水中。因为海马没有牙齿可以咬嚼，遇到小虾等甲壳类的小动物，就把它们整个吞进肚里。

图6-101 海马

16. 大斑䲁鱼

- 俗称　　白娃娃。
- 英文名　White collar angler。
- 学名　　Antennarius maculatus。
- 分布　　印度洋。
- 体长　　可达12.5cm。
- 形态特点及习性　　通体白色，有褐色及黑色不规则的斑点。能改变体色，以适应环境颜色的变化（图6-102）。可以用最前部上面的脊刺吸引小鱼捕食。这是一种有意思的鱼，注意不要把比其嘴小的鱼或软体动物放入混养，它会统统将其吞掉。可以放入珊瑚缸，它会躲藏在珊瑚礁旁边，需要120L以上水族箱饲养。䲁鱼是一个埋伏取食者，会躲藏等待没察觉的小鱼或无脊椎动物靠近，突然冲过去一口吞下。据说可以吞下和其大小差不多的鱼。刚入缸时，用活的海水虾诱其开口。食物包括活虾和活鱼，不要喂得太多，否则会导致其停止进食。

图6-102 白娃娃

17. 带纹矛吻海龙

- 俗称　　斑节龙、黑环海龙。
- 英文名　Ringed pipefish。
- 学名　　Doryrhamphus dactyliophorus。
- 分布　　中国台湾海域。
- 体长　　可达19cm。
- 形态特点及习性　　绿黄色身体带黑色环状纹路，尾巴是亮红色带白边，中间有几个白色的点（图6-103）。雌雄成对同居，生栖于外洋岩礁间隙的洞穴里。捕食微小的甲壳动物。应用大于250L的带大量洞穴的纯海龙科鱼的水族箱饲养。在珊瑚缸里一般不会伤害观赏的无脊椎动物。不要与带刺须的无脊椎动物放在一起（大部分珊瑚及海葵），因为它们会伤害它。黑环海龙易受其它具有攻击行为鱼的骚扰。喂食小的活无脊椎动物，如富含营养的海虾、孔雀鱼仔鱼、草虾、蚊卵及水蚤。如果开始吃这些，喂冻糠虾就能提供丰富的营养。因为其管状嘴很小，所以吃食很慢。

图6-103 黑环海龙

第三节　海水观赏鱼类的饲养及繁育技术

一、海水观赏鱼类的饲养管理

1. 海水观赏鱼品种的选择原则

海水鱼色彩斑斓、奇形异状，让人眼花缭乱，爱不释手，但挑选合适的鱼还应遵循一定的原则。可以在一起混养的海水观赏鱼，必须至少具备"相容性好、驯饵容易"两个原则。

所谓"相容性好"，就是养在一起的海水鱼之间，不会发生争斗、互咬的情形。在自然海域中，鱼群中会有领域之争。和空间有限的水族箱不同的是，大海面积广阔，又有许多珊瑚礁、岩石供弱小的鱼躲藏，而水族箱内因为面积狭小，鱼群的领域意识相对地变得更强烈，因而争斗、互咬的情形更容易发生。所以在选择搭配鱼类时要遵循以下几点：肉食性海水鱼不能与小型鱼类混养，否则小型鱼会成为它们的美餐；对于领域性强、喜好打斗的海水鱼，尽量避免与其它鱼混养，如若饲养在同一水族箱中，也要多设置一些装饰景物，以提供鱼躲藏的处所；同种海水鱼，只放养2～3条时，它们之间会争斗不休，而当放入一定数量后，反倒能相安无事和平共处；摄食速度过分悬殊的鱼不宜饲养在同一水族箱中，以免长期抢不到食物的鱼会因缺乏营养而患病；饵料单一的鱼最好不要和其它鱼混养。

由于海水鱼中大多数鱼种还无法进行人工繁殖，所以我们在水族店见到的大都是从珊瑚礁附近的浅海水域捕来的野生鱼，这就涉及驯饵的问题，因此最好选能尽快接受人工饵料的鱼。驯饵即是指使桀骜不驯的野生动物从一开始拒绝取食饲喂的食物，到最后主动吃食或索饵的过程。观赏海水鱼因其种类不同，食性也有所差异。不过在水族箱中饲养时，当然不可能像在大海里一样，随时都有各种食物可供觅取，因此，选择容易驯饵的鱼类就变得非常重要。容易驯饵的鱼类，通常较快习惯以人工方式制成的食物，这也就意味着多几分饲养成功的把握。

根据食性，海水鱼大致可以分为肉食性、草食性、杂食性3种。相对而言，草食性、杂食性鱼类较容易驯饵。草食性海水鱼通常是以藻类为主食，例如刺尾鱼科。棘蝶鱼则大部属于杂食性，以虾、藻类、小鱼等为主食，比较容易饲养。蝶鱼当中也有一部分是属于杂食性的，例如关刀、月眉蝶、人字蝶都是属于比较容易饲养的种类。值得注意的是，某些种类的海水鱼特别难以驯饵，尤其是部分蝶鱼像四线蝶、法国蝶、红海天星蝶，通常只吃珊瑚虫、珊瑚肉或某些很难找到的微生物，所以饲养起来格外困难，特别是对于初养海水鱼的新手来说。此外，在驯饵方面容易饲养的杂食性的神仙鱼中，也有性格比较粗暴的，这种鱼不管喂给它多少食物，还是会和其它鱼争斗、打架，引发各种问题。

2. 海水观赏鱼的选择标准

海水观赏鱼大多数为珊瑚礁鱼，既美丽而又娇小，游姿活泼，人见人爱。但鱼的形态、色彩、斑纹扑朔迷离，变化万千，对于初学者来说识别都很困难，更不用说通过动作、游姿来分别它们的健康状况了。要想选择到好鱼可以遵循以下原则。

（1）选择幼鱼　刚孵化出来的仔、稚鱼生命力较为薄弱，可能抵受不住环境变化而死亡。但一达到幼鱼阶段，不仅容易驯饵，可塑性强，易于适应新环境，而且生命较其它阶段的鱼更加旺盛容易成活，此时是最好的选购对象。至于成鱼，因其不易驯饵，而且生命力逐渐减弱，不能久养，故不宜购买。

（2）选择健康活泼的鱼　健康的海水鱼，会自由自在地在水族箱内游泳，若遇到环境变化或受到惊吓能灵敏地迅速游动。凡呼吸急促，反应迟钝，老是停在空气循环门附近，嘴巴急速张合的鱼或躲在水族箱的角落处而不游动者，都是不健康的鱼。如果鱼躲在角落里急促呼吸，很有可能是患了卵圆鞭虫病。眼睛混浊，眼球突出的鱼，则可能是患了肿眼病。干瘦的鱼不要买，身体经常摩擦珊瑚礁等粗糙表面的鱼不要买，因为可能有寄生虫。要注意观察鱼身上的鳞片有无剥落、有无病斑，鱼鳍边缘是否附有乳白色颗粒状物质，这些都是病鱼的征兆。

（3）选择体表完整鳍无残缺的鱼　要注意查看鱼体有没有受伤，比如刮伤、划伤、咬伤等，鱼鳍有无严重损伤，尤其是尾鳍和棘刺不要破损，如果只是鱼鳍尖端轻微的伤则无关系。

（4）刚捕捞或运到的海水鱼不要选择　刚捕捞或刚运到的海水鱼，因受惊过度，尚未适应新环境，往往死亡率较高，并且可能还有未表现出来的伤害，故不是理想的购买对象。

（5）选择食欲良好的海水观赏鱼　为了减少经济损失，现在许多鱼店中出售的鱼都是经过驯饵的，这样即使一时卖不出去，也不会很快死亡。因此，选购时可以要求店家当场喂饵，先看吃饵的情形，然后才购买。同类鱼中，健康的海水鱼，一见食饵，必定抢着吃。食欲好的鱼，大都健康、具有生命力。如果鱼愿意接受人工干燥饵，表示店家已经驯饵过了，对养殖者来说，最好选购这类鱼来饲养。

3. 海水观赏鱼的放养方法

刚买回来的鱼，不能直接从塑料袋中取出放入水族箱内，因为急速的环境变化，会提高疾病的发生率，同时水质和水温的不同，甚至会造成鱼死亡。鱼在入水族箱之前，要注意经过以下处理：

（1）将装鱼的塑料袋浸入海水水族箱中30min，等袋中的水温与水族箱中的水温一致。将塑料袋取出，打开封口，加几勺水族箱中的海水到袋中，将气石放入，或充氧扎口，约30min，目的是使袋内的鱼能逐渐适应水族箱的水质。

（2）用一个带网眼的塑料篮子将鱼捞出，连同篮子浸入淡水中，注意淡水的温度和酸碱度一定要和水族箱中的水完全一样，浸泡时间约1～5min，蝴蝶鱼1～3min，棘蝶鱼及粗皮鲷、炮弹鱼3～5min，具体视鱼体的大小和状态而决定其浸泡的时间。最后，从带网眼的篮子中把鱼捞出，放入水族箱中。通过浸泡消毒，可以避免新来的鱼带菌，感染原来水族箱中的鱼。经过处理，可减少约80%的感染机会。注意在操作中千万不要将外来的水倒入自己的水族箱中。

（3）鱼在放入水族箱之前，一定将水族箱的灯光关掉，以免新来的鱼因环境改变而受到惊吓，或受到其它鱼的攻击。

4. 海水观赏鱼的驯饵

珊瑚礁鱼生活在海洋里，时时刻刻都在珊瑚礁中找寻食物，在自然的海洋世界里有丰富的适口生物饵料供其觅食，而在水族箱里，无法提供和珊瑚礁完全相同的生态环境供其自然取食，这时就必须进行人工驯食。然而有很多的饲养者又怕污染海水而不不敢给予充分的食物，甚至一二天才给一点点鱼饵，这是本末倒置的做法，会造成鱼的饥饿消瘦，反而不利于鱼的健康生活。正确的驯饵方法是只要有时间随时可以给予5min内可吃完的饵料，如因时间上的限制无法做到的话，一天至少也要喂食3～4次，这样才能确保鱼的驯食成功。

将买回来的海水鱼放进水族箱后，可以先试喂人工饵料，如果鱼群不肯摄食，可将蛤蜊或冷冻虾与人工饵料拌和后喂食，一般情况下大多数的海水鱼便会开始进食。之后以渐进的方式逐渐减少鲜活或冷冻饵料的量，转而增加人工饵料的分量。

最难驯饵的鱼类，当数某些蝶鱼（以珊瑚肉为主食）。对于这种鱼类，可将蛤蜊剁碎，与薄片状饵、干燥丰年虾混合成肉末状，将肉末涂在装饰用的珊瑚礁上，再放入水族箱内，这样蝶鱼就会逐渐进食。

有些新买回来的海水鱼，会有一段时间不进食。究其原因，可能是环境变化及领域之争，使得海水鱼缺乏进食的心情和时间。尤其是后放养的鱼，往往会遭到先放养的鱼欺负，而不肯进食。如果这种状况持续一个星期以上时，鱼就有可能死亡。遇到这种情况，可以先将其移到另一个水族箱单独饲养，或是稍微改变水族箱内的环境布置，继续驯养。

有些海水鱼有着特殊的食性，成鱼专门吃一些特殊的食物，如寄生虫、青苔，甚至吃珊瑚虫。要给鱼提供这些食物是困难的，但许多海水鱼拒吃其它替代食物，如专吃寄生虫的大西洋神仙鱼，吃珊瑚虫的蝶鱼。对于这一类的鱼要从幼鱼阶段开始饲养，通过驯化，能适应水族箱内的生活条件，它们会吃海水小虾、冷冻食饵和片状饵，吃青苔的袖珍神仙鱼会习惯于吃肉饵，并补充摄取蔬菜等植物。

5. 海水观赏鱼饲养的日常管理

（1）投饵　刚放养的海水鱼开始可能会有几天不进食，这是由于环境变化和鱼忙于抢夺领域而造成的，待经过人为驯饵和其熟悉周围环境后，会逐渐调节过来。海水鱼的投饵原则与淡水鱼基本一致，要少量多餐。每次投饵量以5～10min内吃完为宜，每天投喂2次。对于残饵，一定要当天清理干净。因为鱼饵本身就是导致水质恶化的原因之一，以使用新鲜的"生饵"为例，残饵的保存期间依水温而有所不同，但多半在30min到1h内就会开始腐败，引起水质恶化，因此务必要及时将残饵从水族箱内捞出来。此外，投饵应多样化，以满足各种鱼类的需求，为保持鱼体鲜亮的色彩，还应间隔投喂新鲜的活饵。

在投喂海水鱼时要多注意以下三个方面的观察。

第一，要观察鱼的摄食状况，若发现有不摄食或食欲减退的鱼，要找出原因，及时处理。

第二，要观察摄鱼的摄食方式，经常观察鱼的摄食方式可了解其生活习性，久而久之就能根据水族箱内不同的鱼采取不同的投饵方式。如对于岩石啃食的鱼种，可将肉类、藻类制成黏稠状，涂抹于石块上，待风干后，供鱼啄食；对于水中摄食的雀鲷等鱼种可采用多样化的投饵，选用营养丰富的丰年虫、新鲜小鱼虾、人工配制的各种干燥饵料、冷冻饵料，还可以投喂一些新鲜蔬菜；对于特殊摄食的鱼类来说，它们只吃珊瑚虫、青苔，很难找到适宜它们的食饵，只有从幼鱼开始培养才会逐渐适应其它替代饵料。

第三，要观察鱼的粪便，利用喂食后观赏鱼的时间观察粪便是否正常，能起到预防鱼病的作用。如红小丑、粉蓝倒吊粪便呈白色液状，珍珠狗头、皇后神仙等粪便为碎屑状，花斑海鳗粪便呈颗粒状，根据观察及早发现异常，可准确地了解鱼的健康状况，并及时发现鱼病加以治疗。

（2）水族箱的清洁和换水　在海水鱼水族箱管理中及时地添加纯水，是不可忽视的操作环节，尤其对于未加盖的水族箱，海水经过不断蒸发，逐渐减少，若不及时加水，会导致盐度过高，使鱼类渗透发生改变，情况严重时会威胁到鱼的生命。因此，在水族箱注满水后，应及时记录水位高低，以便以后补注水时作为参考。

尽管现代水族箱配备完善的过滤系统，可大大减少换水次数，但硝酸盐积累过多时，仍会毒害鱼类，最有效的方法就是及时换水。海水水族箱的换水量和换水频率依据水族箱的大小、鱼只的数量、过滤系统有益微生物繁殖状况、饵料的种类等具体情况而定，通常每20～30天需换一次水，换水量为总水量的20%～25%，具体操作步骤如下。

①换水时提前5min切断照明、加热、打气、过滤等所有设备的电源,将加热棒等器具移出。

②利用虹吸管抽取沉淀在珊瑚砂上的脏物和浮于水中的杂物,在抽出的旧水中清洗沉淀于加热器上的碳酸钙,并将珊瑚放入清水中浸泡一段时间。

③利用水泵抽入新配制的海水,加至原水位。

④重新安置好所有设备,打开电源,观察各种设备运行是否正常。

当水族箱底床过滤砂蓄积过多污物时,会阻碍水的流通性,影响水质过滤效果,此时就需要清洗整个水族箱。对于新设立的水族箱每年只需清洗一次,旧水族箱也只需要每4～6个月清洗一次即可。清洗程序要领与换水时基本相同,不同之处在于清洗水族箱时要将鱼捞出置于原水中,并在水族箱底部保留7cm的海水,利用底层海水彻底清洗珊瑚砂和底部过滤板,然后抽出脏水,重新铺好过滤底层,布设好原有器具装饰品。将抽出的海水倒回水族箱,未达到水位的部分,用人工海水补足,开启气泵增加溶氧,经过半小时海水变得澄清后放回鱼。

(3) 藻类、结晶盐的清除　水族箱饲养鱼类不可避免地会有藻类滋生,适量的海藻有利于降低水中硝酸盐的浓度,还可以为某些海水鱼提供可口饵料,但是若不加以控制会大量繁殖,不但影响观赏效果,而且造成水质污染,给鱼类的生存造成极大的威胁。为了避免这一现象,就要及时清除过多的藻类。用磁力式刮藻器每周清理一次,可确保水族箱生态系统平衡运转。刚设立的水族箱,最易滋生茶褐色的硅藻,它们多附着于缸壁表面或珊瑚上,可用海绵轻轻擦去,当硝化细菌繁殖稳定后,硅藻就会逐渐减少。当硝酸盐浓度升高时,水族箱中还会出现红褐色的黏稠状海藻,虽然可以用手摘除,但这些方法并不能彻底根除,需要找出藻类滋生的原因,判断到底是饵料投喂过多、鱼密度太大、还是过滤器运转情况不佳,造成有机物积累过多,然后根据污染源采取相应措施。此外,在水族箱中饲养几条摄食藻类的海水鱼(如青蛙鱼等),也可防止藻类滋生。

此外,海水水族箱中时常会出现一些结晶状的盐,时间长了既会危害鱼类又易损坏器具,平时在投饵、赏玩时用抹布擦去。

(4) 鱼类状态的观察　日常管理中应细心观察鱼类的生活状态,发现问题及时处理。

一是游泳情况观察,在正常情况下,鱼在白天或有照明时,游泳活泼敏捷;处于黑暗状态时,显出惰性,一般静伏在缸底、石缝中或缓慢游动。当鱼健康状况不佳时,就会脱离鱼群,游动姿态异常。值得一提的是刚入缸的鱼,在鱼缸中常会出现异常状况,要与病鱼区分开来。如新放养的小丑鱼就会躲进洞穴很久才出来。

二是觅食情况观察,健康的鱼通常一看到饵料就会争相抢食,反之则有健康问题。

三是体色与体表的观察,健康的鱼,在白天或有照明情况下,鱼体显现各种自然的色彩与光泽,但在夜晚或关灯后,许多鱼的颜色会发生一些变化,如粉红色石首鱼在黑暗中颜色会变暗,比目鱼体色随环境而有所改变。若体表出现各种斑点,有体色暗淡无光泽、黏液增多、充血、发炎、鳞片脱落、鳞片松散竖起、腹部胀大、眼突出白浊等现象,说明鱼已生病。日常管理观察中发现病鱼要隔离单养,并及时治疗。

二、海水观赏鱼的繁育技术

现在市面上出售的绝大部分海水观赏鱼都是从自然环境中人工捕捉的,在采捕过程中,通常会采取使用毒物等不规范的手段,不但捕回的鱼成活率低,而且这种掠夺性开发,直接对自然资源和生态平衡造成了毁灭性的打击。因此,人工繁殖海水观赏鱼对于稳定观赏鱼苗种供应，保护生态环境，促进海水观赏渔业快速和可持续发展具有十分重要的意义。

珊瑚礁鱼雌雄不易分辨，许多种类还有变性的特性，特别是隆头鱼类和鹦鹉鱼类，甚至棘蝶鱼类也有变性的例子。大部分的海水观赏鱼，在水族箱内可以生活得很好，但要它们养育下一代，却仍很困难。由于水族箱和外界自然生境的巨大差异，有的海水观赏鱼即使偶尔产卵了，但后续卵的孵化、破膜、鳔充气、消化道打通以及开口摄食等关键环节都是困难重重。正是由于以上原因，海水观赏鱼的人工繁殖仅在少数种类中取得成功，而大面积的海水观赏鱼的批量繁殖仍然是一个难以逾越的鸿沟。

下面以已取得成功的红小丑鱼为例，介绍一下海水鱼的繁殖方法：

1. 生殖行为

将要产卵的红小丑鱼会用嘴仔细地清洗岩石上的藻类和污物等作为将来的产卵床，用尾鳍拂去岩石周围的砂土，认真地进行岩石面的清洁。其后，雌鱼（雌鱼比雄鱼大，体色黑，腹部伸出几毫米长的输卵管）在岩石上摩擦自己的腹部，将卵一粒粒地产下。雄鱼也像雌鱼一样，在卵上摩擦排精，雌雄交替产卵、排精，约1h产完卵，产卵数约1000个左右。亲鱼会守护孵化卵，时而用口和胸鳍去除卵上的杂物、扇动水流。这种行为，雄鱼比雌鱼显得更加积极、主动，并随着孵出膜时日的到来，保护行动与日俱增。

2. 繁殖条件

红小丑在小玻璃水族箱（60cm×30cm×45cm）中也可以产卵。在水族箱中放上作为产卵床的石子1～2块（也有的放空心砖），水温保持在25～30℃。小丑鱼有强烈好斗的习性，对周围的环境有强烈的地域感，到了繁殖期会更加明显，尤其是雄鱼，选定地方后，会不休止地清理"领域"，任何入侵者都会遭到强烈的攻击，连人手伸入都会被咬。假若条件合适，小丑鱼终年可以繁殖产卵。

3. 受精卵及胚胎发育

受精卵长径为2.6～2.9mm，短径为0.9～1.0mm，卵呈长椭圆形，系沉性卵，在长轴的一端有纤维状的附着丝，附着在卵床上，卵膜无色透明，卵呈桔黄色。

当水温在27～29℃时，受精卵3h内进入八细胞期，大约5h后进入三十二细胞期，并继续增长，至10h，胚胎即进入桑椹期。

在受精后第2日，大约19h，原肠形成即显而易见，至第28h后，胚胎的身子开始成形，小鱼的头部向下，接着可以看到眼睛，而身体上也出现了6～14体节。

第3天的胚胎，眼睛有显著的发育，而体节也已大致全部形成。这时候，在解剖镜下，可清晰地看到心脏每分钟跳动约140次。脑脊椎也相继出现，胚胎的卵黄已稍减少，由原来的粉红色变成深橙色，在头部更出现放射状的色素细胞。

第4天，脑、眼睛和心脏有更进一步的发育，黑色的眼睛尤为突出。这时候心跳加速，增至每分钟200次。在身体主要血管内可以看到血液循环的情况。至于色素细胞，则开始在下腹部成两行排列。

到了第5天，身体上的鳍条已经形成，循环系统更为复杂，而心脏也由原来淡淡的颜色变为鲜红，至于卵黄到这时就显著减少了。

第6天，可以看到口及鳃盖。

第7天，胚胎与前一天没有太大分别，已经可以看到鳃的构造，而仔鱼的胚黄已接近消失，也就是说已经接近随时孵出的阶段，鱼卵内眼睛部分有虹彩，会闪烁发亮，从眼睛的光亮程度可以预测孵化日期。

4. 仔鱼形态及培育

受精卵孵化与其它小丑科鱼一样，在日落后开始。在饲养条件下，关灯 1～2h 后开始。如不关灯，则卵不孵化而死亡。孵化期间亮灯，孵化便停止，等第 2 天日落再继续，可利用此原理，把孵化时间控制在几天内。

在珊瑚礁上，孵化仔鱼可随潮流而动，从卵床上离去，在饲养条件下，因为仔鱼有被亲鱼吞吃的危险，所以孵化后需要与亲鱼分养。但是刚孵化的仔鱼体力很弱，稍微给予刺激就会被冲击而死。为了防止精心培育的仔鱼死亡，可将孵化日临近时将卵连岩石一起移到另外的水族箱里。利用小水泵适当增加水的循环，给予一定水流，可促进受精卵孵化，提高效率，但是孵出的仔鱼游泳力很弱，卷入水中容易死亡，孵化后，需尽快停止水流。

孵化后的仔鱼，全长 4.2～4.5mm，体侧消化管背面、头顶部有黑色细胞。

仔鱼的饲养用静水方式，采用微弱通气，照明在白天与亲鱼同样，夜间则用 40W 荧光灯装置在水面上的 0.5m 的位置，全夜亮灯。饲养水温为 25～29℃。饲养期间水族箱壁面会茂生微小藻类，平常只要用吸管吸出死亡鱼及残渣等，不用去换水，在约 20 天之内 pH 也会保持稳定。孵化 66 天后全长达 22mm，孵化 180 天后全长达到 33～42mm。

5. 饵料

当幼鱼孵出之后，卵黄已经消失或所剩无几，要及时给予适口饵料。幼鱼如果食物充足，死亡率可以降到很低，存活率可达 80% 左右，食物始终是繁殖幼鱼成功与否的一个关键。

刚孵化的幼鱼，绝大多数是浮游性的，由于体型过小，不能进食较大颗食物，幼鱼初期需要浮游生物如轮虫、桡虫类及卤虫幼体等。开口后每日按每 5 个 /mL 的比例投喂轮虫。孵化 2 周后，放入有巨型海葵的 200L 水族箱，一起用流水式养殖。3 周后投喂丰年虾幼虫及碎虾肉，再往后就单独投喂碎虾肉。

思考题

1. 简述海水观赏鱼的定义及分布。
2. 海水观赏鱼的苗种来源有哪些？
3. 棘蝶鱼科和蝶鱼科有什么区别？
4. 如何选择海水观赏鱼？
5. 海水观赏鱼在放养之前应注意什么问题？
6. 如何对海水观赏鱼进行驯饵？
7. 养殖海水观赏鱼日常管理应注意什么问题？
8. 分析一下海水观赏鱼产业在苗种来源上存在的问题及解决方案。

实训六　海水观赏鱼饵料驯化饲喂

一、实训目的

通过实训，掌握海水观赏鱼饵料驯化的方法步骤，提高运用知识解决问题的能力。

二、实训材料与器具

1. 新购海水观赏鱼若干。
2. 海水鱼缸一口（最好带活石）。
3. 鲜活、配合饵料若干备用。

三、实训内容与步骤

1. 购鱼前的准备

查阅关于准备购置鱼类的相关资料，详尽了解其生物学习性和对环境的需求。

2. 入缸暂养

鱼购回后经处理过渡后入缸放养。刚入缸的鱼不要立即投喂，暂养一两天，待其逐步适应环境后再投喂。

3. 投喂活饵

初次投喂，根据不同鱼类的习性选择适口的活虾、鱼或软体动物，进行引诱，每次少投。缸中若有其它鱼类，应先喂饱其它鱼再驯饵。一般经过两三天，即可开口摄食，有的可能需要1周的时间。

4. 添加冰鲜配合饵料

待其完全适应环境，正常摄食后，每次投喂活饵料前，先以冰鲜饵料引诱投喂，适应后逐步增加冰鲜饵料的比例，并进一步在冰鲜饵料中添加配合饵料，直至完全适应摄食人工配合饵料，驯饵成功。

四、实训报告

1. 根据实训内容步骤详实记录。
2. 总结经验教训，改进实训过程及操作。
3. 分组讨论评定，展示实训结果。

第七章

观赏鱼的饵料及其准备方法

知识和技能目标

1. 了解观赏鱼饵料的种类及其特点。
2. 熟悉观赏鱼动、植物性活饵料的生物学习性并掌握其培养方法。
3. 掌握观赏鱼的饵料投喂技巧。

观赏鱼的饵料比较丰富，根据观赏鱼对饵料的喜好程度，可将饵料分为动物性饵料、植物性饵料和人工配合饵料。

第一节　动物性饵料

天然动物性饵料种类较多，适口性好，容易消化，含有鱼体所必需的各种营养物质，尤为观赏鱼所喜食。常食用的有水蚤、剑水蚤、轮虫、原虫、水蚯蚓、孑孓以及鱼虾的碎肉、动物内脏、鱼粉、血粉、蛋黄和蚕蛹等。

一、动物性饵料的种类及特点

1. 水蚤

水蚤俗称红虫、鱼虫，是甲壳动物中枝角类的总称（图7-1）。目前我国已发现水蚤有9科45属136种和亚种，其各地的名称均不一样。在北京、天津一带称为趣虫，上海称为红虫，武汉称为红沙虫，浙江省杭州市称为虮虾儿，温州称为河虾虮，广州称为水蟣。利用水蚤养鱼在我国有悠久的历史，早在公元1274年吴自牧写的《梦染录》中就写有水蚤的介绍。欧美国家到19世纪才有介绍这方面的材料，比中国晚了500多年。水蚤营养丰富，容易消化，因水蚤活动缓慢，故易被金鱼吞食。一般蛋白质饲料仅能增加鱼类代谢强度的20%～30%，而水蚤可增加鱼类代谢强度的100%。水蚤体内含有大量的蛋白质，一般为本身干重的40%～60%，同时还有鱼类所必要的氨基酸、脂肪酸及多种维生素。观赏鱼类经常吃水蚤，能加快生长速度，体色艳丽，增加其观赏价值，同时，成活率高，死亡少，能够耐高温、低氧以及污染等不良外界环境条件。由于其种类多、分布广、数量大、繁殖力强，被认为是观赏鱼理想的天然动物性饵料。常见种类有大型蚤、溞状蚤、裸腹蚤、隆线蚤等。水溞主要生活在小溪流、池塘、湖泊和水库等水体的静水处，在有些小河中数量较多，而在大的江、河中则较少。一年中水蚤以春季和秋季产量最高。溶氧低的小水坑、污水沟、池塘中的水蚤带红色，而湖泊、水库、江河中的水蚤身体透明，稍带淡绿色或灰黄色。观赏鱼饲养者可以选择适当时间和地点进行捕捞，用以饲喂观赏鱼，满足其营养需求，并可在水蚤丰盛的季节，捞取水蚤制成水蚤干，作为秋冬季和早春的饲料。

 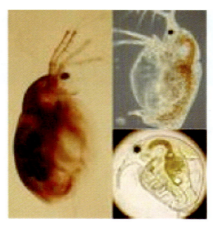 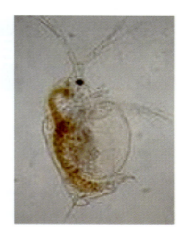

图7-1　枝角类

2. 剑水蚤

剑水蚤俗称跳水蚤，有的地方又叫"青蹦"、"三脚虫"等，是甲壳动物桡足类中的一种（图7-2）。桡足类的营养丰富，据分析，含蛋白质59.81%，脂肪19.8%，含氮量为9.57%～10.15%，灰分约为6%，就蛋白质和脂肪的含量而论，比水蚤还要高。但是剑水蚤的缺点是它躲避鱼类捕食的能力很强，能够在水中连续跳动，并迅速改变方向，特别是幼鱼不容易吃到它。另外，某些桡足类还能够咬伤或噬食观赏鱼的卵和鱼苗。因此，活的剑水蚤只能喂给较大规格的观赏鱼。剑水蚤在一些池塘、小型湖泊中大量存在，也可以大量捞取晒干备用。

图7-2　剑水蚤

3. 轮虫

轮虫是小型浮游动物，体长约100～500μm，肉眼较难观察，水中数量较多时多呈灰色，又称"大灰水"。常见的轮虫有壶状臂轮虫、龟纹轮虫、泡轮虫、水轮虫、柱状轮虫等（图7-3）。其营养丰富，在观赏鱼繁殖中是一种很重要的动物性饵料，可用来喂养幼鱼。轮虫在淡水中分布很广，春夏季节，繁殖活跃，数量多，秋冬次之。可在池塘、湖泊、水库、河流水体中捞取，也可以采取人工培养方法获得。

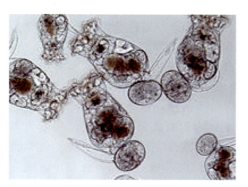

图7-3　轮虫

4. 原虫

原虫又称为原生动物，是单细胞动物，种类较多，分布广泛。草履虫、尾毛虫、辐射变形虫、钟形虫等原生动物，是观赏鱼的幼鱼适口性较好的活性饵料，尤其适合刚孵出的仔稚鱼。在污水中上述原生动物最宜生长，在春末夏初的黎明时刻，它们即密集在水面，呈蛋黄色。有经验的观赏鱼爱好者多在黎明到日出时刻到这些水体中捕捞。草履虫又称"小灰水"，是只有一个细胞的单细胞动物，肉眼难以看见，在显微镜下观察，像一只草鞋，所以称"草履虫"（图7-4），是观赏鱼苗的良好饵料。分布很广，河流、池塘均有，尤其在污水中特别多，也可以用稻草浸出液大量培养草履虫来喂养观赏鱼苗。

图7-4 草履虫

5. 水蚯蚓

水蚯蚓又名红线虫、线虫，丝蚯蚓等，属环节动物中水生寡毛类，通常呈红色或青灰色，体细长，由许多环节所组成（图7-5）。水蚯蚓一般长度为10～15mm，粗0.5～1.5mm，它们多生活在江河流域的岸边或河底的污泥中，密集于污泥表层，一端固定在污泥中，一端伸出污泥在水中颤动，一遇到惊动，立刻缩回污泥中。水蚯蚓的营养价值极高，其蛋白质和脂肪含量与桡足类相似，是观赏鱼适口的优良饵料。捞取水蚯蚓要连同污泥一块带回，用水反复淘洗，逐条挑出，洗净虫体后投喂。若饲养得当，水蚯蚓可存活1周以上。当水中溶氧充足时，水蚯蚓会紧聚一团，缺氧时，便游离分散。当水蚯蚓的颜色呈淡红或乳白色，蠕动缓慢，表示生活不正常，应立即换水，在溶氧充足的清水中，很快就能恢复健康，否则就会死亡；若水蚯蚓的颜色鲜红，蠕动迅速，表示其生活正常，没有必要换水。

图7-5 水蚯蚓

6. 孑孓

孑孓是蚊类幼虫的总称，种类很多，常见的有按蚊、伊蚊和库蚊的幼虫。通常雌蚊吸血后，才能产卵，一般每只雌蚊每次产卵几十个到几百个，刚孵化出的孑孓体长1.0～1.5mm，经过10～14天的生长，大的个体长度达到8～15mm（图7-6）。孑孓经过四次蜕皮后变成蛹，再经过2天羽化成蚊子。孑孓生活在稻田、池塘和水沟里，喜欢群集，尤其春、夏季分布较多，可用小网捞取，孑孓在水的表面上呼吸，受惊吓后，迅速沉入水底，所以，在捞取时速度要快。孑孓含蛋白质8.2%、脂肪0.1%、无氮浸出物2.4%，其营养丰富，容易消化，是观赏鱼喜食的饵料之一。要根据孑孓的大小来喂养观赏鱼，在投喂前要用清水洗净。

图7-6 孑孓

7. 血虫

血虫是昆虫纲双翅目摇蚊科幼虫的通称，活体为鲜红色，其体长约为1～2cm，身体呈圆筒形，分节，北方又称之为"油虫"（图7-7）。生活在湖泊、水库、池塘、沟渠等水体的底部，有时游到水的表层。血虫的营养价值相当高，其体内除含有丰富蛋白质、脂肪和维生素外，还含有一种芳香物质，因此对鱼有良好的适口性，且容易消化，是大中型观赏鱼爱吃的高级动物性天然饵料之一。日本和欧美一些国家的金鱼爱好者认为血虫在观赏鱼饲养中占有很重要的地位，投喂血虫的观赏鱼生长快，肥满度好，颜色鲜艳。吃惯了血虫的鱼很难改口吃其它种类的饵料，因此一般只是将血虫作为调剂观赏鱼胃口的辅助饵料。

图7-7 血虫

8. 蚯蚓

蚯蚓属于环节动物门寡毛纲（图7-8）。蚯蚓含有丰富的营养物质，鲜蚯蚓含蛋白质为40%，蚯蚓干中含蛋白质为55%，含脂肪为9%，无氮浸出物为8%，灰分为22%以上，此外，其体内还含有丰富的维生素B和维生素A。蚯蚓的种类较多，一般都可作观赏鱼的饵料，其中最适合作为观赏鱼饵料的应为红蚯蚓（即赤子爱胜蚯蚓），个体不大，细小柔软，适合观赏鱼吞食。红蚯蚓一般栖息于温暖潮湿的垃圾堆、牛棚、草堆底下或造纸厂周围的废纸渣中以及厨房附近的下脚料里。每当下雨时，土壤中相对湿度超过80%时，蚯蚓便爬行到地面，此时可以收集。晴天可在土壤中挖取蚯蚓，先将挖出的蚯蚓放在容器内，洒些清水，经过1天后，让其将消化道中的泥土排泄干净，再洗净切成小段喂养观赏鱼，通常全长6cm以上的观赏鱼才能吞食蚯蚓。

图7-8 蚯蚓

9. 蝇蛆

蝇蛆为苍蝇的幼虫，灰白色，无足，体后端钝圆，前端逐渐尖削（图7-9）。蝇蛆主要滋生在人畜粪便堆、垃圾、腐败物质中，取食粪便及腐烂物质，也有的生活于腐败动物尸体中。生长快速，3～4日龄幼虫体长8～12mm，体重20～25mg，幼虫口呈钩爪状，前气门呈扇形，后气门呈"D"字形。蝇蛆个体柔嫩、营养丰富，干物质中蛋白质含量达50%～60%，脂肪达10%～29%，其营养水平可与进口最好的秘鲁鱼粉媲美，是豆饼的1.3倍，骨肉粉的1.9倍，可作为成鱼和亲鱼培养的饵料。投喂前需漂洗干净并消毒，减少其对养殖水体的污染。人工繁殖蝇蛆时需要严格控制，以防止对环境造成危害。

图7-9 蝇蛆

10. 蚕蛹

蚕蛹的体形像一个纺锤，分头、胸、腹三个体段。头部很小，长有复眼和触角；胸部长有胸足和翅;腹部长有9个体节(图7-10)。蚕蛹含粗蛋白53.9%,粗脂肪22.3%,还含有丰富的矿物质和各种氨基酸,营养价值很高,是饲养观赏鱼很好的动物饵料。由于蚕蛹的脂肪含量很高,即便通过脱脂处理的蚕蛹,脂肪的含量仍很高,极易变质腐败,应注意保存。利用蚕蛹投喂观赏鱼,通常先把蚕蛹加工成粉末状,做成颗粒饵料后投喂。

图7-10 蚕蛹

11. 螺肉

田螺泛指田螺科的软体动物,属于软体动物门腹足纲前鳃亚纲田螺科。田螺在全国大部地区均有分布。可在夏、秋季节捕取。淡水中常见有中国圆田螺、中华圆田螺等(图7-11)。螺肉的营养物质含量丰富,蛋白质为14%,脂肪为0.4%,还含有丰富的灰分和各种氨基酸。使用螺肉投喂金鱼的方法是先将田螺外壳去掉,通过淘洗,再去掉碎壳和杂质,然后把螺肉煮熟,用绞肉机绞碎,方可投喂观赏鱼。在观赏鱼成鱼饵料中掺入适量螺肉,有利于促进观赏鱼的生长发育。

图7-11 田螺

12. 血块、血粉

通常是用猪、牛、鸡、鸭、兔等家禽家畜的血做成的,营养成分也很丰富,如猪血粉各种营养物质的含量为:粗蛋白84.7%、粗脂肪0.40%、磷0.22%、钙0.20%、灰分3.20%。在加工成血粉时,必须先进行发酵,未经发酵的血粉,观赏鱼的利用率不高,造成很大浪费。此类饵料的营养价值很高,如将其制成粉剂与小麦粉或大麦粉混合制成颗粒饵料喂养观赏鱼,则效果更好。

13. 鱼、虾肉

不论哪种鱼、虾肉都可以作为观赏鱼的饵料,营养丰富且易于消化。鱼须煮熟剔骨后投喂,虾肉需撕碎后投喂。若将鱼、虾肉混掺部分面粉,经蒸煮后制成颗粒饵料投喂则更为理想。

14. 鱼粉

可作为观赏鱼的饵料,但鱼粉的质量差别很大,含盐量也不一样。如进口鱼粉含粗蛋白62%、粗脂肪9.7%、磷2.9%、蛋氨酸1.65%、苏氨酸2.35%、钙3.91%、灰分14.4%、赖氨酸4.35%、粗纤维为0,同时还含有缬氨酸、异亮氨酸、苯丙氨酸,含盐量很低,一般为1.5%~2.5%;而国产鱼粉含蛋白质55.1%、粗脂肪9.30%、磷2.15%、蛋氨酸1.44%、苏氨酸2.22%、钙4.59%、灰分18.9%、赖氨酸3.64%、缬氨酸2.29%、异亮氨酸2.23%、苯丙氨酸2.10%,等外鱼粉的营养物质含量则更低。国标一、二级鱼粉含盐4%,三级鱼粉含盐5%。从以上的数字可以看出,进口鱼粉比国产鱼粉营养价值高,含盐量低。因鱼粉的颗粒粗,投喂前要加工成细粉,直接投喂或加工成颗粒再喂观赏鱼都可以。

15. 虾皮、虾子、虾干

蛋白质含量为39.3%~44.9%,脂肪含量为1.5%~3.0%,同时还含有大量的磷、铁等矿物质。由于含盐量过大，直接用来投喂观赏鱼，容易造成食盐中毒，影响生长，因此，在投喂前，需在冷水中浸洗1h，去掉盐分，切碎后投喂。

16. 蛋黄

对刚开口摄食的鱼苗，在原虫、轮虫短缺时，一般均用蛋黄代替。蛋黄营养丰富，而且颗粒很小，一般为15～30μm，金鱼苗吃起来很适口，因此，在鱼苗孵出初期，以鸡蛋黄或鸭蛋黄为饵料，饲养鱼苗效果很好。投喂量根据鱼苗的数量而定，一般1个蛋黄一次可投喂鱼苗20万～30万尾。具体方法是：将蛋黄包在细纱布里揉碎，放在鱼缸里水的表层淘洗，使蛋黄颗粒均匀散布在水中，这时刚孵出的鱼苗可以吞食蛋黄的颗粒。用鸡、鸭蛋黄与面粉混合制成颗粒状饵料喂养观赏鱼效果也很好。

17. 黄粉虫

黄粉虫又叫面包虫，在昆虫分类学上隶属于鞘翅目、拟步行虫科、粉虫甲属（图7-12）。原产于北美洲，20世纪50年代从前苏联引进我国饲养，黄粉虫干品含脂肪30%，含蛋白质高达50%以上，此外还含有磷、钾、铁、钠、铝等常量元素和多种微量元素，并富含维生素、酶类物质及动物生长所必需的16种氨基酸。因干燥的黄粉虫幼虫含蛋白质50%左右、蛹含57%、成虫含60%（据《中药科技报》报道），被誉为"蛋白质饵料宝库"。国内外许多著名动物园都用其作为繁殖饲养名贵珍禽、水产动物的饲料之一。黄粉虫可以替代蚯蚓、蝇蛆作为黄鳝、对虾、河蟹的活饵料，也是观赏鱼养殖主要的优质动物蛋白源，喂养效果极佳且易获得，主要用来饲养龙鱼和大型慈鲷鱼。黄粉虫在蛹化及刚脱壳时，磷与钙的含量增高，鱼类吃了之后，鳞片亮丽，色泽增加。亲鱼在发情产卵前喂食蛹化的黄粉虫，其受精卵的孵化率会提高，孵化出的仔鱼也较健康。黄粉虫养殖技术简单，管理方便，无臭味，可以在居室中养殖，且成本低，1.5～2kg麦麸可以养成0.5kg黄粉虫。

图7-12 黄粉虫

18. 卤虫（丰年虫）

卤虫隶属节肢动物门甲壳纲、鳃足亚纲、无甲目（Anostraca）的卤虫科和丰年虫科（图7-13）。刚从卵孵化出来的卤虫无节幼体，具有较高的营养价值，作为各种观赏鱼幼鱼的开口饵料被广泛使用（特别适合喂五彩神仙鱼、七彩神仙鱼的幼鱼），且使用方便，可以随时孵化，只是价格稍高。长大的成虫肉少皮多，营养价值低。

图7-13 丰年虫

以上动物性饵料除鲜活投喂外，还可以加工成冷冻饵料或干燥饵料，以便于保存使用。常见的冷冻饵料有冰冻血虫、冰冻红虫、冰冻丰年虫等。由于鲜活的饵料都带有大量致病菌体和微生物、毒素，很容易引发鱼病，因此不宜直接拿来喂观赏鱼，一般将鱼市买回的鲜活饵料反复清洗、严格消毒杀菌后，再放入冰箱进行冷冻处理，做成冷冻饵料，以减少细菌携带。冷冻饵料容易保存，使用方便，每次喂食时取部分冷冻饵料化冻后投喂。现在市场上也有成品的冰冻饵料出售，质量参差不齐，选购时要认真挑选。

干燥饵料是将生或死的鲜饵料经自然晾干或机器烘干制得，具有易于保存、运输方便的特点。但在烘干过程中，营养物质大量损失，适口性差，鱼不爱吃，使用价值低，现很少有人使用。常见的干燥饵料有干燥丰年虫、干燥血虫、干燥鱼虫等。

二、动物性饵料的人工培养

为保证观赏鱼活饵料常年稳定供应，可采用人工培养以获取动物性活饵。

1. 草履虫等原生动物的培养

原生动物是喂养观赏鱼苗的好饵料，其培养方法比较简便，规模可大可小，可根据需要决定生产规模。

（1）草履虫的培养

①生活习性　草履虫习性喜光，体长约0.15～0.30cm，一般生活在湖泊、坑塘里，在腐殖质丰富的场所及干草浸出液中繁殖尤为旺盛，适宜生长温度为22～28℃。大量繁殖时，在水层中呈灰白色云雾状飘动或回荡，故又称为"洄水"或"灰水"。

②种源　在草履虫易生的水体取水样置于玻璃培养缸中，如见水层中有游动着颗颗白色小点，即表明有其存在。培养时可取"洄水"作种源，取"洄水"一滴置于显微镜下观察，每一白色小点便是游走不定的草履虫。

③培养方法　取稻草绳约70cm，整段或剪成若干小段置于玻璃缸中，再加水约5000mL，移入少量种源，而后将玻璃缸置光照比较充足的地方，在水温18～24℃的水体培养6～7天，草履虫就会大量繁殖。繁殖数量达顶峰时，如不及时捞取，次日便会大部分死亡，故一定要每天捞取，捞取量以1/3～1/2为宜，同时补充培养液，即添加新水和稻草施肥，如此连续培养，连续捞取，就可不断地提供活饵料。

（2）变形虫的培养

①生活习性　变形虫喜欢生活在水质比较清的水池或水流缓慢、藻类较多的浅水中。有时附着在浸没于水中或泥底的腐烂植物上，或浮在水面的泡沫上。

②种源　变形虫生活的最适宜温度是18～22℃，春、秋两季最易采集到。培养时取泥底表面的泥土或浮沫的水滴作为种源。变形虫的体型较大，约有0.2～0.6mm，肉眼可见一小白点。可利用其在饱食时突然受震会牢固地附着在物体上的特性把它分离出来作为种源，其方法是取少量变形虫的培养液滴于玻璃上，见白色小点（有条件在显微镜下观察更好），即滴水于白色小点处，并立即震动玻璃片，虫体就会牢牢附于玻片上，然后用凉水慢慢冲洗玻片上的培养液约10s，这样连做数片作为种源。

③培养方法　将分离的变形虫连同玻璃片一起放入培养液中，其培养液也可采用稻草加水浸泡的方法来制备，稻草和水用量的多少根据培养规模来定，其比例可参照草履虫培养液。经几天培养，即可获大量较纯的变形虫。

2. 轮虫的培养

（1）生活习性　轮虫的分布很广，坑塘、河流、湖泊和水库等处均可见到，其适温范围较广，最适生长温度为25～30℃。轮虫主要以单胞藻及有机碎屑为饵料。

（2）培养容器　轮虫培养常用的培养容器有：各种玻璃器皿、不同规格的水族箱、大小不同的水桶、水泥池或土池等。培养容器使用前应经严格消毒处理，玻璃器皿体积较小，可将其直接放入锅中，加水煮沸，烧煮30min即可，大型容器及培养池等一般采用化学消毒法，常用消毒药品为漂白粉、高锰酸钾等。

（3）种源　培养轮虫的种源，可采取从"泂水"中分离的办法，即在轮虫易生水体取"泂水"若干毫升放入玻璃皿中，用吸管吸去大型溞类等，利用轮虫趋光的习性，再用微细吸管把轮虫逐个分离出来，先在较小容器内培养，待有一定量时接种至池内培养。轮虫的接种密度一般以 2～5 个/mL 为宜。

（4）培养方法　为使培养的轮虫达到最快的生长繁殖速度，应注意保温加温。当光照条件较好时，可在培养轮虫的容器内先加入营养盐，以培育单胞藻，待容器内的水稍具颜色后再接种轮虫，在培养过程中，保持一定光照条件是非常必要的。随着轮虫密度的增加，单胞藻和有机碎屑已不能满足轮虫的营养需要，因此必须补充投饵，最常用的是面包酵母。一般用鲜酵母，也可用干酵母及酵母片（食母生），鲜酵母应低温保存。投喂前先绞碎，经 250 目筛绢过滤，投喂量为 0.01g/（万个轮虫·天），分两次投喂。也可用光合细菌和鲜酵母混合投喂。光合细菌对轮虫的种群增长具有明显的促进作用，投喂量为（5～10）×10^6 个细胞/mL。要根据培养中的具体情况及轮虫胃中内含物的多少来调节投饵量，以吃饱且略有剩余为宜，过多或不足都不利于轮虫的增殖。

在小水体中培养轮虫，投喂酵母后应轻轻搅拌，使之分布均匀，并能增加水体的溶氧量。采用稍大水体进行轮虫培养时，应连续充气，以保证培养水体中的溶氧量，并可防止饵料下沉，但充气量不宜过大，以利轮虫的快速生长和繁殖。在适宜的温度、光照、溶氧、充足的饵料、良好的水质及合理的培养方法下，经 10 天左右的培养，当轮虫的密度达到 200 个/mL 以上时，即可进行扩大培养或采收。

（5）轮虫的营养强化　用酵母培养的轮虫，其缺点是缺乏 n-6/n-3 系列不饱和脂肪酸，特别是二十碳五烯酸（EPA）和二十二碳六烯酸（DHA），而这两种营养成分对鱼类的生长、抗病力及成活率都有重要的影响。因此，用酵母培养的轮虫，使用前必须进行营养强化。轮虫的营养强化剂是从鱼油、乌贼油等海洋动物的脂肪中提取的，它含有多种不饱和脂肪酸及维生素，是经乳化制成的乳浊液，能较好地溶于水。此外，还可投喂高浓度海洋微藻（小球藻、微绿球藻和螺旋藻）对轮虫进行营养强化。

①海洋微藻强化　就是把需营养强化的轮虫用海洋微藻进行再次培养。选用的微藻种类应富含 n-3 系列不饱和脂肪酸（特别是 EPA 和 DHA），如三角褐指藻、新月菱形藻、球等鞭金藻、角毛藻、小球藻和微绿球藻等。考虑到季节、成本及培养的难易程度等因素，以选用小球藻和微绿球藻较好。其方法如下。

a. 强化容器准备　强化培养的容器一般为玻璃缸桶，也可用小型水泥池，以生产上操作方便为准。容器经高锰酸钾或有效氯药品消毒后备用。

b. 加入高浓度的藻液　小球藻、微绿球藻的密度应在 700 万细胞/mL 以上，如藻液浓度不够，可预先进行浓缩处理或加入商品藻膏一并使用。

c. 轮虫的收集处理　用 200 目以上筛绢将轮虫收集起来，用干净海水冲洗数遍，再用 60 目筛绢过滤一下除去较大的原生动物，以免和轮虫争夺微藻饵料。然后将要强化培养的轮虫放入已准备好藻液的容器中进行强化培养。

d. 强化　强化轮虫的密度以 400～500 个/mL 效果较好，强化过程中需不间断充气，控温在 25～28℃。在强化过程中，如发现微藻被轮虫食尽，应把轮虫滤出，并换藻液继续进行强化培养。强化时间一般为 24～48h，时间太短效果较差。

②强化剂强化　以强化轮虫 EPA/DHA 为目的的商品强化剂种类很多。这类强化剂含有多种不饱和脂肪酸和维生素，是经过乳化制成的乳浊液，使用时比较容易与水混合。强化剂的品牌很多，不同型号的强化剂所含的成分不完全相同，使用时应根据其使用说明操作。具体

法如下。

a. 准备强化缸　通常采用玻璃钢桶，最好是具锥形底的玻璃钢桶。用高锰酸钾或有效氯药品消毒后，加入25℃的过滤海水。布入充气管，采用大气泡充气，不要使用气石。

b. 轮虫收集　用筛绢网将要强化的轮虫收集起来，冲洗后放入强化缸中，轮虫的密度为300～500个/mL。

c. 添加强化剂　按每立方强化水体添加60～80mL（液体）或50g（固体）的量称量好强化剂，加少量的水用组织捣碎机、搅拌机等混匀后倒入强化缸。

d. 强化　控温在25～28℃，充气强化3～4h后，依法再加等量的强化剂继续强化3～4h。强化完备后，用筛绢网滤出轮虫，用海水充分洗涤，除去黏附在表面的强化剂，以减少对育苗水体的污染。

3. 枝角类的培养

枝角类繁殖的最适温度为18～25℃。当水温降至5℃左右时，停止产卵，水温上升至10℃时又恢复产卵。枝角类的培养规模，可视需要任意确定。

(1) 小规模培养　一般家庭养鱼可用养鱼盆、花盆及玻璃缸等作为培养器具。如用直径85cm的养鱼盆，先在盆底铺厚约6～7cm的肥土，注入自来水约八成满，再把培养盆放在温度适宜又有光照的地方，使细菌、藻类大量滋生繁殖，然后引入枝角类2～3g作种源。经数日即可繁殖后代，其产量视水温和营养条件而有高有低。水温保持16～19℃，经5～6天即可捞取枝角类10～15g，水温低于15℃时，繁殖极少。培养过程中，培养液肥度降低时，可用豆浆、淘米水、尿肥等进行追肥。另外，也可用养鱼池里换出来的老水作培养液，因这种水内含有各种藻类，都是枝角类的好食料，故培养效果较好；但水中的藻类也不能太多，多了反而不利于枝角类取食。

(2) 大规模培养　适用于观赏鱼养殖场，在观赏鱼商业化生产时，需要枝角类的数量较大，宜用土池或水泥池大规模培养。面积大小视需求量决定。池子的深度要达1m左右，注水约七八成满，加入预先用青草、人畜粪堆积发酵的腐熟肥料，按每亩水面500kg的数量施肥，使菌类和单细胞藻类大量繁殖，然后投入枝角类成虫作为种源，经3～5天培养，大量繁殖后，即可捞取鱼虫喂鱼。捞取鱼虫后应及时添加新水，同时再施追肥一次，如此可连续培养捞取。培养过程中保持水中溶解氧充足，pH7.5～8.0，COD在20mg/L左右，水温适宜时，枝角类的繁殖很快，产量很高。

4. 蚯蚓的培养

(1) 生活习性　蚯蚓穴居土中，以土壤中的腐殖质为食。除金属、玻璃、塑料和橡胶外，许多有机废弃物和污泥都可作为蚯蚓的食料，如纸厂、糖厂、食品厂、水产品加工厂、酒厂的废渣，污水沟的污泥、禽畜粪便、果皮菜叶、杂草木屑和垃圾等。使用这些有机物注意忌含矿物油、石灰、肥皂水和过高的盐分。

蚯蚓在10～30℃之间均能生长繁殖，最适温度为20～25℃。土壤含水率要求为35%～40%，pH值以6.6～7.4较适宜。蚯蚓雌雄同体，但需异体受精方能产卵，受精卵在茧内经18～21天后发育成幼蚓。小蚯蚓从出生到成熟约需4个月，成熟后每月产卵一次，每次繁殖10～12条，好的品种一年可繁殖近千倍。

(2) 培养基制备　培养蚯蚓的基料和饲料要求无臭味，无有毒物质，并已发酵的腐熟料。基料的制作与饲料基本相似，即把收集的原料按粪60%、草40%的比例，层层相间堆制（全部粪料亦可）。若料较干，则于堆上洒水，直至堆下有水流出为止。待堆上冒"白烟"后就可进行翻堆，重新加水拌和堆制。如此重复3～5次，整堆料都得到充分发酵后就可作为蚯蚓的基料和饲料。如全部用粪料堆制，可不必翻堆。

（3）种源　在温度适合的季节可到阴暗、潮湿、富含腐殖质的土壤中挖取，亦可到水族店、鱼市购买健康的蚯蚓作为种蚯。

（4）培养方法　养殖蚯蚓最好在无震动、无噪声、空气流通、温暖潮湿、没有日光直射的地方进行。具体养殖方法如下。

①箱养　用废旧的木板钉成高20cm、长40cm、宽60cm的木箱，并在木箱的底板和四周的侧板上钻一些直径为1～2cm的小洞，以利透气、排水。放入种蚯前，先在箱内铺置15cm厚的肥沃原土和腐烂木叶的混合物或事先制备的培养基，然后把种蚯放入木箱中，并将木箱叠置在房间、庭院等处，此种方法适合小规模饲养。

②坑养　天气温暖的季节，蚯蚓可在室外坑养。先确定好饲养地点，然后挖一个长200cm、宽100cm、深50cm的土坑，用挖出的土在坑的周围叠起一道高出地平面15cm的埂，然后将坑底和坑壁打实，以防在饲养时蚯蚓逃逸。把土坑里放入40cm厚的肥沃园林土和腐烂树叶的混合物或事先制备的培养基，然后把种蚯蚓放到土坑里。

用以上两种方式养殖蚯蚓，第一次收获可在接种30天后进行，以后每隔半个月收获1次。可利用它怕光、怕热、怕水淹的特点和用食物引诱的方法进行蚯蚓的收集。在饲养过程中要及时清除蚯蚓粪，清粪时，要根据蚯粪的厚度而定，一般蚯粪厚度达3cm时，就应将蚯粪清除干净。除在养殖的第一个月外，以后每隔半个月就应添料1次。

蚯蚓的饲养管理主要做到：保证基料、饲料疏松通气；保持湿润；防毒防天敌，如蝇蛆、蚂蚁、青蛙、老鼠等及农药危害；避免阳光直射和冰冻。

5. 蝇蛆的培养

蝇蛆是一种营养价值很高的蛋白质饲料，蝇蛆生产由饲养成蝇、培养蝇蛆和分离回收三个环节组成。

（1）成蝇的饲养　成蝇生长繁殖的适宜温度为22～30℃，相对湿度为60%。成蝇的饲料，大都是由奶粉、糖和酵母配合而成，亦可用鸡粪加禽畜尸体，或用蛆粉和鱼粉代替奶粉。培养房内设方形或长方形蝇笼，笼内置水罐、饵料罐和接卵罐。雌蝇在羽化后4～6天开始产卵。每只雌蝇一生产卵1000粒左右，寿命约1个月。接卵时，用变酸的牛奶、饵料，加几滴稀氨水和糖水，再加少量碳酸铵或鸡粪浸出液，将布或滤纸浸润后放入接卵罐内，成蝇就会将卵产于布或滤纸上。

（2）蝇蛆的培养　家蝇是可进行高密度饲养的种群。幼虫饲养密度因培养基质不同而异，以麦麸为培养基每5kg（含水65%）放蝇卵4g，平均可产幼虫533g，以鸡粪为培养基为每5kg（含水65%）放蝇卵4g，可产幼虫490g。在夏季，多采用室外育蛆，在冬、秋季节生产蝇蛆，往往采用室内育蛆，幼虫室应保持较为黑暗的条件。

室内育蛆时，首先在房内修建保温、加湿、通风设施，然后修建水泥池多个。一般池子要求面积在2～4m²，深20cm，其上用窗纱做成盖子。温度要调节在25℃左右。将畜禽类粪便加水80%，堆好并盖塑料薄膜沤制发酵48h以上再用，用时将饲料pH调至6.5～7.0，按40～50kg/m²的量将其放入池内铺平。然后将收集的卵均匀撒在上面，经过8～12h孵出蛆来，4～5天后蛆虫长成，可收集利用。

室外平地粗放育蛆是在蝇蛆生长季节，在室外修池然后将卵移入池中孵化成蛆。一般池中饲料铺设厚度在10cm左右，雨季要注意遮雨水，以免泛池跑掉。用发酵后的鸡粪、猪粪或食品厂的下脚料（如酒糟、酱油渣、醋糟）、屠宰场的下脚料等混合，平摊于池内，诱集的苍蝇在上产卵。一般每千克料经7天养殖可收获150g左右的蝇蛆。采用此法的关键是要及时收获蝇蛆，防止成蛹羽化，产生大量苍蝇，飞出养殖场给人们带来危害。

也可把培养蝇蛆的料放入筛内，将筛放在容器之上，或挂于养鱼池水面30cm上方，利用蝇蛆的避光性与钻孔性，从筛上钻出，落入容器内或饵料盘上，成为观赏的饵料。

在培养过程中要选留蛆蛹作种，一般经4~5天培养，蛆虫即长成，选择个体粗壮、生长整齐的蝇蛆在化蛹前一天，把蝇蛆从培养料中分离出来。方法是把表层的培养料清除，剩下少量的培养料和大量的蝇蛆，次日蝇蛆基本成蛹并在培养料上面，可将蛹转入羽化缸并放入蝇笼内待其羽化成蝇。

（3）蛆的分离回收　蝇蛆卵孵化后，经过4天的培养，即可进行分离待用。分离幼虫时，可利用幼虫的负趋光性进行。分离的方法有多种，如人工分离法，可将要分离的蛆培养盘放到有光线的地方，由于蛆畏光，向下爬，这时可用铲子将上部废料轻轻铲出，反复进行多次，直至把废料去净为止。筛分离法，将要分离的蛆连同培养料一齐倒入分离筛中，蛆逐渐向饵料下层蠕动，并通过筛孔掉到下面的容器内，而废料留在上面，达到分离目的。

利用分离箱将幼虫从培养基质中分离出来的具体操如下：分离箱一般长、高、宽各为50cm，分别由筛网、暗箱和照明部分组成，筛目一般用8目（用农产品下脚料饲养则用更细的筛网），筛网上设有强光灯。分离时把混有大量幼虫的培养基质放入分离箱的筛网上，打开光源，人工搅动培养基质，幼虫见光即下钻，然后将表层培养基去除。不断重复，最后将筛网中的大量幼虫与少量培养基质用16目网筛振荡分离，即可达到彻底分离干净之目的。

上述方法适用于以麦麸、酒糟、豆渣等农副产品下脚料为培养料的蝇蛆分离，对利用禽畜粪便作培养料培养的蝇蛆进行分离时，但因粪块黏重，需要人工不断地将其翻动、摊薄，花工多，劳动强度大，工作环境差，料蛆分离率低（一般仅为60%左右）。

6. 黄粉虫的培养

（1）生活习性　黄粉虫在0℃以上可以安全越冬，10℃以上可以活动吃食。在长江以南一年四季均可繁殖。在特别干燥的情况下，黄粉虫尤其是成虫有互相残食的习性。黄粉虫幼虫和成虫昼夜均能活动摄食，但以黑夜较为活跃。成虫虽然有翅，但绝大多数不飞跃，即使个别飞跃，也飞不远。成虫羽化后4~5天开始交配产卵，交配活动不分白天黑夜，但夜里多于白天，1次交配需几小时。成虫的寿命3~4个月，一生中多次交配，多次产卵，每次产卵6~15粒，每只雌成虫一生可产卵30~350粒，多数为150~200粒。卵粘于容器底部或饲料上。

卵的孵化时间随温度变化差异很大，在10~20℃时需20~25天可孵化，25~30℃时只需4~7天便可孵化，为了缩短卵的孵化时间，尽可能保持室内温暖。幼虫经过大约75~200天的饲养，一般体长达到30mm，体粗达到8mm，最大体长33mm，粗8.5mm。幼虫生活的适宜温度为13~32℃，最适温度为25~29℃，低于10℃极少活动，低于0℃或高于35℃有被冻死或热死的危险。幼虫很耐干旱，最适湿度为80%~85%。幼虫长大后化为蛹，蛹无茧，包被于饲料堆里，有时自行活动。蛹期较短，温度在10~20℃时15~20天可羽化，25~30℃时6~8天可羽化。将要羽化为成虫时，不时地左右旋转，几分钟或十几分钟便可脱掉蛹衣羽化为成虫。

黄粉虫属杂食性，五谷杂粮及糠麸、果皮、菜叶等均可作饲料。人工饲养主要喂食麦麸、米糠和菜叶等。

（2）培养方式　黄粉虫的培养技术比较简单，根据生产需要可进行大面积的工厂化培养或小型的家庭培养。

①工厂化培养　这种生产方式可以大规模提供黄粉虫作为饵料。工厂化养殖的方式是在

室内进行的,饲养室的门窗要装上纱窗,防止敌害进入。房内安置若干排木架(或铁架),每只木(铁)架分3~4层,每层间隔50cm,每层放置1个饲养槽,槽的大小与木架相适应。饲养槽可用铁皮或木板做成,一般规格为长2m、宽1m、高20cm。若用木板做槽,其边框内壁要用蜡光纸裱贴,使其光滑,防止黄粉虫爬出。

②家庭培养　家庭培养黄粉虫,可用面盆、木箱、纸箱、瓦盆等容器放在阳台上或床底下养殖。容器表面太粗糙的,在内壁贴裱蜡光纸即可使用。

(3)饲料及其投喂法　人工养殖黄粉虫的饲料分两大类:一类是精料——麦麸和米糠;一类是青料——各种瓜果皮或青菜。

精料使用前要消毒晒干备用,新鲜麦麸也可以直接使用。青料要洗去泥土,晾干再喂。不要把过多的水分带进饲养槽,以防饲料发霉。发霉的饲料最好不要投喂。

(4)温度与湿度控制　黄粉虫是变温动物,其生长活动、生命周期与外界温度、湿度密切相关。温度和湿度超出特定范围,黄粉虫的各态死亡率大幅升高。夏季气温高,水分易蒸发,可在地面上洒水,降低温度,增加湿度;梅雨季节,湿度过大,饲料易发霉,应开窗通风;冬季天气寒冷,应关闭门窗在室内加温。

(5)饲料虫的收集保存　黄粉虫除留种外,无论幼虫、蛹还是成虫,均可作为活饵料直接投喂或制成干饲料。幼虫从孵出到化蛹约3个月左右,此期内虫的个体由几毫米长到30mm,可直接收集投喂观赏鱼。生产过剩的可以烘干保存。

第二节　植物性饵料

观赏鱼对植物纤维的消化能力差,但是某些观赏鱼的咽齿能够磨碎食物,植物纤维外壁破碎后,细胞质也可以消化。常见的植物性饵料有芜萍、藻类、面条、面包和饭粒等。投喂前要仔细检查是否有害虫,必要时可用浓度较低的高锰酸钾溶液浸泡后再投喂,杜绝给观赏鱼带入病菌和虫害。饲养观赏鱼喂些植物性饵料,不仅增加营养,而且也增加食欲,促进消化,通常观赏鱼喜食的植物性饵料很多,现分别叙述如下:

一、植物性饵料的种类及特点

1. 芜萍

芜萍也叫无根草、大球藻,在江苏、浙江一带叫藻沙,广东一带叫芝麻萍。它是浮萍科中最小的一种,整个植物呈粒状的叶状体,没有根和茎,体长为0.5~1mm,宽为0.3~0.8mm,呈椭圆形(图7-14)。植物体的先端有囊部,由此形成芽体,芽体受到外界作用后,脱离母体,形成新个体。芜萍是多年生漂浮植物,生长在小水塘、稻田、藕塘和静水沟渠等水体中。适宜生长的水温为22~32℃,通常不开花,在晚秋时形成小而坚硬的芽,沉入水底越冬。长江以南地区均有自然生长,浙江菱湖地区进行人工培育,已有几百年的历史,培育出一些优良品种,最大个体1.2~1.5mm。芜萍营养丰富,干芜萍的蛋白质含量达45.8%,脂肪含量为32.9%,此外,还含有丰富的维生素B_1、维生素B_2、维生素C和微量元素

图7-14　芜萍

钴，而钴的含量比其它青饲料都高，喂芜萍的观赏鱼比喂豆饼和麸皮的增重60%以上。

2. 青萍和紫背浮萍

青萍俗称小浮萍，是一种多年生漂浮植物，植物体为卵圆形的叶状体，左右不对称，个体比芜萍大些，长3～4mm。上下表面呈绿色，生有一条细丝状的根（图7-15）。分布在稻田、藕塘、渠道等静水水体中。秋后水温下降时，形成冬芽，沉入水底越冬；春天水温升高时，会自动漂浮到水面，生长繁殖。鲜小浮萍含水分91.24%，粗蛋白1.54%，粗脂

图7-15 青萍

肪0.73%，无氮浸出物5.94%，灰分0.55%，可喂个体较大的金鱼。

紫背浮萍也叫大浮萍，植物体为卵形叶状体，表面光滑，呈鲜绿色，背面紫色无光泽，长5～7mm，宽4～5mm，有叶脉7～10条，小根5～10条（图7-16）。通常生长在稻田、藕塘、池塘和沟渠等静水水体中，作为天然饵料，可投喂个体较大的观赏鱼。

图7-16 紫背浮萍

3. 藻类

（1）浮游藻类 通称浮游植物，包括金藻、黄藻、隐藻、红藻、硅藻、裸藻、绿藻和蓝藻七个门，其形状有圆柱形、球形、纺锤形等。一般个体较小，是观赏鱼苗的良好饵料。观赏鱼对硅藻、金藻和黄藻消化良好，对绿藻、甲藻也能够消化，而对裸藻和大部分蓝藻不能够消化，但蓝藻门中的螺旋藻则是养殖观赏鱼的优质饵料，多作为饵料添加剂与其它饵料配合使用。

螺旋藻（spirulina）是一类低等植物，属于蓝藻门、颤藻科。它们与细菌一样，细胞内没有真正的细胞核，所以又称蓝细菌。它生长于水体中，在显微镜下可见其形态为螺旋丝状，故而得名（图7-17）。钝顶螺旋藻为丝状体，藻丝螺旋状，无横隔壁，蓝绿色；藻丝宽4～5μm，长400～600μm；藻丝的顶端细胞钝圆，无异形胞。螺旋藻是人类迄今为止所发现的最优秀的纯天然蛋白质源，蛋白质含量高达60%～70%，相当于小麦的6倍，猪肉的4倍，鱼肉的3倍，鸡蛋的5倍，干酪的2.4倍，且消化吸收率高达95%以上。其特有的藻蓝蛋白，能够提高淋巴细胞活性，对增强机体免疫力具有特殊意义。其中维生素及矿物质含量极为丰富，包括维生素B_1、维生素B_2、维生素B_6、维生素B_{12}、维生素E、维生素K等，并含锌、铁、钾、钙、镁、磷、硒、碘等微量元素。螺旋藻不但蛋白质、脂肪、维生素的含量均

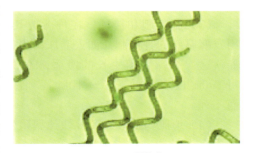

图7-17 螺旋藻

较高，而且还含有鱼类所必需的氨基酸，用其干粉加入人工配合饵料喂鱼，可加快生长速度，提高繁殖能力，使鱼体色泽艳丽，如在锦鲤的养殖中，螺旋藻就是最常用的天然增色剂。

浮游藻类生活在各种小水坑、池塘、沟渠、稻田、河流、湖泊、水库中，通常使水呈现黄绿色或深绿色，可用细密布网捞取喂养观赏鱼。

（2）丝状藻类 通称青苔，是绿藻门中多细胞个体，呈深绿色或黄绿色，观赏鱼通常不

吃着生的丝状藻类，这些藻类往往硬而粗糙。金鱼主要喜欢吃的是漂浮的丝状藻类，如水绵、双星藻和转板藻等，这些藻体柔软，表面光滑，生活在池塘、沟渠、湖泊、河流中的浅水处，我国各地均有分布。丝状藻类只能喂养个体较大的观赏鱼。

4. 菜叶

饲养中不能把菜叶作为观赏鱼的主要饵料，只是适当地投喂绿色菜叶作为补充食料，增加观赏鱼维生素的摄入。观赏鱼喜食小白菜叶、菠菜叶和莴苣叶。在投喂菜叶之前务必将其洗净，在清水中浸泡半小时，以免菜叶上沾有农药或药肥，引起观赏鱼中毒。一般根据鱼体大小，将菜叶切成细条投喂。

5. 豆腐

含植物性蛋白质，营养丰富。豆腐柔软，容易被观赏鱼咬碎吞食，对大小观赏鱼都适宜。但是在夏季高温季节应不喂或尽量少喂，以免剩余的豆腐碎屑腐烂分解，影响水质。

6. 淀粉类饵料

观赏鱼能够部分消化吸收各种淀粉食物，可将干面条切断后用沸水浸泡到半熟或者煮沸后立即用凉水冲洗，洗去黏附的淀粉颗粒后即可投喂，饭粒也需用清水冲洗后投喂。饼干、馒头、面包等这类饵料可弄碎后直接投喂，它与饭粒、面条一样，吃剩下的细颗粒和观赏鱼吃后排出的粪便全都悬浮在水面，形成一种不沉淀的胶体颗粒，容易使水质混浊，并易引起低氧或缺氧现象，该类饵料应尽量少投。

二、植物性饵料的人工培养

1. 芜萍的培养

（1）培养池的选择　为降低培养池的风浪影响，有利于芜萍繁殖生长，池子应建在房屋附近和四周有大树的地方。培养池的面积不宜过大，一般在130～470m^2。小型鱼池、土池、小水坑或水泥池均可，池埂要坚固，不漏水，正常水位保持在1～1.3m。如用水泥池，要在池底填加10～15cm的肥土，有利于芜萍的生长和发育。

（2）培养池的清整和消毒　先将培养池的水抽干，清除四周杂草和废弃物，排干池水，用生石灰15kg/100m^2或漂白粉2kg/100m^2干法清塘消毒，杀死野杂鱼和其它有害生物。清塘1周后注入井水50cm，等待施肥和接种。

（3）施基肥和接种　在种萍放入池塘前7天，先施基肥50～80kg/100m^2，基肥一般采用发酵腐熟的有机肥，如人粪尿、牛、羊、鸡、猪粪等，以牛、羊、鸡粪为佳，人粪尿及猪粪次之。芜萍繁殖生长的最适pH值为5.6～8.0，可用石灰水调节。芜萍可用野生萍种，每100m^2投放萍种7.5～10kg，须散放在用粗竹竿做成的框架中，防止其被风吹到岸边而干死。

（4）追肥与管理　芜萍快速繁殖生长时，池水很快就会变得清瘦，要及时追肥。常用的追肥有人粪尿、牛粪、猪粪等，每隔2～3天，施肥一次，每100m^2的池子每次用量2.5kg。也可用尿素、硫酸铵等化肥，每100m^2的池子，每次用50～75g，最好粪肥和化肥交替使用。

用土池子培养芜萍时，要经常巡池，发现有青蛙、蛙卵，应立即除掉，以免蝌蚪大量吞食芜萍，影响产量。如果芜萍中混杂有满江红、槐叶草等，也要除掉。在7～8月份高温季节，为防止芜萍叶状体焦烂，每天用小型潜水泵向芜萍表面喷洒池水3～5次，小塘可用竹扫帚在萍面轻轻拍打，促使芜萍快速分裂，加速其繁殖。

（5）收获与产量　芜萍放种后，10天左右就会大量繁殖，厚度达到3.3cm。每天就可捞取一次喂鱼，捞取的数量一般0.22～0.3kg/m², 每亩全年可捞取7500～15000kg。

2. 螺旋藻的培养

螺旋藻是浮游植物中个体较大的种类，在人工养殖条件下，每亩水面可年产1500kg。

（1）室内培养　用磷肥∶生石灰∶牛粪∶塘泥∶井水＝0.1∶0.1∶1∶100∶1000的比例配制培育液，放入内径30cm、深20cm的玻璃圆形水槽内，再将水槽放入能进入自然光的玻璃橱内。水槽上装有40W日光灯管2根，距液面约20cm。待培养液的温度接近于藻种液温度时再接入藻种，每槽接种含藻体30万～50万个/mL的藻种液40～50mL，使槽内的藻体浓度达到300万个/L左右为宜。培养槽水温为24～28℃，一般经5～7天培养即可收获。收获量相当于表面水的1/3～2/3（约60～120mL）的藻液，然后加入与收获量相等的培养液。一般每槽收获3～5次，即应换槽配制新的培养液重新培养。

配制培养液的塘泥，以含水量在20%～40%的黑塘泥为好，并要求选择清塘彻底、水源干净的塘泥。同时注意在采集、注水、接种、收获过程中避免污染，以防影响藻体繁殖的生物带入，一旦发现，应及时清除。

（2）室外培养　用池塘培养时，先排干池水，用生石灰75kg/亩左右清塘。然后再将750kg牛粪均匀地撒在池底。注入新水约达0.5m，待水温稳定在20℃以上，即可投放种源。经7～10天，即出现螺旋藻、鱼腥藻水花，到大量形成时，水花则呈翠色絮状。培养池开始投入种源时，水位宜浅，这样水温易提高，一般0.5m深即可。待水花形成后，再加注水加深水位，并按加入的水量补充肥料。螺旋藻、鱼腥藻繁殖盛期，在烈日下死亡很快，死藻体分解耗氧及其产物影响水质，需及时采收。

在培养过程中，若大量浮游动物或其它藻体生长时，应及时捞出，以免影响螺旋藻、鱼腥藻的生长。

第三节　配合饵料

随着人民生活水平的提高，国内外对观赏鱼的需求量日增。随着观赏鱼养殖量的迅速增加，天然饵料受自身的限制（安全性、适口性、便捷性等条件）越发不能满足蓬勃的观赏鱼养殖产业发展需求，因此，为适应观赏鱼大规模生产的需要，生产人工配合饵料是最好的途径。发展人工配合饵料有很多优点：首先，人工配合饵料容易贮存，来源稳定，不会受气候、季节等外来因素影响；其次，人工配合饵料营养成分齐全，可根据不同鱼类的营养需求进行营养配比，满足其生长繁殖需要；再次，人工配合饵料可制成颗粒、片状、粉剂等不同形态，适合各种鱼类摄食，适口性好；第四，人工配合饵料成本低，制造简便，为观赏鱼的规模化生产、养殖提供保障。

配合饵料是根据不同观赏鱼在不同生长发育阶段对各种营养物质的需求，将多种原料按一定的比例配合、科学加工而成，包括软颗粒饵料、硬颗粒饵料和膨化饵料及片状、粉状等形态，它具有动物蛋白和植物蛋白配比合理、能量饲料与蛋白饲料的比例适宜、营养成分较全面的特点。同时在配制过程中，适当添加各种观赏鱼特殊需要的维生素和矿物质及一些安全的增色剂、显色剂等，以便各种营养成分发挥最佳的饲养效果。

一、配合饵料的种类及特点

人工配合饵料可以做到配方科学合理、营养丰富全面，不带寄生虫、菌，清洁卫生，对水质污染小，不但更经济，而且更省时省力，容易控制投饲量，无疑是现今水族饲养最为值得推荐的。人工饵料的种类很多，包括生鲜冷冻配合饵料和干性配合饵料。

1. 人工生鲜冰冻配合饵料

（1）冰冻牛心　将牛心剔油削筋、绞碎冰冻备用，用时投入水中。牛心的适口性好，鱼爱吃，但严重污染水质。养鱼爱好者都将价廉而富含蛋白质的牛心作为观赏鱼的主食。虽然牛心实实在在都是肉，蛋白质含量高，但还是单一食品，营养并不全面，还缺少许多营养素，如长期只喂单一的牛心，极易造成鱼体营养不平衡，导致成长缓慢、发育不良、体表暗淡、形体缺陷等现象，严重影响鱼的观赏价值和商业价值。

（2）冰冻汉堡　为了补救牛心营养成分不全面的缺陷，又在其中添加了牛肝、鸡肉、鸡蛋、鱼肉、虾肉、复合维生素、红萝卜素、虾红素、增色素、矿物质等原料，做成了汉堡。汉堡营养丰富、全面，配方科学、合理，是一种理想的高级鱼食。但汉堡还存在一个致命的弱点，那就是"脏水、浪费大"。由于其制作方法不当，在投入鱼缸水中喂食时，冰冻汉堡在水中很快融化散开成大小不等的粉粒，鱼将适合口裂大小的颗粒吃掉，剩下较大的颗粒和较小的粉末无法吃到，同时，加入的综合维生素、红萝卜素、虾红素、酵素等都溶解在水中，鱼亦无法摄食。这些散失和溶解在水中的各种营养素，造成饵料的浪费、水质的污染，恶化了观赏鱼的生存空间，导致鱼病发生。

（3）新型冰冻汉堡　为改变汉堡投入水中易粉、易散、浪费大、严重污染水质的问题，采用新配方、新工艺，精制出的新型汉堡，形状像血虫，便于鱼摄食，投入水中不粉不化不散，不浑水，能被鱼全部吃掉，不浪费鱼食，不污染水质，彻底解决了汉堡"脏水、浪费大"问题，从而凸现出汉堡的使用价值，是汉堡的升级换代产品，受到广大养鱼者的欢迎。新型汉堡清洁卫生，不带任何病原虫及病毒、杂菌，鱼长期食用安全健康。其配方科学合理，营养丰富全面，完全满足鱼生长发育的需求，长期食用体色自然、艳丽，身强体健，快速茁壮成长。新型汉堡香糯柔软适口，可用来喂养各种观赏鱼、龟。在世界各国，已无可争议地成为各种观赏鱼、宠物龟和高级七彩神仙鱼的顶级主食。新型汉堡买来后不需任何加工，就可喂鱼，使用方便，省心省力省时，使养鱼彻底摆脱繁重乏味的操作，成为轻松愉快的事。新型汉堡使汉堡这一形式的人工配合饵料（鱼食）真正进入实用阶段。

2. 人工干性配合饵料

有薄片型、颗粒型、贴片型、膨化型等。干燥饵料都由鱼粉、骨粉、羽毛粉、血粉、豆饼粉、菜饼粉、大豆粉、麦粉、淀粉等组成，营养全面、丰富。

（1）薄片饵料　早期发展的人工饵料以薄片为主，沿用至今。投入水中或粘贴缸壁即吸水软化，观赏鱼再慢慢吸食，薄片饵料较适合小型鱼使用，如孔雀鱼、短鲷、灯科鱼等，喂食方便，但残饵分散沉落缸底不易捞除，长久容易造成水质污染。

①成长薄片饵料　薄片状的饵料由40多种不同原料制成，高含量的蛋白质，可促进鱼类健康。适用于淡、海水鱼类。

②增艳薄片饵料　可促进鱼类增加色彩，因为是人工增色，颜色看着不自然，还损害鱼的健康，所以不提倡使用。适用于淡、海水鱼类。

③高蛋白薄片饵料　成分中添加碘质或海藻、糠虾、丰年虾以及一些浮游生物，适合大型慈鲷鱼科热带鱼以及海水鱼中的鲽鱼、神仙鱼食用。

④蔬菜薄片饵料　是所有草食性鱼类适合的植物性饵料。适用于淡、海水鱼类。

⑤鱼苗饵料　细微而营养丰富的粉末状饵料。适用于淡、海水鱼类。

（2）颗粒饵料　含有各种动植物蛋白质、维生素、微量元素，适合喂饲各种不同类型的大型鱼类。适用于淡、海水鱼类。

①高蛋白条状饵料　具有独特的悬浮性，适合喂饲表层觅食的鱼类。适用于淡、海水鱼类。

②锭状饵料　适合喂饲鲶科、鼠科等底栖鱼类，还可以用来喂饲乌龟、蜥蜴等爬行动物。适用于淡、海水鱼类。

③微颗粒饵料　指粒径在0.05～0.5mm的黏合或包囊颗粒饵料，营养全面，悬浮性好，在水中保持成型时间长，适合投喂苗种阶段或个体小的观赏鱼。

（3）粘贴饵料　可方便地将它粘贴在水族箱壁上，以便更仔细地观察啄食的鱼群成长状态。适用于淡、海水鱼类。

（4）膨化颗粒饵料　膨化饵料是最近广泛使用于水产和观赏鱼的膨化颗粒饵料，在高温高压的制造过程中，不但可使原料达到完全熟化的目的，也具有杀菌效果。但各种维生素、怕热的营养物质也被破坏殆尽。膨化饵料可制得上浮性或下沉性颗粒饵料产品，其在水中至少可维持3h以上的完整颗粒，所以膨化饵料是污染水质较小的饵料。从粒径0.5mm的微粒到7mm的大颗粒都可制造。膨化饵料的颗粒还可装于自动喂食器定时转动喂饵，使用相当方便。由于该类饵料主要由淀粉类原料制作，营养价值低，所以很难满足肉食性和杂食性鱼对蛋白质、氨基酸及各种维生素的营养需求，不适合肉食性和杂食性鱼类。人工合成的干燥饵料保存一定要注意密封防潮，有些饵料虽然发霉变质，但肉眼很难立刻察觉，应时刻引起重视。随着科技的发展，将不断涌现出新的、更好的饵料供我们选择。

二、配合饵料的制备

1. 人工冰鲜饵料（牛心汉堡）的制备

（1）原材料的准备　按配比购置适量的牛心、牛肝、鲜鱼虾、鸡肉及维生素、矿物质、增色素等原料。

（2）原材处理料　将牛心、肝脏等取出脂肪、筋膜，虾去壳，鱼类剔除骨刺，其它添加材料制成粉状。

（3）搅拌混合　现将心、肝、鱼、虾等肉类用绞肉机绞成合适粒度的肉糜，添加其它原材料后进一步混合均匀。

（4）制粒冰冻　混合好的汉堡材料可直接分小包冰冻，投喂时取出化冻即用，有条件的亦可制成适合的颗粒或其它形状，以方便鱼类更好地摄食。

2. 人工干性配合饵料的制备

（1）配合饵料成分

①配合饲料的原料　配合饲料的原料包括蛋白质、碳水化合物、脂肪以及维生素、矿物质、引诱剂、黏合剂等添加剂。

a. 蛋白质　包括动物性蛋白质和植物性蛋白质两种。动物蛋白源，如鱼粉、羽毛粉、肉骨粉、血粉等。植物蛋白源，多采用各种饼类（如豆饼、花生饼、菜籽饼等）。

ⅰ. 动物蛋白源：动物蛋白源最好采用北洋鱼粉，鱼粉鲜度好，活性因子多，蛋白质含量高达65%～70%，尤其含蛋氨酸、赖氨酸等必需氨基酸，脂肪含量2%～5.6%，香味很浓，诱食效果极佳，是生产肉食性观赏鱼饵料的主要原料。也可选择蚯蚓粉、蝇蛆粉、干黄粉虫等作为优质鱼粉的替代产品。

ⅱ. 植物蛋白源：植物蛋白源也有多种，最常见的当数豆饼，它富含植物蛋白而且消化吸收快，花生饼的质量也比较稳定，可以替代豆饼添加；麦类如大麦、燕麦、小麦等富含淀粉的植物蛋白，既可以提供植物蛋白源，又可替代部分黏合剂，可以适当多加。

b. 碳水化合物　主要是淀粉，如玉米、小麦等，一般植物性原料豆粕、花生粕、茶籽饼等均含碳水化合物，大多数鱼类对碳水化合物利用率不高，故在观赏鱼配合饲料中不需特意添加碳水化合物，大多作为配比成分或黏合剂。

c. 脂肪　除动物性原料中含有的脂肪外，可在饲料中添加鱼油、乌贼内脏、油脂及植物油等脂肪原料，特别是一些不饱和脂肪酸如EPA、DHA等，对观赏鱼的生长繁殖及增加体色至关重要。

d. 营养性添加剂　营养性添加剂也是配合饲料的关键原料之一，观赏鱼对饲料中维生素和矿物质的反应敏感，饲料中不足或缺乏时，会生长缓慢，饲料效率降低，并出现各种营养性疾病。

e. 黏合剂　黏合剂是使颗粒和碎粒状饲料保持一定形状及黏合所必需的一种原料。倘若人工配合饲料的黏合性能差，饲料投喂后，会很快破碎、溶解，造成饲料中各种营养物质的散失，导致饲料的浪费及水质的污染。实践表明，α-淀粉、羧甲基纤维素、海藻胶等是饲料的良好黏合剂。尤其是马铃薯淀粉，它既是黏合剂，又提供能量来源。它具有速溶性、保水性和高黏性等优点，对饲料的黏弹性、柔软度、内聚力和稳定性都起到很大作用。

②原料粒度　原料粒度对饲料系数、饲料蛋白质消耗等有直接影响。观赏鱼饲料要求原料粒度全部通过60目筛。因为原料粒度越细，其表面积越大，与观赏鱼消化道中消化液接触面积越大，其吸收利用率越高。所以原料的粒度是降低饲料系数的关键因素之一。当然，原料粉碎过细容易造成成本上升，应适当进行。

（2）饲料配方　饲料配方一定要科学合理，这是配合饲料的关键之一，更是营养研究及其营养标准的成果体现。既要考虑观赏鱼的营养需求，又要充分考虑各种原料的营养比例，同时也不能忽视对成本的合理核算。

不同品种的观赏鱼，其配方也有所不同，这里简要介绍两种金鱼特殊饵料的配方：
①肝粉100g，麦片120g，绿紫菜15g，酵母15g，15%虫胶适量。
②干水丝蚓15%，干孑孓10%，干壳类10%，干牛肝10%，土霉素18%，脱脂乳粉23%，藻酸钠3%，黄芪胶2%，明胶2%，阿拉伯胶2%，其它5%。

（3）制粒加工　原料配制混合后即可加工制粒，一般大型饲料企业使用大型成套的饲料制粒设备，制粒均匀，同时成粒后自动烘干、包装，质量可靠。家庭或小型加工设备多采用晾晒风干，天气不好易霉变。

第四节　投饲方法

一、饵料的选择搭配

营养丰富的饵料是保证观赏鱼生长、发育所必需的物质基础，根据观赏鱼在不同生长阶段对营养成分的需要，适时调整饵料的种类和数量，保持饵料的常年稳定供应，确保培养出健壮活泼、色泽鲜艳、体态优美的观赏鱼。

（1）饵料选择原则
①大小、形状适宜，味香色浓，具有良好的适口性。

②清洁卫生，不携带病原虫、寄生虫、病毒、病菌等对鱼体健康存在威胁的有害物质，在水体内几小时内不会溃散、流失、败坏变质，不易污染水质。

③营养价值高，均衡全面，容易被消化吸收，能完全满足鱼在各发育阶段对各种营养的需求，使其生长、发育良好的同时，还能保持观赏鱼特别所需的艳丽姿色，增加鱼的观赏价值。

④价格便宜，来源稳定，使用方便，料可现配现用，不需进行加工，能长期保存，不易变质。

（2）饵料的搭配　不同的观赏鱼种类，动植物饵料的配比是不同的。例如金鱼是以动物性饵料为主的杂食性鱼类，有研究表明：动物性饵料占70%～80%，植物性饵料只能占20%～30%，按此比例制作的饵料喂养的金鱼生长快、体质好、疾病少、发育好，能够正常繁殖后代。若植物性饵料所占比例过大，尤其是面条、米饭、面包等投喂过多，金鱼就会出现生长缓慢、颜色不鲜艳、性腺发育不良、产卵量减少，严重者还可以导致完全不育。而有些动物食性的观赏鱼饵料中动物性饵料的投喂比例则占绝大部分。

二、饵料的投喂方法

观赏鱼的生长发育、能量消耗以及繁殖后代所需要的营养成分要靠优质饵料提供。观赏鱼的饵料投放要从观赏鱼的实际需要出发，随时酌情适量投喂，以免浪费饵料以及污染水质。观赏鱼饵料有天然饵料和人工饵料之分，其投喂方法各异。

（1）动物性饵料的投喂　动物性天然饵料种类很多，目前多采用浮游动物作为观赏鱼饵料，如水蚤、轮虫等。这种饵料优点很多，但也带一些病原体到鱼池，从而造成观赏鱼发病死亡。所以投喂之前，要进行漂洗，洗掉杂质和污泥，再捞出用0.05%～0.1%的呋喃西林溶液消毒30min左右，杀灭其外带的细菌，再投喂观赏鱼。动物性天然饵料的投放量，以当晚吃完为原则，按体重的1/20～1/10投喂一次。也有的采用按观赏鱼的头部大小计算投喂量，1龄观赏鱼按头部大小相等的饵料投喂；2龄观赏鱼按头部大小的1/2量投喂；3龄观赏鱼按头部大小的1/3量投喂。对2～3龄观赏鱼先喂一些死水蚤，再喂活水蚤。

（2）植物性天然饵料的投喂　通常用芜萍、小浮萍。2～3天投喂1次。

（3）人工配合饵料的投喂量　一是按观赏鱼体重的1%～5%左右，分几次投喂；二是从观赏鱼的食欲情况，按观赏鱼的吃食情况搭设食台，按照少量多次的原则，将饵料投放在食台上，夜间再将残剩饵料取出，以免污染水质。

观赏鱼饵料的投喂时间一般在4～9月，上午7时以前投喂一次水蚤；其余月份，一般在上午9时投放水蚤。人工饵料如果按上述投喂时间投喂后，如食台上饵料吃完，再投放少量饵料，直至观赏鱼不摄食为止，夜间取出。

三、饵料投喂要点

观赏鱼的食性很广而杂，但要做到真正掌握其食性特点，保质保量把观赏鱼养好，必须把握以下几点。

（1）鱼类在不同生长发育阶段的生理需求不同，故而对饵料成分的要求也有不同，必须根据观赏鱼生长需要，适当调节饵料中蛋白质比例，保证饵料质量。

（2）观赏鱼越冬，水温在2℃以上时，还能吃食，可适当投饵；水温若在1℃以下时，几乎不吃食，不投饵。

（3）观赏鱼要有鲜丽的色彩，才具有较高的观赏价值。故观赏鱼饲养要强调在"老水"（指已养过一个时期观赏鱼的澄清而颜色油绿的水）养观赏鱼，因为"老水"中天然饵料种类多，营养成分齐全，有利于观赏鱼体内各种色素颗粒的形成和积累。

（4）切忌长期投喂同一种饲料，要适时适当地调整饲料的种类和数量，促使观赏鱼生长和正常发育。

思考题

1. 观赏鱼动物性饵料有哪些？
2. 简述轮虫的人工培养方式。
3. 观赏鱼植物性饵料有哪些？
4. 如何进行螺旋藻的培养？
5. 人工配合饵料的种类有哪些？
6. 简述观赏鱼投喂要点。

实训七　卤虫卵孵化及无节幼体的强化培养

一、实训目的

通过实训，掌握卤虫幼体的孵化及强化培养的生产工艺流程，锻炼生产环节的实践操作技能。

二、实训材料器具

1. 卤虫卵1kg。
2. 甲醛500mL。
3. 孵化桶（500L）2个。
4. 电加热棒2根。
5. 增氧泵1台。
6. 卤虫强化剂200g。
7. 抗生素少量。

三、实训内容和步骤

1. 孵化桶的准备

孵化桶使用前用高锰酸钾等消毒剂清洗冲净，注水升温。

2. 卤虫卵的选择处理

卤虫卵应该在正规厂家购买，注意保质期。可以用肉眼观察，质量好的卵颗粒大小均匀、颜色一致、无杂质。镜检发现空壳少，有凹陷的均为好卵。孵化前一天从冷藏中取出，自然化冻升温。根据生产需要称量一定量的卤虫卵置淡水中，加50mL/L的甲醛溶液浸泡15min，清水冲净后直接放入准备好的孵化桶中保温充气孵化。

3. 人工孵化条件的控制

根据卤虫的孵化特性，在孵化过程中应控制好孵化水温、盐度、pH值、溶氧、光照、密度，才能保证较高的孵化率和成活率。

（1）控制孵化水温　孵化水温应在28～30℃之间。水温太低不会孵化，太高会使卵死亡。一般孵化桶孵化采用可控加热棒加热，把加热棒的温度调在28℃就可以即可。

（2）控制盐度　卤虫孵化适宜盐度在2.5%～4.0%，一般海区的自然海水均可，人工调配可在每立方米淡水中加海水素或粗盐30kg即可。

（3）控制pH值　pH值在8～9为好，一般海水无需调节，淡水用$NaHCO_3$来调节pH值，每升水加5g左右（视水体酸碱度定）。

（4）控制溶氧　卤虫孵化对氧的需求很低，孵化桶用气泵充气主要是保持卤虫卵在水中悬浮，并受热均匀，气量保持微沸状为宜。

（5）控制光照　卤虫卵孵化需要的光照在1000～1500lx，室内孵化必须照灯，每个孵化桶上方20cm处照上200W的白炽灯即可。

（6）控制密度　卤虫卵大量孵化的密度以每立方米水体放2～3kg卵为宜。

4. 卤虫幼体收集处理

（1）收集　保持上述孵化条件，经24h，90%以上的幼体出膜即可收取。收取前15min停掉加热和充气，以黑布遮住桶口，静置15min后，用水管将幼体从孵化桶中间位置连水虹吸至200目的筛绢网袋中，收集过程中注意保持桶中管口位置始终处于水位的中间，不要将表层卵壳和底层死卵吸出，最后将表层和底层部分扔掉。

（2）处理　收集完成后用清水连网袋一起冲洗两遍，将幼体放入15L塑料桶中加淡水遮光静置，进一步漂除幼体中的卵壳，加入100mL/L的甲醛溶液处理15min，清水冲洗干净。

5. 幼体的营养强化

卤虫幼体是很好的观赏鱼苗培育饵料，但卤虫幼体中缺乏不饱和脂肪酸，对某些鱼类的仔稚鱼的成活率或观赏鱼体色的形成影响较大，故生产中常进行强化培育，以加强卤虫幼体的营养价值。

（1）准备强化缸　幼体强化可用孵化桶进行，用高锰酸钾或有效氯药品消毒后，加入25℃的过滤海水。布入充气管，采用大气泡充气，不要使用气石。

（2）卤虫投放　将上面收集处理好的幼体按300个/mL的密度放入强化缸中。

（3）添加强化剂　裂壶藻按每亿幼体200g添加，DC、DHA、SELCO等强化剂按每亿幼体100g添加。称量好强化剂，加少量的水用组织捣碎机、搅拌机等混匀后经300目筛绢网过滤后倒入强化缸。

（4）强化　控温在25～26℃，充气强化12h后，依法用半量的强化剂二次强化3～4h，即可收取投喂。

第八章

水草栽培及水族造景

知识和技能目标

1. 了解水族箱植物的常见种类及其习性。
2. 掌握水族箱中水草栽培管理要点及操作。
3. 掌握水族造景的原则及水景布置方法与操作。

第一节 水族箱植物常见种类及习性

观赏水族中,水草是指生长或能生长在水族箱内的植物,因此很多适水性或好水性的水生植物都有可能被种植在水族箱中,作为观赏性水草。天然环境中水草依据其生态类型可分为沉水型、挺水型、浮叶型和浮水型,水族箱中以沉水型的水草种植最为适宜,但自然界中完全沉水型的品种比较少。值得庆幸的是多数挺水型植物可以通过驯化适应沉水环境,在水中形成水下叶,而这类两栖型植物品种占水族市场的七成以上,也有人利用这类植物的挺水性新设计出了三维空间的造景(水陆缸景观)。

目前国内水族市场上常见的水草有300多种,分别属于苔藓植物、蕨类植物、种子植物的50多个科,其中主要包括直立茎水草类、榕类、椒草类、青芋类、皇冠类、水兰类、睡莲类、波浪草类、蕨类等几个大的类别。

一、直立茎水草类

直立茎水草是指水草的茎能持续向上生长,并能在茎节处长出叶片、侧芽或不定芽的水草。本类水草不仅包括往水面上直立成长的种类,还包括少量茎能匍匐生长,然后往横向或斜上方成长的种类,如矮珍珠等。

市场上流通的水草之中,直立茎水草类是种类最多、最丰富的,在富尺直人等(2005)著的《全新水草600种图鉴》中就描述了日本市场常见的200余种直立茎类水草。本类水草是通过茎的延伸生长的,一般来说,生长速度比其它形状的水草要快很多,造景时该类水草成景速度较快,但维护时也需要进行较多的修剪工作。直立茎水草多为挺水植物,其顶部长高出水面之后会很快转为水上叶,其形态会有较大的变化,可能会因此影响景观,所以要对其及时进行修剪。直立茎水草有群生聚集之美,因此一般10～20株整体种植,而种植数量过少则会比较单调。只要从茎的部位剪掉部分植株,再种植于底床就可以进行简单的无性繁殖了。

直立茎水草对液肥和固体肥料都有明显的吸收作用,但使用过多则可能诱发藻类的产生。此外,要获得比较理想的种植效果最好能添加二氧化碳,保证高光照则能让其生长健壮、颜色尽出,而水温不能过高,一般维持在24～26℃即可。主要种类介绍如下。

1. 粉虎耳

- 学名　　*Bacopa carolinina*。
- 种属　　玄参科。
- 分布　　北美洲。
- 水质　　弱酸～弱碱性,软水～弱硬水。
- 光照要求　　中等。
- 叶长　　1～2cm。
- 生长速度　　快。
- 种植难度　　简单。
- 是否需要添加CO_2　　最好添加。

图8-1　粉虎耳

具有较厚、大的卵形叶片,因形似老虎的耳朵,故得名。通常叶片及茎部呈粉嫩的亮绿色,在适宜的环境中则叶子会带红色,非常漂亮(图8-1)。本种比较健壮,栽培也比较容易,但对水质恶化反应较强,有时茎部下方会变成透明甚至枯萎。

2. 牛顿草

- 学名　　*Didiplis diandra*。
- 种属　　千屈菜科。
- 分布　　北美洲、墨西哥、中国。
- 水质　　弱酸～弱碱性,软水～弱硬水。
- 光照要求　　高。
- 叶长　　2～3cm。
- 生长速度　　快。
- 种植难度　　较高。
- 是否需要添加CO_2　　需要。

图8-2　牛顿草

它的原产地在北美洲,生长时需要的光照比较强,温度一般在22～25℃之间,pH在6.8～7.2之间,种植的时候需要添加二氧化碳。在生长比较好的情况下,高度一般是在20～30cm之间。牛顿草的叶片细小,叶片对生呈十字形,颜色为深绿色,茎节短小(图8-2)。其种养的难度在于它对光照和pH的变化非常敏感,遇到水质恶化或高水温时,茎部下方会腐烂或枯萎。光源最好是暖色系的,同时加强光照,牛顿草的顶端会因为接近光照而变成红色的,侧芽从地下茎伸出后,可形成浓密的丛状。牛顿草是一种非常有特色的水草,但是它的种植难度较高,是草缸里面的中后景草,是一种非常吸引目光的草种。

3. 绿菊花草

- 学名　　*Cabomaba caroliniana*。

- 种属　睡莲科。
- 分布　美洲北部和南部。
- 水质　弱酸性，软水～弱硬水。
- 光照要求　高。
- 叶长　3～4cm。
- 生长速度　快。
- 种植难度　中等。
- 是否需要添加CO_2　最好添加。

多年生沉水草本植物。沉水叶对生，羽状分裂。若饲养条件优良则可能开白色花，基部黄色，在水面开放（图8-3）。绿菊花草喜欢泥质底床和软水，高硬度水和弱碱性水中很难养好。强光照对绿菊的生长极有帮助，如光线不足极易落叶，但可逐渐适应弱光照环境，二氧化碳的添加可以促进其生长。市场中类似的品种有红菊花草、金菊花草，但饲养难度均高于绿菊花草。另据有关文献报道，绿菊花草在我国南方某些地区成为了生态入侵种。

图8-3　绿菊花草

4. 绿宫廷

- 学名　*Rotala rotundifolia*。
- 种属　千屈菜科。
- 分布　东南亚。
- 水质　弱酸～弱碱性，软水～弱硬水。
- 光照要求　中等。
- 叶长　1～1.5cm。
- 生长速度　快。
- 种植难度　中等。
- 是否需要添加CO_2　最好添加。

图8-4　绿宫廷

双子叶植物，挺水性水草，水上草与水中草的形态不同。水上草呈绿色叶，对生，叶片呈圆形，叶质硬挺。水中草呈淡绿至黄绿色叶，在明亮环境中叶片会带红色，对生或少数呈三轮生，叶片呈长卵形，叶质柔软（图8-4）。这种草很容易和小圆叶弄混，其栽培条件也与小圆叶相似，不过生长形态略有不同，两种草都是一个科属的。绿宫廷可在砂层表面爬行生长，也可以矗立生长。由于它也具有爬行生长特性，因此亦可将它栽培于沉木或岩石上，可以塑造出独特的水草景观。肥料不管是使用液肥还是根肥皆能产生效果，如果缺乏铁肥，易产生白化症，所以可以作为铁肥的"指标水草"。若光照强，二氧化碳及养分充足，生长非常快速。其叶片呈明显红色、粉红色的品种为红宫廷和粉宫廷。

5. 红蝴蝶

- 学名　*Rotala macrandra*。
- 种属　千屈菜科。
- 分布　南亚。
- 水质　弱酸～中性，软水～弱硬水。
- 光照要求　高。
- 叶长　4cm。

生长速度　　快。

种植难度　　中等。

是否需要添加CO_2　　需要。

红蝴蝶为是红色水草的代表种，叶对生，柔软，没有叶柄，叶形为椭圆、卵圆形，呈漂亮的红色(图8-5)。栽种此水草时必须养分充足，须给予大量的根肥及铁肥，尤其是铁质的供应必须充分，才能生长茂盛。如果没有给予充分的铁质及光源，则红蝴蝶的叶子会溃烂，所以必须特别注意。相近的品种有绿蝴蝶、尖叶红蝴蝶、尖叶绿蝴蝶等。

图8-5　红蝴蝶

6. 红柳

学名　　*Amannia gracilis*。

种属　　千屈菜科。

分布　　非洲热带地区。

水质　　弱酸～中性，软水～弱硬水。

光照要求　　高。

叶长　　6～8cm。

生长速度　　快。

种植难度　　中等。

是否需要添加CO_2　　需要。

图8-6　红柳

大型水草，原为挺水性植物。草茎较其它水草略为粗大，相对密度小，在水中有很大的浮力。叶色为带红色的橄榄绿色，若添加二氧化碳、底床施肥且有足够的光照则呈漂亮的红色，观赏性较强(图8-6)。在水中叶呈线形对生，无叶柄，羽状叶脉。生长条件好时，叶片面积会加大及加长，最大可达8cm。水质恶化便停止生长，自茎部下方开始溶解似的枯萎，但整体而言，栽培并不困难。

7. 小红梅

学名　　*Ludwigia arcuata*。

种属　　柳叶菜科。

分布　　北美洲。

水质　　弱酸～弱碱性，软水～中硬水。

光照要求　　高。

叶长　　2～3cm。

种植难度　　较难。

是否需要添加CO_2　　需要。

图8-7　小红梅

具有针状的细长水中叶，水上叶比水中叶短且宽，不过市面上大都贩售水上叶。如要栽植于水草缸内，就必须将买来的水上叶栽培于水族箱内，使用强光度的光源，且增加照明时间，勤换水，肥料及二氧化碳供应量也必须充足。如果小红梅的顶茎开始长出水中型的针叶，水上叶也没有枯萎的现象时，表示它正在水中化。小红梅原为淡橙色，不过如果照顾有加，给了它强烈的光照、良好的水质以及丰富的铁质时，它会呈现出深红色的光彩

（图8-7）。此外，本种不能耐受水质的恶化。

8. 大柳

- 学名　　Hygrophila corymbosa。
- 种属　　柳叶菜科。
- 分布　　亚洲。
- 水质　　弱酸~弱碱性，软水~中硬水。
- 光照要求　高。
- 叶长　　8~13cm。
- 种植难度　简单。
- 是否需要添加CO_2　需要。

图8-8　大柳

大柳是大型的双子叶挺水性水草（图8-8）。水上草的叶形为广披针形，对生，茎节较长，茎略成四角形，茎上有白点状突起斑。水中草的叶形亦为广披针形，与其它同属水草为狭披针形不同，叶形较其水上叶略大，叶色黄绿，叶质柔软得可以在水中飘动。栽培较为简单，在高光量及高肥料之下，茎节变短，叶密生及变长，叶缘不规则，植物体大型化。种植时在底床埋设根肥非常有效。

9. 水罗兰

- 学名　　Hygrophila balsamica。
- 种属　　爵床科。
- 分布　　东南亚。
- 水质　　弱酸~弱碱性，软水~中硬水。
- 光照要求　高。
- 叶长　　10~20cm。
- 种植难度　简单。
- 是否需要添加CO_2　不需要。

图8-9　水罗兰

分布于印度、马来西亚、缅甸、泰国，一种生长较慢的水草。叶片呈锯齿状，叶短柄，对生，在水族箱中成群栽种可得到良好的视觉效果（图8-9）。饲养简单，很早之前就相当普遍。温度低时叶子变得小而浅裂，需要充足的光照，否则下方叶子会掉落或稀疏。繁殖也比较容易，可通过插枝、根茎侧枝进行繁殖。

10. 小对叶

- 学名　　Bacopa monnieri。
- 种属　　玄参科。
- 分布　　东南亚、印度。
- 水质　　弱酸~弱碱性，软水~中硬水。
- 光照要求　中等。
- 叶长　　1~2cm。
- 种植难度　简单。
- 是否需要添加CO_2　最好添加。

图8-10　小对叶

小对叶具小型长卵形叶片，饲养难度较低，对水质、底床及光线要求都不挑剔。成丛地种植小对叶可以形成美丽的景观(图8-10)，是水草初学者一个很好的选择。生长较慢，以侧芽插枝方式繁殖。

11. 百叶草

- 学名　　*Eusteralis stellata*。
- 种属　　唇形花科。
- 分布　　亚洲、大洋洲。
- 水质　　弱酸~弱碱性，软水~弱硬水。
- 光照要求　　高。
- 叶长　　3~5cm。
- 种植难度　　困难。
- 是否需要添加CO_2　　必须添加。

图8-11　百叶草

百叶草又俗称为孔雀尾，产于东南亚一带，我国台湾亦有，是属于柳叶刀形的水中叶，叶长3~7cm，宽仅0.3~0.5cm，叶形纤细。叶面色泽为绿色至淡褐色。色彩虽不深浓，但其密生的茎枝颇引人注意，环境适宜时，叶片会呈现漂亮的红色(图8-11)。百叶草种植难度较高，二氧化碳要供应充足，光源要足够强。一般来说，新水的水草缸种不好百叶草。百叶草长出至水面时，可进行修剪工作，将底根拔起，将根部剪掉5~10cm左右。将修剪下的茎部插入底床中即可进行繁殖。

12. 矮珍珠

- 学名　　*Glossostigma elatinoides*。
- 种属　　玄参科。
- 分布　　大洋洲。
- 水质　　弱酸~中性，软水~弱硬水。
- 光照要求　　高。
- 叶长　　0.8cm。
- 种植难度　　中等。
- 是否需要添加CO_2　　必须添加。

图8-12　矮珍珠

矮珍珠虽属有茎水草，但茎部却不是直立的，而是爬行在底部生长，是一种美丽的前景草，几乎不到1cm高，但可以长得很浓密。绿色的葡萄嫩枝附有短根组织，对生匙形叶长0.8cm，宽0.3cm，叶柄几乎与叶片等长。叶尖钝，稍呈锯齿状。由于爬行生长的葡萄枝会呈扩散状蔓延开来，最后铺满整个底部，而葡萄枝上的叶片又是浓密地生长，感觉如草坪一般(图8-12)。一般在种植矮珍珠时要避免柔软的细根无法顺利攀附在底砂之中的情形，因此要使用较细的砂子。切掉走茎长出的新芽就可以进行繁殖。

13. 太阳草

- 学名　　*Syngonanthus* sp. 'Belem'。
- 种属　　谷精科。
- 分布　　南美洲。
- 水质　　弱酸~中性，软水~弱硬水。

- 光照要求　高。
- 叶长　3～4cm。
- 种植难度　非常难。
- 是否需要添加CO_2　必须添加。

太阳草原产于南美洲,其特征是长有向下方生长卷曲的叶子,其丛生的叶片宛若一朵朵翠绿的花伞,格外引人瞩目(图8-13)。太阳草种类繁多,是近年非常热门的品种。当这种独特的有茎水草最初出现在日本水族市场的时候,曾经掀起一段种植南美原生水草的热潮,"太阳草森林"的热潮甚至促使更多的水族销售商前赴后继地远赴南美找寻更新的水草品种,至今至少有20多种太阳草类被陆续发现。但其种植难度非常高,栽植需要高强度的光照、高浓度的二氧化碳和均衡且稳定的肥料添加。对水质要求较严,要求定期换水,同时还要避免水体及其它环境因子的波动。在种植初期,会发生太阳草植株间的叶片突然发生白化透明,并且很快溶解,这可能是因为pH不稳定或碳酸盐硬度过大等水质变化方面的原因造成的,同时水温剧烈变化或水温过高等情况会造成同样的状况。以插枝法进行繁殖。

图8-13　太阳草

14. 南美细叶大谷精

- 学名　*Eriocaulaceae* sp.。
- 种属　谷精科。
- 分布　南美洲。
- 水质　弱酸～中性,软水～弱硬水。
- 光照要求　高。
- 叶长　10～15cm。
- 种植难度　难。
- 是否需要添加CO_2　必须添加。

图8-14　南美细叶大谷精

南美细叶大谷精是具有辐射状展开亮丽绿色叶片的谷精草之一(图8-14)。生长很缓慢的草,有时叶片会出现白化,就要及时剪去,如果到达中心点草就会死亡。会在中心点长出侧芽,长至一定大小,就可摘离母株进行繁殖。亦会长花苞"天线",在天线顶部都可发育成一幼株。

15. 金鱼藻

- 学名　*Ceratophyllym demersum*。
- 种属　金鱼藻科。
- 分布　世界各地。
- 水质　弱酸～弱碱性,软水～硬水。
- 光照要求　高。
- 叶长　1.5～2.5cm。
- 种植难度　低。
- 是否需要添加CO_2　不需添加。

非常容易养殖的有茎类水草,是悬浮于水中的

图8-15　金鱼藻

多年水生草本植物，植物体从种子发芽到成熟均没有根。叶轮生，边缘有散生的刺状细齿（图8-15）。茎平滑而细长，可达60cn左右。金鱼藻多年生长于小湖泊静水处，在池塘、水沟等处常见，水族箱内常用于卵胎生鱼类的繁殖。

16. 莎草

学名　　Eleocharis vivipara。
种属　　莎草科。
分布　　南美洲。
水质　　弱酸~中性，软水~弱硬水。
光照要求　高。
叶长　　3~7cm。
种植难度　高。
是否需要添加CO_2　最好添加。

图8-16　莎草

非常漂亮的后景或侧景水草，呈线形，亮绿色，茎叶非常柔软飘逸，是很吸引眼球的一种水草(图8-16)。长长的水中叶会随水流而飘动，接近水面的叶顶端，会出芽生殖形成子株，若将子株剪下种植，可以独自成长。在中等照度及软水中生长最好，成群栽植时需要预留出发展空间。

二、榕类

本类水草均属于天南星科，产自西非热带地区，能附着在水中的岩石或倒木上生长。榕类一般栽培难度小，对水质、光照的耐受力较强，叶片厚且比较坚硬，因此不但可以用于常规的水草造景，还可以用在三湖慈鲷等水质pH较高、鱼类喜啃食叶片的水族箱中。

1. 小榕

学名　　Anubias barteri var. nana。
种属　　天南星科水榕。
分布　　西非热带地区。
水质　　弱酸~弱碱性，软水~中硬水。
光照要求　低。
叶长　　3~5cm。
种植难度　低。
是否需要添加CO_2　最好添加。

图8-17　小榕

本种是榕类中最小的品种，是一种比较容易养殖的水草(图8-17)，现已在东南亚各国的水草场广泛种植，市场中存在较多变种，因此其叶片形状差异较大。最好不要种植在底砂中，其适合附着在沉木或岩石上生长。条件适宜时会在水中开出漂亮的白花。

2. 大榕

学名　　Anubias sp.。
种属　　天南星科水榕。
分布　　西非热带地区。
水质　　弱酸~弱碱性，软水~中硬水。

- 光照要求　低。
- 叶长　5～8cm。
- 种植难度　低。
- 是否需要添加CO_2　最好添加。

本种是榕类中个体较大的品种，是一种比较容易养殖的水草（图8-18），可附着在沉木或岩石上生长。生长缓慢，水质恶化时藻类容易在叶片上附着生长。条件适宜时会在水中开出漂亮的白花。

图8-18　大榕

3. 三角榕

- 学名　*Anubias gracilis*。
- 种属　天南星科水榕。
- 分布　西非热带地区。
- 水质　弱酸～弱碱性，软水～中硬水。
- 光照要求　低。
- 叶长　5～8cm。
- 种植难度　中等。
- 是否需要添加CO_2　最好添加。

图8-19　三角榕

单子叶植物，挺水性水草，又名格拉榕、芋叶榕。这种植物在自然界的湿地上生长，不仅强壮，而且对环境的适应能力也相当强，但在水中生长，适应性就不如其它同属水草，因此育成较其它榕困难。水上叶具有长三角形的叶片，故很容易与其它同属水草区别。有根茎，叶色呈亮绿色，叶脉明显（图8-19）。在硬水或碱性水质中育成不易，即使能够存活，新发育的植物体明显会小型化，而且叶片狭小。不过，若水质为软水及弱酸性，再加上有适当的水温，以及在底床埋设根肥，给予充足的光照和施加二氧化碳，仍能培育成美丽的水草。

三、椒草类

本类水草均属于天南星科，椒草种类繁多，市场上常见的有20余种，多产于东南亚。叶片丛生，柔软而多成狭长披针状。椒草一般养殖难度较小，但不适应新缸或水质骤然变化，容易发生叶片溶解的"椒草病"，而水质稳定后，则比较容易栽培。另外，椒草在氮肥的吸收上，只能吸收铵盐，不能吸收硝酸盐，因此草缸里面一定要有鱼虾，它们代谢的废物就可以作为椒草的养料了。椒草可以单种或群种，单棵的椒草对多数景观都是很好的点缀和陪衬，群生的椒草厚密而错落有致，绝对是水族箱中众人注目的焦点。椒草一旦种下就尽量不要移动，假以时日，椒草的生命力会越来越强大。

1. 棕温蒂椒草

- 学名　*Cryptocoryne wendtii*。
- 种属　天南星科。
- 分布　斯里兰卡。
- 水质　弱酸～中性，软水～弱硬水。
- 光照要求　中。

叶长　6~10cm。

种植难度　中等。

是否需要添加CO_2　最好添加。

本种为温蒂椒草的变种之一，叶片呈较淡的棕色，但视养殖环境而有所不同（图8-20）。本种属于相对比较容易种植的品种，但水质等环境因子恶化时，整个植株会溶解似的枯萎。

2. 皱边椒草

学名　*Cryptocoryne crispatula*。

种属　天南星科。

分布　亚洲。

水质　弱酸~中性，软水~中硬水。

光照要求　中。

叶长　4~6cm。

种植难度　中等。

图8-20　棕温蒂椒草

是否需要添加CO_2　最好添加。

植株具有非常漂亮的细波浪状的细长水中叶，叶片随环境变化呈现由深绿至亮丽绿色，甚至带红色的变化（图8-21）。条件适宜时最高能长至50cm以上，所以最好用较深的水族箱栽种。

3. 迷你椒草

学名　*Cryptocoryne nevillii*。

种属　天南星科。

分布　斯里兰卡。

水质　弱酸~中性，软水~弱硬水。

光照要求　高。

叶长　2~4cm。

种植难度　较难。

是否需要添加CO_2　最好添加。

图8-21　皱边椒草

图8-22　迷你椒草

迷你椒草是适合前景种植的椒草种类（图8-22），水族箱中生长速度较慢，培育难度稍高，需要较强的光照和充足的基肥，水质恶化或环境突然变动时，植株会溶解似的枯萎。但这时根茎基本还存活，改善水体环境后还能长出新的个体。

四、皇冠草类

皇冠类水草都属于泽泻科，是南美洲水草的代表种。该类水草有40余种，均呈叶片丛生状，形状多变，包括针形、披针状、长卵形、圆形等多种形态，但以宽大、结实的叶片为最具代表性。多数皇冠草类属较大型水草，但也有适宜做前景草的小型的针叶皇冠等种类。市场上常见的皇冠草类一般对环境要求不高，是一类比较容易栽培的水草。

1. 皇冠草

- 学名　Echinodorus amazonicus。
- 种属　泽泻科。
- 分布　南美洲。
- 水质　弱酸~弱碱性，软水~中硬水。
- 光照要求　高。
- 叶长　20~30cm。
- 种植难度　简单。
- 是否需要添加CO_2　最好添加。

图8-23　皇冠草

皇冠草是一种大型水草，叶柄粗壮，叶子宽大，叶形优美，最大的皇冠草可以长出近百片叶子，最大叶长可达50cm，叶宽可达8cm（图8-23）。皇冠草豪华艳丽，雄伟壮观，被称为水草之王。皇冠草是市场中最常见的水草，常在水草景观中作为主景草使用。比较健壮，但为达到理想状态则需要添加二氧化碳和底肥。种植后最好不要移动根部，生长状态不佳时叶片容易附生藻类。

2. 象耳草

- 学名　Echinodorus cordifolius 'Elephant'。
- 种属　泽泻科。
- 分布　北美洲。
- 水质　弱酸~中性，软水~弱硬水。
- 光照要求　高。
- 叶长　20~30cm。
- 种植难度　简单。
- 是否需要添加CO_2　需要添加。

图8-24　象耳草

挺水性水草，为皇冠草属常见水草之一，因其叶片如象耳而得名（图8-24）。这是一种高大的挺水性水生植物，具有心形叶，植物体呈深绿色，会长出花茎开放白色的小花。花茎上的茎节会生出茎芽，通常用压条法繁殖。其水中叶与水上叶同型，但叶柄可能伸长，叶形略为狭长，翠绿色。生长快速，对水质的适应范围相当广泛，栽培并不困难。但若水中养分不足，易导致叶色苍白，或根部枯死症状，故在栽培过程中，必须及时添加肥料。埋设根肥有效，添加二氧化碳可促进其生长。栽培初期，光线最好强一些，当逐渐长出椭圆形水中叶时，再降低光照强度。

3. 绿九冠

- 学名　Echinodorus horemanii。
- 种属　泽泻科。
- 分布　南美洲。
- 水质　弱酸~中性，软水~弱硬水。
- 光照要求　中。
- 叶长　30~60cm。
- 种植难度　中等。
- 是否需要添加CO_2　需要添加。

单子叶植物，挺水性水草。水上叶叶缘略有皱曲状，叶较厚，呈长披针形（图8-25）。花茎甚长，会开白色小花。水中草叶片狭长，呈狭披针形带状，叶缘有明显皱曲状，半透明绿色，草姿优雅。生长速度中等，在水族缸栽培需添加二氧化碳，根肥施加有效。对光适应良好，在较低光线下也能生长良好，但叶幅变小，叶柄变长，外观较为逊色，所以仍以强光照为佳。市售者都为水上型，直接栽培在水中，水上叶易枯萎，但新的水中叶很快就会长出来。

图8-25 绿九冠

4. 深绿皇冠

- 学名　　*Echinodorus opacus*。
- 种属　　泽泻科。
- 分布　　巴西南部。
- 水质　　弱酸～中性，软水～弱硬水。
- 光照要求　高。
- 叶长　　30～60cm。
- 种植难度　困难。
- 是否需要添加CO_2　需要添加。

本种最大特点为深绿色的圆形小型叶子会向外侧卷起，为皇冠草中的稀有品种（图8-26）。不适应高水温，需施加基肥和二氧化碳，若长期不换水则易滋生藻类。

图8-26 深绿皇冠

5. 针叶皇冠

- 学名　　*Echinodorus tenellus*。
- 种属　　泽泻科。
- 分布　　南美洲。
- 水质　　弱酸～弱碱性，软水～弱硬水。
- 光照要求　高。
- 叶长　　10～25cm。
- 种植难度　中等。
- 是否需要添加CO_2　最好添加。

针叶皇冠草对水质要求不严，可在硬度较低的微酸性至微碱性水体中正常生长。但对肥料的需求量较多，且喜光照充足的环境。针叶皇冠草株形矮小，叶片狭长，十分可爱（图8-27）。这种植物单看虽不起眼，但在水族箱中成片栽种，地下走茎繁殖成草坪的效果，是一种非常美丽的前景草。最好添加二氧化碳，否则生长速度会比较慢。这种草有绿色系和红色系品种，尤其是红色系的，作为水族箱的前景种植相当美丽。

图8-27 针叶皇冠

五、睡莲类

睡莲类的水草广泛分布在世界各地，该类水草多单株种植，一般是由一支细长的茎支撑一片叶子，叶片以三角形为主（菊花草除外），但叶片的颜色、图案一般各不相同。其叶片、茎部多比较柔嫩，因此购买携带时要格外小心。睡莲类水草植株大小、种植难度差别较大，栽培时需区别对待。

1. 青荷根

- 学名　　Nuphar japonica。
- 种属　　睡莲科。
- 分布　　日本、朝鲜半岛。
- 水质　　弱酸～中性，软水～中硬水。
- 光照要求　高。
- 叶长　　10～20cm。
- 种植难度　中等。
- 是否需要添加CO_2　需要添加。

茎细长，柔软漂亮的绿色水中叶（图8-28）。

图8-28　青荷根

具粗而长的根状茎，购买时叶、茎极易折断，但能长出新的植株。水温25℃以上时，根状茎极易发生腐败死亡。

2. 香蕉草

- 学名　　Nymphoides aquatica。
- 种属　　睡莲科。
- 分布　　美国。
- 水质　　弱酸～中性，软水～弱硬水。
- 光照要求　高。
- 叶长　　5～20cm。
- 种植难度　中等。
- 是否需要添加CO_2　最好添加。

图8-29　香蕉草

本种水草得名于其根状茎膨大似一串串香蕉（图8-29）。将其点缀于水族箱中，观赏者无不抚掌称奇！喜欢静止水体，水流不宜过大。其为多年生植物，根系发达，成形较慢，水中叶的最佳观赏时段仅有几个月时间，其后会产生浮叶。

3. 绿菊花草

- 学名　　Cabomba caroliniana。
- 种属　　睡莲科。
- 分布　　北美洲。
- 水质　　弱酸～中性，软水～弱硬水。
- 光照要求　高。
- 叶长　　3～4cm。
- 种植难度　低。
- 是否需要添加CO_2　最好添加。

图8-30　绿菊花草

沉水叶对生，羽状分裂（图8-30）。本种常被误认为是金鱼藻，饲养较为广泛，种植难度较低。喜好弱酸性的软水水质，不适应硬水和碱性水质，绝对不能使用珊瑚砂。强光照对绿菊的生长极有帮助，如光线不足极易落叶，另外绿菊对水中养分非常敏感，所以液肥的量和质对其生长有极其重要的意义。最好添加二氧化碳并使用基肥，条件适宜时可呈现出非常漂亮的草姿。

六、波浪草类

常见的本类水草约有十余个品种，均属于水蕹科，具根状茎或球茎，其典型特点为叶片呈波浪状，而且其中的网草类的叶子呈现为网状，是水族箱中极为吸引眼球的种类。波浪草类一般价格较高，饲养难度较大。

1. 大浪草

学名　　 Aponogeton crispus。
种属　　 水蕹科。
分布　　 亚洲南部。
水质　　 弱酸～中性，软水～中硬水。
光照要求　　中等。
叶长　　 25～50cm。
种植难度　　中。
是否需要添加CO_2　　不需要。

图8-31　大浪草

大浪草是最为普及的浪草种类之一，具有柔软、半透明的波浪状的淡绿色叶片，叶缘呈大波浪状，前端呈螺旋形。种植难度不高，如果有足量的光照生长会非常良好，甚至会在水面上绽放V字形的穗状花，是一种比较吸引眼球的水草。具有球茎，可将球茎清洁之后置于底砂中进行繁殖（图8-31）。

2. 大气泡浪草

学名　　 Aponogeton boivinianus。
种属　　 水蕹科。
分布　　 马达加斯加。
水质　　 弱酸～中性，软水～中硬水。
光照要求　　中等。
叶长　　 30～80cm。
种植难度　　中。
是否需要添加CO_2　　最好添加。

图8-32　大气泡浪草

本种为马达加斯加特产的浪草类，在稍带红色的深绿色叶片上会出现格子状的凹凸，像气泡一般，所以被称为气泡草，是浪草属中最为漂亮的品种之一。草高可达90cm以上，是一种大型水草，不适合在小型水族缸栽培。种植时不要将整个块茎都埋入砂子，以免它因为呼吸不到足够氧气而生长不良。易在水族箱中开花，水上花是呈V字形白色的穗状集合花序，花期开得越早，越早进入休眠状态，必要时可将花茎剪除，以延缓进入休眠期。已进入休眠的块茎不再发芽生长，让其留在砂中可能会腐烂，最好取出冷藏，待水温降低再取出种植。因具有休眠期，故其栽培稍微困难，最好添加二氧化碳（图8-32）。

3. 马达加斯加网草

学名　　 Aponogeton madagascariensis。
种属　　 水蕹科。

- 分布　马达加斯加。
- 水质　弱酸~中性，软水~中硬水。
- 光照要求　中等。
- 叶长　20~30cm。
- 种植难度　困难。
- 是否需要添加CO_2　最好添加。

产于马达加斯加，是拥有独特外形的水草，叶片只有网状叶脉，缺乏叶肉组织，就像网子一样，故得名。喜欢软水水质，底砂应施有固体肥料，水质应保持清澈，否则藻类极易损害它的叶片，可种于中景区域。因具有休眠期，故其栽培更为困难（图8-33）。

图8-33　马达加斯加网草

七、蕨类

蕨类是一类比较低等的维管束植物，多具羽状复叶，叶片背部有孢子囊，内生孢子，能在叶片上生长出新的植株。水生蕨类多具有附着物件匍匐生长的特性，因此，可以将它们扎在沉木或石头上生长，而这种技巧已成为自然做景的主要元素之一。本类主要包括水蕨科、木蕨科、水龙骨科和槐叶萍科。

1. 铁皇冠

- 学名　*Microsorium pteropus*。
- 种属　蕨科。
- 分布　东南亚。
- 水质　弱酸~弱碱性，软水~中硬水。
- 光照要求　中等。
- 叶长　15~30cm。
- 种植难度　容易。
- 是否需要添加CO_2　最好添加。

图8-34　铁皇冠

铁皇冠是一种生命力甚强的水草，且外观有些类似于皇冠草，故名铁皇冠（图8-34）。铁皇冠在国内饲养范围甚广，环境适应力极强，是一种入门级的水草。铁皇冠有明显的根、茎和叶，具有条状根茎，下长着黑色或褐色的不定根，上长着长披针形叶。光线强时，偶尔会长出三裂掌状复叶。叶脉像龟甲的纹路，成熟的叶底蔓生着褐色的孢子囊。当其叶背孢子萌芽，并长出幼株达5cm以上时，宜将它们分株出来，否则会影响母株的生长。铁皇冠适合绑在沉木上种植。

2. 鹿角铁皇冠

- 学名　*Microsorium pteropus var.*。
- 种属　蕨科。
- 分布　改良品种。
- 水质　弱酸~弱碱性，软水~中硬水。
- 光照要求　中等。

叶长　10～15cm。

种植难度　容易。

是否需要添加CO_2　最好添加。

铁皇冠的变种，由欧洲水草场固定铁皇冠的变异株而成，其叶端呈羽状分裂，因其形状像鹿角故得名，是一种比较漂亮的水草（图8-35）。鹿角铁皇冠也具有明显的根、茎、叶的分化，植物体为绿色，叶长约10～15cm，植株较铁皇冠小，种植条件和铁皇冠类似，但整体难度稍高，对光照和水质的要求较高。

图8-35　鹿角铁皇冠

3. 黑木蕨

学名　*Bolbitis heudelottii*。

种属　木蕨科。

分布　西非。

水质　弱酸～中性，软水～弱硬水。

光照要求　中等。

叶长　20～30cm。

种植难度　难。

是否需要添加CO_2　必须添加。

比较名贵的水草，销售时每个叶片价值几十元。原为挺水性蕨类，水中驯化之后，植物体会小

图8-36　黑木蕨

型化，新长出的水中叶变成半透明的黄绿色，草姿优雅，颇受人喜爱（图8-36）。喜欢生活于中性至弱酸性的流动水域，在碱性水质中育成较困难。水上草初植时，会有一段长达2～3个月的适应期，在此期间内，它基本维持既有的形态，不枯萎也不生长，必须等到完全适应水中环境之后，才开始生长，而且生长速度相当缓慢，需要一段时间才能长成理想大小。能攀附于沉木及岩石上生长，要用专用线加以固定，尚未长出根之前不要移动。水质恶化时，藻类易附着于叶片而导致其枯萎死亡。

八、苔藓类

苔藓属无维管束植物，没有真正根、茎、叶的分化，个体比较矮小，广泛分布在世界各地的温带、亚热带、热带地区，包括各种莫斯、鹿角苔、凤尾苔。苔藓类水生植物一般可以耐受较弱的光照，但在强光下可以展示更好的状态，水温要求较低，一般不能超过25℃。常将其固定在沉木或石头上进行造景。

1. 三角莫丝

学名　*Vesicularia* sp.。

种属　溪苔科。

分布　南美、南非等。

水质　弱酸～弱碱性，软水～中硬水。

光照要求　中等。

叶长　不定形。

种植难度　中等。

是否需要添加CO_2　最好添加。

三角莫丝是一种比较常见的莫丝,叶片三角形,一般长约5~8cm(图8-37)。在原产地一般生长在流速较慢的河流中,其叶片质地细脆,在湍急的水流中易受伤或死亡。生长速度较慢,在强光照、添加二氧化碳的条件下会展示非常漂亮的状态。造景时将其固定在沉木、石块或不锈钢网上,是一种比较理想的前、中景水草。适合与观赏性、小型鱼混养。

图8-37　三角莫丝

2. 火焰莫丝

学名　*Taxiphyllum* sp. "Flame"。

种属　溪苔科。

分布　东南亚等。

水质　弱酸~弱碱性,软水~中硬水。

光照要求　中等。

叶长　10~15cm。

种植难度　中等。

是否需要添加CO_2　最好添加。

图8-38　火焰莫丝

叶片向上生长,并且形状像火一样,故得名火焰莫丝,常分枝为致密而细小的半透明叶,生长高度可达10~15cm(图8-38)。栽培并不困难,对水质、光度、二氧化碳及养分等要求均不高,在普通的栽培条件下应该都可以育成。高温下叶片会变稀疏且容易黄化变黑,强光、低温、养分充足的情况下,植株会长得非常茂盛,呈翠绿色。适合与观赏性、小型鱼混养。

3. 小凤尾苔

学名　*Fissidens* sp. "Phoenix"。

种属　溪苔科。

分布　东南亚。

水质　弱酸~中性,软水~中硬水。

光照要求　中等。

叶长　3~6cm。

种植难度　中等。

是否需要添加CO_2　必须添加。

图8-39　小凤尾苔

因其草姿像凤凰羽毛,故得名(图8-39)。本种是非常漂亮的苔藓类,生长于流经山间溪流中的岩石上。具有根部,可以绑在沉木、岩石上进行造景。种植难度较高,在高光照、添加二氧化碳、及时补充液肥的条件下会长得非常茂盛和美丽。

4. 鹿角苔

- **学名** *Riccia fluitans*。
- **种属** 浮苔科。
- **分布** 世界各地。
- **水质** 弱酸～弱碱性，软水～中硬水。
- **光照要求** 中等。
- **叶长** 1cm。
- **种植难度** 容易。
- **是否需要添加CO_2** 沉水时需添加。

图8-40 鹿角苔

一种海绵状漂浮性的水草，叶色深绿，叶形细长，尖端分为两股，密集交叉增生，可形成一层厚垫子（图8-40）。生命力极强，漂浮时，在强光条件下，繁殖速度较快。漂浮时可不加二氧化碳，人为沉水用作前景草时必须添加。可用细网或丝线将其固定在不同形状的石块、玻璃、不锈钢丝上，或是整个网在大块沉木上，用来营造森林里苔藓的感觉。沉水状态下以分叶的方式繁殖，采取斜角方式修剪并避免破坏叶端生长点。强光和CO_2充足时鹿角苔Y字形丛生叶端会冒出一颗颗气泡，形成气泡海的壮观景象。

第二节 水族植物的栽培管理

一、水草的挑选

购买水草最好前往专业水草店内，这些店一般具有比较丰富的水草栽培知识，购买时通过与销售人员的交流可获得正确的建议。尽管价格会比较高，但不太容易买到带有病症、藻类的水草。一般水族店出售的水草都是从水草场批发而来，水草场为了管理方便，通常是以水上叶方式培育，而这种水上叶植物植入水中几天后，其水上叶部分就会腐烂，原植株会长出水中叶，这个适应过程往往会伴随比较高的损耗率。当然水族店中也会出售很多水中叶形式的水草，它们的种植难度比较低。

无论是水上叶还是水中叶，选择健康没有损伤的植株都是非常重要的。检查时要注意新芽有没有损伤溃烂，叶片有无枯黄变色或附着藻类，最后要观察根部的生长状态以及是否受到损伤。对有茎类水草，要仔细观察其颈部是否太细，是否有折断，最重要的是留意其茎部是否有溶解，若有就会呈现表面损伤或透明感，这种状态的水草绝对不能购买。

购买的水草包装时，是盆草的要先去掉塑胶盆，用沾湿的报纸来包住水草，然后放入塑料袋中，打气后用橡皮筋绑紧，这样可以保持较高的湿度，并且不容易损伤植株。对一些莫丝类的片状水草，可以将其装入塑料盒后再放入塑料袋中打气包扎。

二、水草种植前的处理

购买回来水草后，不能直接种植在水族箱中，而要先对其进行必要的修剪清洗及其它处理工作。一般来讲，有以下几个步骤：首先购买盆草的要先小心拆掉塑料盆以及包覆的海绵片，再用水清洗掉根部海绵、颗粒肥料等残余物；其次去除掉多余或变形的枝叶，剪掉烂叶、黄叶以及附着藻类的叶片；第三剪掉过长的根，一般留2～3cm即可，但注意尽量保留新长出的发白的根部。

对于不同种类的水草其处理方法各有特点，具体操作如下。

1. 有茎类水草

该类水草植株一般高低不一，栽种前应从基部开始修剪，保持统一高度。此外该类水草比较容易浮出底床，修剪时应保留基部的叶片，种植时一并将其埋入底床，还可以把一束水草用海绵包裹住末端后塞入陶瓷环中，再一并埋入底砂。

2. 植被状的前景草

该类主要包括矮珍珠、挖耳草、牛毛毡等，都是成片购买，种植前应耐心地将其分为单株，并从顶部修剪至只剩四五个叶片，这样才能保证其生长得均一与美观。

3. 水榕类

水草场种植该类水草时往往会使用较多的杀虫剂，因此要用软的海绵或手指来反复搓洗叶片，以消除药残，当然购买在水族店内暂养一段时间的水榕会比较安全。

4. 丛生状水草

该类水草是由母株的根部陆续生长出丛生状的叶片，并由根基部长出延伸的走茎来产生子株的水草。针对这个特点，种植时就需要采取切割走茎、分开连在母株上的子株等手段，以防止子株夺走母株的营养，造成母株枯萎的现象。该类水草的毛根有非常重要的作用，不要将其修剪掉，买来时若没有毛根，可让其先在水面上漂浮几天，待毛根可见时再进行种植。

5. 波浪草类

该类水草有明显的块茎结构，部分品种在原生地的炎热夏季有休眠期，很多时候买到的都是刚结束休眠期的块茎，刚长出一两片嫩芽，这些水草可直接放在水族箱底床上，待其根、叶更发达时再植入底砂内，太早植入会导致块茎腐烂。对生长正常的波浪草类，要去除较长的老旧叶片，对叶片成网状而非常纤弱的网草叶片的清洗及修剪一定要格外小心。

6. 水生蕨类

对成束购买的植株，要将已生有数片叶子的个体分株，并将没有叶片的老茎割开，老茎附着在沉木、石块上经过一段时间后，还能长出新芽。此外，水生蕨类的须根常常和根茎纠缠在一起，应将过长的须根切除，保留2～3cm即可。

7. 苔藓类水草

首先将成团购买的莫丝、鹿角苔等尽量分成单体，然后将其一条条地摆放在沉木、岩石或铁丝网片上，通过钓鱼线进行细密的缠绕来达到固定的目的，对比较平整的表面也可以用网袋进行固定。

三、水草的种植

水草种植前要先在水族箱底部铺一层5～10cm厚的砂子，可选用河砂等水草砂或ADA等专业底砂。使用河砂时先将2/3的底砂平铺于水族箱底部，也可以铺成一定的造型，如前低后高、两侧高中间凹等，然后将适量的水草基肥均匀地撒在底砂上，再将剩余的1/3底砂铺在基肥之上，最后用水管加水，一端连在水龙头，同时在水族箱的另一端用导水管排出污水。进水口注意不要直接冲击底砂，可用石块、水芋等作为缓冲。要加水至水比较清澈为止，水位至水族箱的1/4左右。使用ADA时，为了减少肥料的浪费，切不可使用以上方法排出污水，而是等其沉淀一段时间后再将水抽出，然后再小心注入水即可。

水草种植可根据水草的大小、种植的位置选用手埋法或镊插法。用手插种水草时用右手捏住水草根部，食指在底砂中挖一个小坑，将水草根部埋入，再用手将附近砂子填回小坑并埋压好根部。对一些矮珍珠之类的纤小的前景草，可用金属镊子以45°角夹住单棵水草，将镊子前端（连同水草根部）斜插入底砂，然后小心缓慢地松开镊子，让底砂自然埋压固定住水草根部。

种植水草时先种植中大型的主景草在缸的两侧或靠后的地方，然后视需要放置景观石或沉木，接着依次种植后景草和中景草，最后在水族箱的前部种植前景草。植入全部水草后，加水至水族箱水位高度，然后安装好过滤桶等循环设备并开始运行，连接好加热棒将其设置到25℃左右。按照个人需要正确连接好二氧化碳供应系统，打开阀门，通过观察计泡器确定是否工作正常。用小型的捞网小心地捞出水中的浮叶等杂物，调试灯管是否正常发光，一般24h后水质就可变澄清。

四、水草缸的维护

为了避免滋生藻类，一般建议前3天把照明设备关掉，第4天开始照明4h，以后每天增加2h，直至每天10h为止。二氧化碳系统应该与光照系统启动时间保持一致。

在第3天至前1周的时间内可视水质情况放养黑壳虾、大和藻虾等清洁虾，以进行藻类的清除工作；1周之后，可陆续放入青苔鼠、黑线飞狐等食藻鱼类；2周之后，若水质稳定，即可将造景鱼类放入。

建缸后的第1周每2～3天换水一次，每次换水1/4，1周后改为每周换水1/4。2周后开始添加液肥，使用量为标准量的1/3，3周后修正为标准剂量，若有红色系水草，则需额外补充铁肥。

建缸约1个月后，开始第一次修剪水草，而不同种类的水草，因其生长的形状不一样，修剪的方法也有差别。

1. 直立茎类水草

种植一段时间后，该类水草会长得高低不一，有些个体能长出水面，叶片也会变凌乱，这时可以直接将顶部的茎叶剪到合适的高度即可，被剪的部位会很快长出新芽，修剪时要同时将不要或变黑的茎叶同时去除掉。但这种直接修剪方式只能用2～3次，因为几次以后，茎下方的叶片会老化掉落，新芽生长也较差，这时就需要将水草一棵棵拔起来，用剪刀剪掉下节，再插回原处，但有些水草的根系生长发达，当把它拔起来的时候，就会把底床中的砂土一同带起来，这样会把水弄混浊，并会导致底床中肥料的浪费，因此，可用剪刀剪掉靠底床表层的部分，将植株修剪再插入底床。而底床中的根系部分，因其生长发达不会腐烂，一般会重新长出新芽。

2. 丛生类水草

大多数丛生型的水草都是作前景或中景之用，因此，更需要其保持形状美观。对于走茎繁殖的丛生水草，其匍匐枝或地下茎会不断向外扩展，有碍于其它水草的生长，这时要剪断匍匐枝或地下茎，并拔出过度繁殖的子株，操作时要格外小心，以免因走茎缠住其它水草的根而导致后者也被拔起来。其它的大、中型的丛生水草也要经常修剪，以免其个体过大而破坏了原有的景观，同时老叶经常变黄腐烂，横漂在水面上，这时也要及时地清除。丛生状水草根系比较发达，重新移植时会需要比较长的适应期，因此不宜移动根部。

第三节　水草造景

水草造景就是将不同的水草及沉木、岩石等辅助材料在水族箱内进行种植、摆放，营造出具有一定观赏性的景观。水草造景的过程就像楼房建筑一样，先构思画出造景规划图，购置准备好水族箱、水族器材、水草等，然后铺好底砂，先放置主要的造景材料，再依次种植前中后景水草，最后加水，安装调试设备，并进行局部调整，完成造景。

一、水草造景的一般原则

水草造景的过程也是进行艺术创作的过程，水草造景要遵循水草生长的规律和特性，要遵照一定的造景原则并使用特定的技术手法，但由于每个人艺术审美观和创造力的不同，以及水族知识水平和技能的不同，所以对水草造景都有不同的见解和体会。因此，水草造景是在一定的框架下的创造和发挥，是结合自己的喜好、经验、知识和审美观进行的美的创造活动。一般而言，水草造景的一般性原则包括以下几点。

1. 道法自然

自然为人类之母，水草造景往往是将自然界的美景微缩到水族箱中，变成自我的风景的过程，是自然景观的模拟和再现。这就要求我们虚心向自然学习，观察身边的风景，领悟其蕴含之美，并灵活运用到水草造景中。

2. 多样与统一

水草的种类繁多，它们的姿形、色彩、线条、质地都有一定的差异和变化，多样性非常大。种类众多的水草布置于水箱中，往往会显得变化太大、杂乱无章，从而失去美感。但也不能为了追求统一，采取简单机械、没有变化的搭配，这样又显得单调呆板。这就要借鉴和运用多样与统一的法则，选用种类丰富的水草和辅助材料，营造出能表达同一主题的水草景观，在统一中求变化，在变化中求统一。

3. 韵律和节奏

水草配植中具有一定的规律性变化，就会产生韵律感，如前景、中景、后景和侧景的配植，水草的色彩、姿形和线条搭配均匀，高低错落有致，看上去也有韵律和节奏感的变化。如在水草造景中的前景、中景、后景和侧景的搭配中，前景要配植1～2种低矮的水草，像鹿角苔、莫丝、矮珍珠等，体现出水草的群体美，有一种统一感；中景应配植中等高度的水草，如宽叶血心兰、绿柳、红柳、香菇草等，每次选用少数几种，每种5～10株一丛不等，与前后景相映衬，起到承前启后的作用，富有层次和变化；后景与侧景则应配植植株较长的且线条丰满的水草，如大宝塔、红丁香、虎耳草、红蝴蝶、乌拉圭皇冠等，衬托着前景和中景。这样，运用统一与变化的原则，使得景色显得更加生动壮观。

4. 层次鲜明

不同的造景素材中彼此间应该有主次之分，比如是以水草为主还是以石材为主，同是水草也要分出主景草和辅景草，使用两块以上的石材时，要有大小主次之分。造景时要根据景观主题先确定主景观的位置和造型。叶形、色彩相近的水草不要种植在一起，这样的造景才会有一种景深的视觉效果，而具有格外层次分明的立体感。在种植水草时，避免平行种植，最好将单一品系的水草栽种区域种植成三角形或菱形为宜，并采取交叉的"倾斜角度种植"将每个品种的水草由外到里延伸、层叠，这样一来不论从任何角度观赏，都会有立体交叉的感觉。

5. 黄金比例分割

即将直线段分两部分，使两者的比值约为1.618：1，造景时将景观的焦点（如主景草或沉木等）设置在分割点上，以达到比较完美的视觉比例。在实际运用中，黄金比例多只采用近似值，即2：3、3：5、5：8、8：13、13：21等比值作为近似值。早在很久以前中国早已发现了一种构图模式——九宫格，最巧的是它与黄金分割有着惊人的理论联系：把画面的上下左右用黄金分割来做出4条线，就是古人所说的九宫格（图8-41）。人们发现在九宫格的4条线交汇的4个点是人们视觉最敏感的地方，在摄影理论里把这4个点称为"趣味中心"。在造景时可试将焦点放在4个趣味中心其中一个上，又或者将地平线拉到第一条分割线上，以达到比较理想的视觉效果（图8-42）。

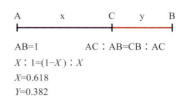

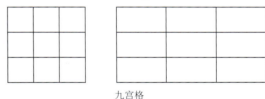

黄金分割计算法

九宫格

图8-41　九宫格示意图

6. 水草的密植

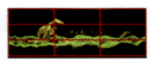

图8-42　九宫格在水族景观布置中的应用

以多样化且适宜的水草将水族箱底床80%以上的面积完全种满，高密度的水草可以维持整体设计的自然美，同时植物对水中营养盐的充分吸收可以起到避免滋生藻类和病菌的作用，而水草根部可以预防底床环境的恶化。

7. 生态的平衡

一个理想的水草景观缸中，其水草、鱼虾以及底砂、水中的益生菌类都应该达到一个良好的平衡状态。在这种生态平衡下，其水质会持久地保持低污染状态，水草和观赏鱼虾类会呈现健康之美。否则水草或鱼虾的状态就会较差，达不到理想的欣赏水平，甚至发生青苔遍布、丝藻丛生、水草腐烂、鱼虾死亡的惨剧。为此，在景观设计时就要做到水草、鱼虾数量比例得当，喂食要适量，养成有规律的正确进行日常维护的习惯，禁用刺激性药物，以免对景观缸的生态系统造成不必要的危害。

二、水草造景的主要流派

从专业角度的眼光来看，水草造景因为不同的造景风格被大致定义为以下几种造景主流。

1. 日本式水草造景

细腻的造景构思，严格的水草叶形搭配，使得这种风格的造景犹如中国传统山水画的格局，无论从任何角度观赏都显示出清丽脱俗的美艳（图8-43）。尤其适合开放的空间和四面观赏的水族箱。

2. 德国式水草造景

德国人崇尚自然，崇尚科学，在水族箱造景中也能体现出高科技的威力及大自然的魅力。在高科技水族设备的支持下，能够充分展示出水草近乎自然的生长状态，并且开放式的展示格局可以更为方便地从水底、水面、水上三个不同的空间角度欣赏到各种水草的生长变化，景观构思显得粗犷、凌乱，但是仔细欣赏之余就会发现造景布局上显现出别具一格的自然美（图8-44）。

图8-43　日式水草造景

图8-44　德式水草造景

3. 荷兰式水草造景

讲究唯美，品种各异的水草在被称之为"黄金比例分割法"的基本原理下巧妙地栽植，严格的栽种定义和色彩，品种的搭配，使得这种方式的水草造景更具有层次分明的立体感，以至于"黄金分割比例法"栽种法则成为国际水草造景评比的评分准则之一。荷兰式造景的水族箱，一般都把椒草当作前景草来种植，椒草叶片大小不同，其颜色搭配也是一种学问，如墨绿椒草、虎斑椒草、咖啡椒草是浅棕色，桃叶椒草、温蒂椒草、长椒草是淡绿色，这些椒草多应用在侧面和后景部分。此外也可以在水族箱底部用丙烯板等材质设计成阶梯状，再

图8-45　荷兰式水草造景

图8-46　中国台湾式水草造景

分区种植各种水草（图8-45）。

4. 中国台湾式水草造景

我国的宝岛台湾在水族技术领域发展上也是得天独厚的，在水草造景方面更是博取众家之长，并且在造景过程中大量选取栽培难度系数较高的品种，在展示完美景观的同时，也体现出极深厚的水草栽培技术功底（图8-46）。

5. 区域性水草造景

根据水草的原产地的地理环境所不同而运用各色原种水草塑造，模拟出当地水域的自然水生景观。

（1）南美风格水草造景　以大型皇冠草类水草为主景，用沉木以及纤巧靓丽的有茎水草和同样原产的鱼类共同勾勒出南美古老、神秘的亚马逊河流域的某个水域景观。

（2）西非风格水草造景　大量的沉木、岩石、水榕类水草以及可以在沉木、岩石攀附生长的黑木蕨，加上著名的西非慈鲷科鱼类轻松展现原始、狂野的西非水域。

（3）东南亚风格水草造景　椒草、水兰、墨丝、铁皇冠等水草搭配小型的鲤科、脂鲤科鱼类，塑造出亚洲各国各不相同的水域风情。

三、水草造景步骤

水草造景的过程主要就是按照以上的造景规律，结合自己的创意与灵感，进行水草种植的过程（请参见本章第二节三），同时还要进行砂石、沉木等辅助材料的摆放，以更好地衬托水草的魅力。其中石材的使用尤为重要，以下对其进行简单的论述。

1. 砌石－整体布局的基本法则

（1）立体感　石阵应使得鱼缸突显出前、中、后和高、低的感觉，强化立体感，应有疏密、大小之分。

（2）大缸化　使用石材应使鱼缸看起来比较大而不是相反。

（3）空间感　使用石材不能摆满鱼缸，而要有重要的留白之处，以使我们感到空间感、平衡感以及虚实重轻的比较。

（4）隐　用石阵把所有器材、闸角、喉管、滴漏槽等进行遮隐。

（5）伸　放在砂面上的石材，不要有使人觉得放在砂上的感觉，应使它像从砂下伸出来，这样会自然，也使石与砂有一体感。

（6）松弛　砌石要有适当的松弛，使水流能流通，而不会积蓄污物。不过不能太过松弛，否则就会有百孔千疮的感觉，非常有碍美观。

2. 砌石的基本阵型

（1）凹式　分成左右二阵，左大右小，左后右前，二阵的中间是个凹位，比较适合长的水族缸，细缸会有两翼压向中间的压迫感。

（2）岛式　阵的中央，即重心不要放正缸的中间，应向右或左偏移少许（参照黄金比例分割点），中央的偏移可避免呆板，增加动感和张力，以及感觉更加平衡。这又可称为凸式。

（3）三角形式　可以用水草、沉木和石材共同组成三角阵势，该形式非常适应人的审美本能。

（4）三石式　由缸顶向下望，看到大中小三组石，它们的中心点组成一个三角形。可砌成等边或直角等各类三角形，大中小石组可随意置放。该方式的优点是有前有中有后，多空间，高中低有分，能从不同的方向欣赏。三组石材靠近缸边放置，能产生拉大鱼缸的感觉。

思考题

1. 如何对待水草的水上叶和水下叶?
2. 对于简单和难以种植的水草,添加二氧化碳的意义有何不同?
3. 前、中、后景水草在水族造景中的作用是什么?
4. 种植大型水草有何特别注意事项?
5. 水草繁殖的方式有哪些?
6. 影响水草流行程度和受欢迎程度的因素有哪些?

实训八　普通型水草缸的设立与维护

一、实训目的

通过实训加深掌握底板式过滤的使用方法,初步掌握水草种植的一般技术,了解水草造景的一般规律,并能进行常规的维护工作。

二、材料和设备

1. 70cm水族箱一个。
2. 底板式过滤系统一套、40W灯架、300W加热棒一套。
3. 河砂、沉木、基肥、液肥一宗。
4. 榕类、皇冠类、小对叶、铁皇冠、宝塔草等易于种植的水草若干。
5. 灯鱼、燕鱼、七彩神仙鱼、观赏虾等若干。

三、方法和内容

普通型水草缸是一种成本较低、建立比较简单、维护比较容易的水草缸,该水族箱中主要种植一些对光照、二氧化碳、肥料要求较低,水质变化不太敏感的水草,种植水草的目的除了美观,还有一个主要目的是建立完善的生态系统,利用水草吸收水中的污染物,从而更利于观赏鱼的饲养,是一类水草与观赏鱼并重,甚至是以观赏鱼为主体的造景方式。

1. 底砂铺设与设备的安装

(1) 将水族箱(半成品缸,带拉筋,规格70cm×40cm×50cm)放置在合适的位置,注意避免阳光直晒。

(2) 安装过滤底板,先将过滤板铺在鱼缸底部,连接上水管,铺上5cm厚的清洗干净的河砂,底砂可以根据造景设计铺成一定的造型,如前低后高、两侧高中间凹等。

(3) 将适量的水草基肥均匀地撒在底砂上,再将剩余的1/3底砂铺在基肥之上。

(4) 用水管加水,一端连在水龙头,同时在水族箱的另一端用导水管排出污水,进水口注意不要直接冲击底砂,可用石块、水舀等作为缓冲,要加水至水比较清澈为止,水位至水族箱的1/4左右。

(5) 在鱼缸背侧安装上一根300W的加热棒,然后将底板过滤的循环泵安装好(暂时不要通电)。

2. 水草的种植与造景

(1) 种植水草之前,根据已有的造景材料、水草作出设计规划图,设计时要尽量考虑水族景观设计的一般原则,学习比较经典的景观设计案例,并充分发挥自己的创造力。

（2）水草种植前要进行如下处理：

①购买盆草的要先小心拆掉塑料盆以及包覆的海绵片，再用水清洗掉根部海绵、颗粒肥料等残余物；

②去除掉多余或变形的枝叶，剪掉烂叶、黄叶以及附着藻类的叶片；

③剪掉过长的根，一般留2～3cm即可，但注意尽量保留新长出的发白的根部。

（3）首先确定焦点位置（如黄金比例分割点）的景观设置，可使用沉木或大型的主景观草，用手插种水草时用右手捏住水草根部，食指在底砂中挖一个小坑，将水草根部埋入，再用手将附近砂子填回小坑并埋压好根部。

（4）根据规划图依次种植后、中、前景水草。

（5）植入全部水草后，加水至水族箱水位高度。

（6）安装上40W双灯管灯罩，调试灯管是否正常发光。

（7）调整循环泵位置并开始运行，连接好加热棒将其设置到25℃左右。

（8）用小型的捞网小心地捞出水中的浮叶等杂物，一般24h后水质就可变澄清。

（9）测量记录初始的水质：pH、溶解氧、硬度、亚硝氮和氨氮。

3. 调水、闯缸与藻类控制

（1）装置通电运行前3天把照明设备关掉。

（2）建缸后的第1周每2～3天换水一次，每次换1/4，1周后改为每周1/4。

（3）3天后即可放养黑壳虾、大和藻虾等清洁虾，以进行藻类的清除工作，该阶段不要投饵。

（4）第4天开始照明4h，以后每天增加2h，直至每天10h为止。

（5）1周之后，无异常现象时即可陆续放入青苔鼠、黑线飞狐等食藻鱼类以及少量孔雀、黑裙等闯缸鱼，该阶段仍不要投饵。

4. 鱼只的放入与水族箱维护

（1）2周之后，测量记录其水质指标，若水质、鱼只均正常，即可将造景鱼类陆续放入。一般分为两批放入，开始先放一些耐受力较强的鱼只。

（2）4周之后，若水质、鱼只均正常，即可将其它鱼只全部放入鱼缸内。鱼只的搭配有几个原则：

①和平共处原则，不同个体、种类之间不能有过于剧烈的争斗行为，一些掠食性的品种也不能和小型鱼混养；

②充分利用水体，一般要包括上中下不同水层的种类，如上层的孔雀鱼，中层的七彩神仙鱼，以及底层的花椒鼠等；

③动静结合的原则，既要有一些活泼好动的种类，又要有比较文静的品种；

④群游性，对小型的灯鱼，如红绿灯，一定要放养足够的数量，一般要20尾以上，使其能够成群游动，才能造成强烈的视觉享受；

⑤重点突出，水族箱中一般要设置2～3个焦点，如在众多小型鱼搭配下体态优雅的七彩神仙鱼，或在鱼缸底部占据了繁殖缸的色彩绚丽的成对的七彩凤凰。

（3）一般2周后开始添加液肥，使用量为标准量的1/3，3周后修正为标准剂量。若有红色系水草，则需额外补充铁肥。对于水草数量相对较少、鱼虾众多的鱼缸，可适量减少液肥用量甚至不用液肥。

（4）由于条件的限制，本类水族箱中水草一般生长较慢，故不需要常做修剪工作，但要注意及时将枯黄枝叶及时剪除掉，将漂浮在水中的枝叶及时捞出，水草因固定不牢而漂在水中的要进行重新种植,水草叶片上长有藻类的,可用拇指和食指轻捻水草叶片将其清除掉。

四、实训报告
1. 按照实际建缸过程撰写完整报告,要求能够记录准确,并能分析到位。
2. 记录维护过程中发生的关键事件、处理措施及相应的机理。
3. 概括学习体会,对本实训内容提出改革性建议。

实训九　专业型水草缸的设立与维护

一、实训目的
通过实训学习各种水草专业器械的使用方法,掌握水草种植方法、水草造景技术以及水草景观的维护技术。

二、材料和设备
1. 45cm水族箱一个。
2. 氧化碳发生器一套,瀑布过滤一个,其它水族设备一套。
3. ADA砂、沉木、石材、液肥。
4. 莫丝、莎草、牛顿草、针叶皇冠、矮珍珠等水草若干。
5. 宝莲灯、黑线飞狐、观赏虾等若干。

三、方法和内容
专业型水草缸是一种成本较高、建立比较复杂、维护比较繁琐但观赏性也极高的一种水族景观缸。该水族箱需要专业的水草砂、充足的光照(1L水需要1W以上的日光灯)和充足的二氧化碳供给,水草是其景观核心,观赏鱼(虾)仅作为搭配。

1. 底砂铺设与设备的安装

(1) 将水族箱(使用超白缸,规格45cm×35cm×40cm)放置在合适的位置,注意避免阳光直晒。

(2) 将ADA泥铺在鱼缸底部,厚度5～8cm,可以根据造景设计铺成一定的造型,如前低后高、两侧高中间凹等。

(3) 小心注入自来水,水速要慢,不要直接冲击底砂,注满水后沉淀12h,将水抽出后再次小心注满,然后再沉淀24h。使用ADA泥时,为了减少肥料的浪费,切不可用力刷洗。

(4) 水体基本澄清后,安装200W加热棒、40W的日光灯以及瀑布过滤,调试使其能正常运行,然后拔下电源。

(5) 正确连接好二氧化碳供应系统,打开阀门,通过观察计泡器确定是否工作正常,以每秒钟冒出一个气泡为宜,调试正常后暂时关闭阀门。

2. 水草的种植与造景

种植水草之前,根据已有的造景材料、水草作出设计规划图,设计时要尽量考虑水族景观设计的一般原则,学习一些比较经典的景观设计案例,并充分发挥自己的创造力(请参见本节相关内容)。造景中,除了水草、沉木的使用之外,石材的搭配也尤为重要(请参见本节相关内容)。创作出景观设计图之后,即可进入布景的程序。

(1) 种植前,根据不同种类的水草要进行相应的预处理(请参见本节相关内容)。

(2) 抽出缸中1/2左右的水,先放置用作主景观的沉木或岩石,然后根据规划图依次种植后、中、前景水草,可根据水草的大小、种植的位置选用手埋法或镊插法。用手插种水草时,用右手捏住水草根部,食指在底砂中挖一个小坑,将水草根部埋入,再用手将附近砂子填回小坑并埋压好根部。对一些矮珍珠之类的纤小的前景草,可用金属镊子以45°角夹住单棵水草,将镊子前端(连同水草根部)斜插入底砂,然后小心缓慢地松开镊子,让底砂自然埋压固定住水草根部。

(3) 植入全部水草后,加水至水族箱水位高度。

(4) 将灯具夹回水族箱的背侧,打开瀑布过滤,连接好加热棒将其设置到25℃左右。

(5) 用小型的捞网小心地捞出水中的浮叶等杂物,一般24h后水质就可变澄清,否则再小心换一半水左右。

3. 调水与藻类控制

(1) 循环、加热装置通电运行3天,但不要开通照明。

(2) 建缸后的第1周换水两次,每次换1/4,1周后改为每周1/4。

(3) 3天后水质正常时即可放养大和藻虾、樱花虾等作为工作虾,以进行藻类的清除工作,该阶段不要投饵。

(4) 第4天开始照明4h,以后每天增加2h,直至每天10h为止,同时打开二氧化碳供给,二氧化碳系统的运行应该与光照系统启动时间保持一致。

(5) 1周之后,无异常现象时即可陆续放入青苔鼠、黑线飞狐等食藻鱼类,该阶段仍不要投饵。

4. 鱼只的搭配与水族箱的维护

该类水族缸是以水草占绝对主角的造景方式,放养的鱼类较少,一般包括工具鱼(食藻鱼)、少量底栖鱼(如熊猫鼠、蛇仔鱼等)和部分灯鱼类(控制在10条以内,保证群游效果即可)。其中黑线飞狐在幼年期吃食藻类的效果极佳,成年后则改食饲料,应将其挪到其它水族箱中。

使用二氧化碳时一定要注意数量的控制,一般如果种植的水草能不断冒出气泡,即说明添加量比较合适。若过度添加时,鱼会因为缺氧而浮头,而且虾类也动作出现异常,这时应调节阀门,减少排放量,同时应使用充气泵进行打气排出过多的二氧化碳。

该类型的水族缸也可以不用二氧化碳发生器,但要将鱼的数量提高数倍,而且水草的生长速度会降低很多,个别种类的水草会停止生长。

平时要注意观察有无在水中漂浮的残缺枝叶,若有要及时捞出丢弃;水草因固定不牢而漂在水中的,要进行重新种植;水草有枯黄枝叶的,要及时剪除掉,数量较大时要考虑该现象是否因水质恶化或肥料缺失所致,并及时处理;水面滋生浮萍时,要及时捞出,可放在草金鱼缸中作其食物;水草上长有丝藻的要将其拔除,处理时要用左手固定住水草,右手轻轻地将丝藻撕掉,且不可用力过猛,以免将水草拔出甚至将其扯断。丝藻过多人工无法去除时,可使用注射器吸取5%的戊二醛,将其小心喷洒到丝藻上,可以有效杀灭藻类,但副作用较大,有时可能导致水草或其它生物死亡,一般不建议使用。

建缸约一个月后,开始第一次修剪水草,而不同种类的水草,因其生长的形状不一样,修剪的方法也有差别(具体操作请参见本章相关内容)。

四、实训报告

1. 按照实际建缸过程撰写完整报告,要求能够记录准确,并能分析到位。
2. 要记录维护过程中发生的关键事件、处理措施及相应的机理。
3. 概括学习体会,对本实训内容提出改革性建议。

第九章

观赏鱼的病害防治

第一节 概 述

一、观赏鱼的病害发生原因及防治特点

观赏鱼疾病通常分为三大类：第一类为生物性疾病，由细菌、病毒、真菌、寄生虫等引起的传染病，其特点大多是发病急，传播快，发病率和死亡率较高，不易防治；第二类是非生物性疾病，其致病原因是环境的理化性质的改变引起饲水变质，诱发鱼体生理机能失调，使鱼体出现不适，出现代谢障碍或机能紊乱而发病；第三类是机械损伤，观赏鱼在饲养管理过程中，由于清洗鱼缸、换水、赏玩过程的操作不慎，引起鱼体的刮擦碰伤或应激反应，造成损伤或继发感染而生病。

观赏鱼由于多饲养于水族箱等狭小空间，其病害的发生治疗与其它环境下的鱼类有所不同：一是由于养殖密度较大，水环境不稳定，易生病和传播；二是由于经常饲弄赏玩，观赏鱼生病后较易观察发觉；三是由于水族环境较小，发病后采取治疗措施相对容易且费用较低；四是对于一些名贵或新的观赏鱼品种如很多的海水观赏鱼，由于相关的研究及资料缺乏，生病后治疗用药往往较盲目，效果不佳或造成更严重的后果。

二、观赏鱼病害防治措施

1. 预防措施

鱼体抗病力的强弱与日常饲养管理工作密切相关。要使鱼体质健壮，必须加强日常的饲养管理工作。

（1）精心饲喂 做到投饵定时、定质、定量。有的观赏鱼爱好者不注意这些细节问题，喂饵时随心所欲，什么时候想起来，就什么时候喂，有什么就喂什么，有多少就喂多少，这样就难以使鱼形成一个正常的觅食活动规律，导致鱼体消化机能紊乱，无助增强鱼的体质。有时若将腐败变质的饵料投喂，鱼吃后就会发生中毒或患肠炎，引发消化系统疾病，损害鱼体健康。喂食时间，一般在上午9～10时和下午3～4时。投喂鱼虫等鲜活饵料前要将饵料漂洗干净，或用低浓度的高锰酸钾溶液消毒，防止腐败物和各种病原体带入缸中。保持饵料新鲜洁净。投饵要求定时定量，是增强鱼体体质的有效手段。

（2）加强水质调节　水环境的温度、酸碱度、硬度、盐度、溶氧、氨氮等理化因素的不适或超标都会导致鱼类的直接死亡或抵抗力下降，引发病害。故要根据不同鱼类对环境条件的要求，做好水质的调节维持，使观赏鱼保持健康状态。

（3）药物预防　在病害的多发季节，可根据病害的易发情况，提前使用预防药物，避免病害的大规模发生或加重。

2. 及时检查发现病害

在日常管理过程中细心观察，及时进行鱼体检查，目的是找出病原体和查清各种病症的根源，为确定疾病种类和病原体提供依据。病症的表现有：细菌性疾病多表现为皮肤充血、发炎、脓肿、腐烂；寄生虫性鱼病表现为体表黏液增多、出血、有点状或块状孢囊等症状。检查的部位主要是体表、鳃、内脏等各器官。很多病鱼在上述的三个部位中可看见寄生虫和具有一些特征性的症状。

（1）体表检查　被检查的部位必须是新鲜的，最好是刚从水中捞出来的病鱼或刚死亡的病鱼。可按头、嘴、眼、鳃盖、鳍条、鳞片等顺序进行检查。在体表上肉眼看到的病原体主要有水霉菌、鱼虱、小瓜虫、猫头蚤等，若肉眼看不清楚的可用放大镜观看，一些体型更小的病原体用放大镜也看不清的，必须采用高倍显微镜来鉴别。

（2）鳃部检查　检查鳃时，按顺序先查看鳃盖是否张开，有无充血、发炎、腐烂等症状，然后用手指翻开鳃盖，观察鳃色是否正常，黏液是否增多，鳃末端是否肿大和腐烂。鳃霉病则表现为鳃色暗淡，呈白色或有出血斑点。如鳃有黏孢子虫寄生，多表现为鳃盖张开，鳃肿大等。

（3）内脏器官检查　主要检查肠道是否有病变，如细菌性肠炎，肠黏膜表现为出血或充血，肛门红肿。若是球虫或孢子虫寄生，肠黏膜呈现分散的或成片的小白点。

3. 诊断治疗方法

在实际养殖过程中，限于条件的制约，对大多数养殖者来说根据病鱼所表现出来的症状及异常行为来诊断较容易。常见症状、异常行为及措施如下。

（1）呼吸急促、鳃盖张开、摩擦缸底。可能原因：体外寄生虫及鳃部寄生虫感染。处理方法：使用除虫剂类药物驱除。

（2）鱼只浮上水面、呼吸急促、行动迟缓。可能原因：缺氧、换水不当引起不适。处理方法：增加溶氧量，加入抗菌性药物，预防病菌乘虚而入。

（3）显色度差、颜色退化。可能原因：水质适应不良，pH振荡引起。处理方法：维持水质稳定，用增色素添加于饵料中喂食，可恢复艳丽色泽。

（4）鱼只检疫及移缸，造成不适。可能原因：感染体表寄生虫及生理机制降低，造成不适。处理方法：使用除虫剂类药物和抗菌性药物。

（5）眼球突出、倒吊、失去平衡。可能原因：肾脏炎、结核病、脑部、鱼鳔被感染。处理方法：使用抗菌性药物，加温至32℃，但治愈率不高。

（6）皮肤有棉絮状物薄膜，同缸状况不一。可能原因：水霉菌感染及体表寄生虫感染。处理方法：使用除虫剂类药物和抗真菌性药物。

（7）体色变黑、缩鳍，鱼只无精打采，聚集缸底，并快速感染。可能原因：黑死病感染。处理方法：使用除虫剂类药物和抗菌性药物，加温至32℃。

（8）鱼鳍破损糜烂，体表覆盖一层乳白色黏液。可能原因：霉菌及丝虫、斜管虫、指环虫感染。处理方法：使用除虫剂类药物和抗真菌性药物。

（9）鱼只面壁、食欲不佳，但腹部膨大。可能原因：可能感染绦虫、吸虫。处理方法：使用除虫剂类药物驱除。

（10）鱼体消瘦，拉白便或排泄物成黏稠状。可能原因：六鞭毛虫、毛细线虫感染或细菌性肠炎。处理方法：使用除虫剂类药物驱除，并投喂肠炎性抗生素。

（11）体色变暗背脊瘦薄，摄食率降低。可能原因：水质恶化或感染体内寄生虫。处理方法：维持水质稳定，使用除虫剂类药物驱除。

（12）聚集缸底一角，缩鳍等体色变暗。可能原因：pH振荡或细菌性感染及体外虫交叉感染。处理方法：使用除虫剂类药物和抗菌性药物。

4. 常用防治药物

（1）孔雀石绿　是一种染色剂，为绿色结晶体，能溶解于水。同族中还有亚甲基蓝，是杀灭水霉菌、霉菌等的特效药物。它与食盐、小苏打配制成混合剂，浸洗鱼体或全缸泼洒效果都很好，对杀灭真菌、寄生虫有一定效果。其药性较缓和，药物有效时间较长，使用中不可与锌或白铁接触，避免产生急性锌中毒。且所有治疗均需在弱光下进行，避免因光线，使药剂变质。原液的配制法为将1g的脱锌药用纯孔雀绿溶于500mL的蒸馏水中，于低浓度治疗时，每升水加入1～2mL的原液，药浴时间定于25～60min之间。可治疗霉菌感染症、受精卵的防霉处理、白点病、车轮虫、斜管虫、三代虫感染症。

（2）硝酸亚汞　为白色结晶体，无臭，易潮解成淡黄色，遇热可还原成对人畜有害的高汞，对治疗由小瓜虫引起的白点病有特效。但该药药性烈，毒性大，用药后易腐蚀鱼体皮肤和鱼鳍，浸洗鱼体时要特别注意掌握剂量和浸洗时间，防止鱼体各鳍腐烂或中毒死亡。此外，用药时应避免和金属容器接触，防止腐蚀金属制品及遇金属后发生化学反应失效。

（3）红汞　又名红药水。是一种外伤消毒液，色红，遇水后变成蓝色，对治疗由小瓜虫引起的白点病效果特佳。药性温和，对皮肤刺激性较小，同时对由白点病、肤霉病引起的并发症，用此药泼洒治疗后，可取得良好的预防和根治效果。对鱼体因外伤引起的炎症也有一定的疗效，一般市售的红药水消毒液含有2%的红汞，将1份红药水加入9份清水稀释成0.2%浓度的稀释液，可直接涂拭于伤口长霉的地方，可治疗霉菌感染。

（4）高锰酸钾　又名过锰酸钾。为紫黑色棱形结晶体，具有蓝色金属光泽，无臭味，易溶解于水，对杀灭三代虫、指环虫及防腐消毒均有一定效果，并可防治鱼体因皮肤创伤或寄生虫引起的细菌性烂鳃病，也是网具、饲水、饵料、容器等消毒的良好药品。在强光下，该药易氧化失效。保存时宜选用密闭的有色玻璃瓶，不能与有机物质或易氧化的药品混合。

（5）硫酸铜　又名蓝矾、胆矾。为蓝色结晶体，无味，应放在干燥的玻璃瓶内保存，在空气中放置易氧化为白色，但吸潮后又能变成蓝色的含水硫酸铜，潮解后并不影响药性。该药对杀灭车轮虫、隐鞭虫、斜管虫、口丝虫等效果较好。常用于浸洗鱼体或全缸泼洒。其药性渗透慢，常与硫酸亚铁合用。　一般铜盐对鱼类的毒性较大，用药剂量须准确，用于消毒器具时，高浓度短时间比例为每升水加入2g硫酸铜，浸泡5～10min。用于消毒鱼只时，高浓度短时间比例为每1L水加入0.1g硫酸铜，药浴10～20min，注意鱼只反应，不支时应停止，并移入清水中；而低浓度长时间浸泡比例为每100L水加入0.01～0.02g硫酸铜，连续3～5天。但注意有很多观赏鱼对硫酸铜无法适应。养殖海水软体动物的鱼缸用具，绝不可以用硫酸铜消毒，其残留物会使软体动物无法生存。

（6）硫酸亚铁　又名绿矾、铁矾。为淡绿色透明结晶体，在空气中易风化，并迅速氧化成黄棕色碱式硫酸铁。该药常作为辅助药物与其它药品合用。若与硫酸铜合用，有助于硫酸铜药性的发挥，并能起到良好效果。由于该药对鱼体色泽刺激性较大，故应节制使用。

（7）盐酸土霉素　为黄色结晶状粉末，无臭，味苦，有吸湿性。既可人用，也可兽用，是一种常用的杀菌药。因其药性温和，可用于幼鱼疾病的防治，也常用于长途运输时水体的消毒处理。

（8）呋喃西林粉　为柠檬黄色粉末，无臭、味微苦，可溶于水，是防治烂鳃病、皮肤充血病、鱼鳍腐烂病、松鳞病等的有效药物，也是幼鱼期水质消毒的常用药品。因其药性较温和，常用于长途运输时的水体处理。

（9）痢特灵　又名呋喃唑酮。色黄味苦，有片状和粉末状两种。易溶于水，是一种杀菌药，对防治皮肤溃烂和烂鳃病较适用，也是治疗肠炎的良好药品。

（10）食盐　又名氯化钠。为白色结晶、粉末状或颗粒状，无臭，味咸，易溶于水。用途较广，既能防治病毒性、细菌性疾病，又能防治水霉菌和调节水质澄清度。热带鱼对盐敏感性较强，无法忍受高浓度的盐液。不可与锌或白铁接触，避免产生严重锌中毒，亦不适用于动植物俱全的水族箱中，因为高浓度的盐液对水生植物有不良影响，于高浓度治疗时，每升水加入30～50g食盐，将病鱼浸浴15～30min。

（11）敌百虫　为白色结晶体，稍有臭味，易溶于水，是一种高效低毒的有机磷杀虫剂。它在酸性环境中稳定，遇碱分解成毒性较强的敌敌畏，继续分解后失效。本品对人畜、鱼体毒性都较低。药性温和，是常用的一种杀虫药品，对三代虫、指环虫、鱼虱等病原体均有良好杀灭效果。

（12）庆大霉素　用于鱼卵和仔鱼期疾病的预防，又可低剂量注射或浸洗防治松鳞病，是鱼卵孵化过程中常备的一种药品。

（13）甲醛溶液　又名福尔马林。是一种防腐消毒剂，对防治烂鳃病、肤霉病及鳃霉病有一定效果。药性较烈，对鱼体皮肤刺激性较强，在热带鱼疾病的治疗中不常使用。福尔马林勿久置，应使用新配溶液，避免出现三聚甲醛毒害鱼类。在低温及光照下会加速三聚甲醛形成，其溶液必须置于温暖及黑暗的地方。福尔马林不能使用在含有甲基蓝或其它染剂的水族箱中，避免两种药剂结合对鱼类产生毒害作用。施药时，水温不可低于18℃。长期药用原液的配制法为1体积大英药典级的甲醛加99倍体积的水，用法为每升水加入6～7mL的原液，每隔两天将病鱼在此溶液中浸浴15～30min，用以驱除皮肤及鳃部的寄生吸血虫、纤毛虫类，但是不能有效地驱除锚虫及其它桡足类寄生虫。

（14）碳酸氢钠　又名小苏打。在日常使用中主要作为一种辅助性药物。药性温和，常用来调节水体的酸碱度。

（15）硫酸镁　又名泻盐。对防治初发肠炎或消化不良引起的排泄受阻有一定效果。

（16）维生素类　是常用的营养性药品。

（17）硫代硫酸钠　又名大苏打，是养殖的备用药品。用它去除自来水中氯离子，特别是用它清洗鱼虫或水蚯蚓时，可使自来水立刻变为安全的水源。在夏季使用时应注意单位水体中放入的数量，特别是在高温季节，如过量使用，常可在短时间内使水源变为混浊的乳白色，对鱼体有害。

（18）头孢　为白色结晶状粉末，无臭，有吸湿性，既可人用，又可兽用，是一种常用的杀菌药品。药性温和，可用于细菌性疾病的治疗，或用于长途运输时水体的消毒处理。

第二节　常见温带淡水观赏鱼的病害防治

一、金鱼的病害防治

1. 烂鳃病

金鱼患烂鳃病多由寄生虫寄生或细菌感染引起，根据病原分为以下几种情况：

（1）寄生虫烂鳃病　其病原体是指环虫或车轮虫，它们交叉感染，鳃部明显浮肿，鳃盖张开困难，严重时鳃丝局部溃烂，以至鳃软骨外露，鱼体呼吸困难，最终死亡。

【防治方法】①选用含量90%晶体敌百虫0.2g、硫酸铜0.2g、硫酸亚铁0.2g，混合放入10L水中，浸洗病鱼10～15min；②选用90%晶体敌百虫按0.2g/m³的浓度全池泼洒，每周用药1～2次，可有效杀死水中的寄生虫。

（2）黏孢子虫性烂鳃　其病原体是黏孢子虫，侵入健康鱼的鳃部，鳃丝失血导致大批死亡。黏孢子虫引起的烂鳃病比较少见。

【防治方法】①选用三年生枫杨树皮浸泡的汁液，吸取适量，放入10L水中，浸洗病鱼5～10min，多次用药方可见效；②可选用150g氨水，放入10L水中，浸洗病鱼5～10min，多次用药方可生效。

（3）黏球菌性烂鳃病　其病原体是黏球菌。病鱼鳃丝溃烂，并附有较多的白色黏液，严重时鳃丝被腐蚀成一个个小洞，软骨外露，死亡率很高。

【防治方法】①可选用3%～5%的高浓度食盐水，浸洗病鱼15～20min；②每立方米水体用福尔马林60g，浸浴病鱼15～20min。

2. 皮肤充血病

金鱼的皮肤充血病通常由三代虫、鱼鲺、鲤锚头（鱼蚤）所引起。三代虫寄生后，病鱼体表黏液分泌增多，出现不规则的线形白圈。鲤锚头（鱼蚤）寄生的体表红肿溢血，有时会继发感染成群的水霉菌，像束灰白色棉絮黏附于伤口。鱼鲺透明，外形似臭虫，病鱼体表有被鱼鲺的口刺和大颚刺伤或撕破的伤口，有时亦会有其它病菌的感染。

【防治方法】①选用含量90%晶体敌百虫0.5～0.8g，溶于10L水中，浸洗病鱼10～20min；②用含量90%敌百虫按浓度0.2g/m³，全池泼洒。

3. 白点病

其病原体是多子小瓜虫。当金鱼侵染上小瓜虫，病鱼的体表、鳃部、鱼鳍上出现许多点状胞囊，体表黏液明显增多。

【防治方法】①选用福尔马林15～30mL/m³，全池泼洒；②每亩水体使用250g鲜辣椒和100g生姜煎水全池泼洒；③加0.4%的食盐，水温升至28℃以上，3天后即可痊愈，草缸慎用。

4. 肤霉病

其病原体是水霉科中的水霉、棉霉、细囊霉和腐霉科中的腐霉引起。菌丝形态细长，一端似根状深扎于病鱼的皮肤或肌体，另一端突出于皮肤表层，呈灰白色，形似柔软的纤维，呈棉絮状附生于体表。患病初期，个体伤口四周红肿，皮肤黏液增多，患病后期，伤口处形成一丛棉絮状菌丝。

【防治方法】①用2g/m³高锰酸钾加1%食盐水合剂浸洗鱼体20～30min；②使用0.04%食盐水加0.04%小苏打合剂全池泼洒。

5. 腐皮病

腐皮病又叫打印病，是由点状产气单胞菌引起的鱼类疾病，是金鱼的常见疾病，主要流行于夏秋季。初期，在鱼体背鳍下方或臀鳍上方出现红斑，后扩大成圆形斑或卵圆形斑，其边缘光滑界线明显，很似烙印，继而表皮腐烂，严重时深及肌肉和内脏而死亡。一般是鱼体受伤后被细菌感染所致。

【防治方法】①可以红汞或高浓度高锰酸钾溶液擦洗或涂抹患部，隔日1次，3～4次即可治愈；②用2mg/L呋喃西林溶液浸浴病鱼10～20min，可获得较理想效果。

6. 金鱼焦尾病（又名气泡病）

金鱼鱼身侧转，常浮水面，尾鳍在烈日下晒焦起泡引发的焦尾病症状，重者可致死亡，轻者第二天鳍外周脱落，仅留鳍条，虽能长好，但色泽不一且鳍短。

【防治方法】应让金鱼在深绿水中过夏，给予遮阴，喂食定时，避免金鱼因不时上浮吃食而遭烈日照射。已发现焦尾症状，则应将鱼换到清水缸中敞露，一般过一夜便能复原。

7. 金鱼松鳞病

由水型点状极毛杆菌寄生可引起。病鱼鳞片局部或全身向外张开竖起，游动迟缓，有时腹部水肿，严重时2～3天便死亡。

【防治方法】①发病初期，及时养于浅水盆中，多见阳光，以增高水温，便可抑制病情发展；②把病鱼放入等量的2%食盐与3%碳酸氢钠混合水溶液中浸浴10min，每日2次，连续2～3日可愈；③在50L水中加入捣烂的蒜头250g，给病鱼浸浴数次，也可治病；④喂给拌入土霉素的饵料，身长12cm以上的大鱼每日喂60mg左右，直到治愈。

8. 金鱼指环虫病

金鱼鱼鳃肿胀、呼吸困难，是患了指环虫病。

【防治方法】①新买来的鱼可放入2mg/L高锰酸钾溶液中浸洗20～30min进行预防。②病鱼用0.2%～0.4%的晶体敌百虫或0.002%的敌百虫粉剂泼洒于缸中。

9. 胃肠病

病鱼初观体表无明显症状，须经多次细心观察，才能发现其精神呆滞，常停伏池底不动，体肌作短时间的抽搐，投饵不食，翻转鱼腹可见肛门附近红肿充血，肛门拖有一条黄或白色粪便，严重时轻压腹部会流出黄水或血水，最后出现溃烂、死亡。

【防治方法】①用0.1g呋喃唑酮拌面粉，搓成米粒状颗粒投喂，可取得良好效果；②用磺胺嘧啶1～2片，研成粉末拌入面粉中，搓成颗粒状投喂，疗效更好；③用3%～5%硫酸镁（泻盐）浸洗病鱼2～3次，对初发肠炎或消化不良引起的排泄受阻或顶食等均有治愈作用。

二、锦鲤的病害防治

1. 竖鳞病

病原体是水型点状假单胞菌。此菌是水体中的常见菌，当水质恶化或鱼体受伤时，鱼就会感染此菌。症状为病鱼体表粗糙，多数在尾部部分鳞片像松球似地向外张开，而鳞片基部的鳞囊水肿，内部积聚着半透明或含血的渗出液，以至鳞片竖起。在鳞片上稍加压力，即有液状物从鳞囊喷射出来，鳞片也随之脱落，有时伴有鳍基和皮肤表面充血、眼球突出、腹部膨胀等症状。病鱼游动迟钝，呼吸困难，身体侧转，腹部向上，2～3天后即死亡。初春发病率较高，水温高时则发病率低。幼鱼或成鱼都会得此病，在污染的池水中尤其易于发生。

【防治方法】①食盐5g/L水中饲养，停食3天，按每尾每天用磺胺嘧啶0.6g配饵投喂；

②用3%的食盐水浸洗鱼体10～15min；③用5mg/L硫酸铜溶液与2mg/L的硫酸亚铁和10mg/L漂白粉混合液浸洗鱼体5～10min；④按每千克鱼用磺胺二甲氧嘧啶100～200mg投喂，连续投喂4～5天。

2. 鳃腐病

病原体为柱状纤维黏细菌，又称鱼害黏球菌。经常在春、秋两季水温变化较大时发生，病情恶化极快，常造成鱼体大量死亡。将鱼鳃掀开观察，则可发现原为红色的鳃部呈灰白色或附着污泥或部分缺损，因此容易诊断。

【防治方法】①漂白粉1g/m³全池泼洒，此法用于室外大鱼池；②用力凡诺20mg/L浸洗，水温5～20℃时，浸洗15～30min，21～32℃时，浸洗10～15min，用于早期治疗效果显著；③用力凡诺0.8～1.5g/m³全池遍洒有特效。

3. 痘疮病

由疱疹病毒感染所引起。发病初期，体表或尾鳍出现乳白色小斑点，覆盖着一层白色黏液，以后逐步扩大，一直蔓延全身。病灶部位的表皮逐渐增厚而形成石蜡状的"增生物"，这些"增生物"增长到一定程度后，会自动脱落，接着又在原位置重新出现新的"增生物"。感染痘疮的病鱼逐渐消瘦，游动迟缓，食欲较差，常沉在水底，陆续死亡。

【防治方法】①用青霉素注射鱼体，用量为每尾5000IU，池中加注新水，随时抽取池底脱落物，改善水质；②强化秋季培养工作，加强营养，使锦鲤在入冬前有一定肥满度，增强抵抗低温和抗病的能力；③用土霉素5～10mg/L全池遍洒，预防痘疮病的发生；④肌肉注射左旋体氯霉素25mg/尾，再放入0.23mg/L氯霉素药液中浸浴数天，3天后病灶发生变化，7天后可见明显效果。

4. 烂尾病

烂尾病由柱状黏球菌引起，一年四季都有发生。其鳞片脱落、发炎、肌肉坏死、腐烂，尾鳍充血，鳍条散开成扫帚状，严重时整个尾鳍烂掉。病鱼仍活着，但锦鲤观赏价值降低。

【防治方法】①用龙胆紫涂抹鳍条破裂处，每天一次，连续3～5天，并结合皮肤发炎充血病的方法防治；②如果尾鳍烂掉一部分，应该用剪刀剪去，使鳍条平整，然后用上述方法处理，虽然观赏价值降低了，但可以留作亲鱼繁殖后代。

5. 肠炎病

病鱼食欲降低，行动缓慢，常离群独游；鱼体发黑，腹部膨大，肛门外凸红肿，挤压腹壁有黄红色腹水流出。

【防治方法】①每50kg饲料加韭菜1kg、食盐0.25kg、大蒜0.25kg或每15kg豆饼加韭菜5kg、大蒜0.5kg捣烂拌匀投喂；②在饵料中每千克拌入0.2g磺胺嘧啶投喂病鱼，连续5天；③对发病严重不摄食的鱼，可腹腔注射卡那霉素500～1000IU，3天即可。

第三节 常见热带淡水观赏鱼的病害防治

一、寄生虫病

1. 白点病

由多子小瓜虫侵入鱼体而引起，传染性很强。四季都可发病，但以秋冬多见。病鱼身上和鳍上会出现一个个白色小点，病鱼因痒常在石块、花盆、缸底侧身摩擦，如不及时治疗，会迅速传染给其它鱼，造成大批死亡。

【防治方法】①开启电热管将水温升至28℃，如原来水温低于25℃，升温要缓慢进行，以防水温短时间变化较大而鱼耐受不了，当水温升至28℃后，小瓜虫便会离开鱼体并很快死去，然后加入1%的食盐，3～4天即可治愈；②用5mg/L甲基蓝溶液浸洗病鱼，每天2次，每次1h；③用辣椒10g/m³水体和生姜7.5g/m³水体捣烂装袋，挂袋于药浴缸中，每日浸浴病鱼1～2h，或用用辣椒粉0.2g/m³水体、生姜1.2g/m³水体加水煎成辣椒汤，兑水泼洒；④用2mg/L亚甲基蓝溶液浸泡6h；⑤用0.05%～0.07%红汞溶液水浸浴病鱼5～15min；⑥将水温加至30℃，在水中按0.05g/L的浓度加入硫酸奎宁，隔7天后重复治疗一次，待痊愈后静置3h再恢复正常水温。

2. 鱼波豆虫病

病鱼早期无明显症状，当病情严重时，病鱼离群独游，食欲减退，游动缓慢。病鱼皮肤上呈现一层乳白色或蓝色的黏液，使鱼体失去原有的光泽。

【防治方法】①用2%的食盐水溶液浸洗病鱼5～15min；②用20mg/L高锰酸钾溶液浸洗鱼体20～30min。

3. 指环虫病

寄生于鱼的体表和鳃丝上，破坏鳃丝和体表上皮细胞，刺激鱼体分泌大量黏液，病鱼鳃瓣浮肿，灰白色。

【防治方法】用20mg/L高锰酸钾溶液浸洗鱼体，25℃以上时，浸洗10～15min。

二、真菌病

水霉病

热带鱼最易患的一种鱼病，由水霉菌引起，初患此症时并无任何症状，以后可看到鱼体上长出白毛。

【防治方法】①如病情尚轻，可用300W紫外线灯每天照射鱼缸20min，连续1周即可治愈；②用5%的食盐水浸洗病鱼，每天2次，每次10min，连续1周即可治愈；③五倍子按2～4g/m³的用量，捣碎，以开水浸泡，每日让病鱼药浴1～2h。

三、细菌病

1. 烂鳃病

由黏球菌引起，患病后除病鱼的通常症状外，可见头部变成黑色，鳃上附有一层黏液和污物，以后内外叶鳃丝先后腐烂，由红变白，甚至鳃盖也腐烂，最后死亡。

【防治方法】用2mg/L红霉素浸泡鱼体15min。

2. 赤皮病

病原体是荧光极毛杆菌，得病后鱼体表面发炎出血，鳞片脱落，鱼鳃充血，鳍条腐烂，严重时鳃盖表皮也会腐烂脱落，若不及早治疗，1周左右就会死亡。

【防治方法】用20mg/L高锰酸钾溶液，或3mg/L漂白粉溶液浸泡鱼及鱼缸，能起消毒杀菌的作用。

3. 竖鳞病

由极毛杆菌引起。此病传染性很强，但强壮而无损伤的鱼一般不会染上此病。得病后部分或全身鳞片竖起向外张开，并伴有烂鳃、鳍条甚至基部出血等症状，常会导致成批死亡。

【防治方法】①用40mg/L四环素溶液浸洗病鱼，每日2次，每次0.5h；②用5%的食盐水浸洗病鱼，每天2次，每次10min；③按0.8%的比例将食盐水洒进鱼缸，消毒杀菌；④用艾蒿根7.5g/m³水体，捣烂取汁加生石灰2.5g，调匀泼洒；⑤在50L水中加入捣烂的蒜头250g，每天浸洗病鱼1h；⑥用2%食盐水和3%的碳酸氢钠溶液混合，每天药浴2次，每次10min。

4. 棉口病

由柱状软骨球菌引起，因病鱼的口部周围长出一种棉花状的菌丝，故而得名。

【防治方法】①用5%的食盐水浸洗病鱼，每天2次，每次10min，1周可痊愈；②把病鱼浸入50mg/L的亮绿溶液中，每天一次，每次不超过1h；③用10mg/L土霉素溶液浸浴病鱼。

5. 烂鳍病

鱼鳍破损变色无光泽，伤口分泌黏液，腐烂处有异物，透明的鳍叶发白，并逐渐扩大由鳍边缘开始脱落，逐渐迫近鱼身，严重时鱼鳍残缺呈扫帚状或不能舒展，常导致鱼死亡。

【防治方法】①用20mg/L金霉素药浴2～3h，连续数天；②用5%食盐水浸泡病鱼，直至痊愈；③用15mg/L高锰酸钾浸浴病鱼10～15min。

四、物理性疾病

1. 感冒

水温在短时间内的变化超过4℃时，热带鱼会感冒，表现为食欲减退，游动缓慢，失去原有的色彩和光泽，严重时也会死亡。

【防治方法】将水温恒定在24℃，并在水箱中加入0.1%食盐，经数天即可痊愈。

2. 气泡病

由于水中溶解气体过多而引起，主要危害幼鱼，尾鳍吸附许多小气泡，影响鱼游泳及平衡。

【防治方法】①发现病鱼立即移入清水中饲养一段时间即可恢复正常；②用车前草10g/m³、生石膏10g/m³加水磨成浆液，遍洒于水体中，可防治气泡病。

第四节 常见海水观赏鱼的病害防治

一、原生动物疾病

原生动物是最原始和最低等的动物，形态简单，个体小得有时连肉眼都看不到，海水鱼最常见的原生动物感染病有大白点病和小白点病两种。

1. 小白点病

小白点病由卵圆鞭毛虫寄生而引起。患此病的鱼一般呈现出虚弱、行动迟缓及不时浮出水面的现象。主要因营养期虫体（寄生型）以根足深入鳃或其它部位，引起寄生部位细胞变性，伴随周围细胞组织发生浸润、胀肿，终至坏死、溃疡，严重的会发生二次感染。一般虫体寄生皮肤和鳍部时，不会致命，但大量寄生于鳃部，则因鳃部上皮细胞肿胀，压迫鳃血管，导致鳃部外观呈暗红或见微小白点分部于鳃丝间，更为严重时，会造成上皮细胞坏死，最终导致鱼窒息死亡。有时也可在咽喉黏膜下层组织、肌肉、肾脏、造血组织及肝脏附近的间膜发现寄生虫体。

此病主要发生在春末、夏初及秋季，环境水温一般在23～27℃，盐度为18‰～32‰，pH为7.3～7.8，硝酸盐浓度比较高时最容易发生白点病。

【防治方法】

①用紫外光照射，可以杀死卵圆鞭毛虫浮游期的幼虫。

②用硫酸铜处理，使用剂量应该严格控制在0.12～0.15mg/L之间。注意铜中毒的信号是鱼呼吸急促，躲在一边或眼球突出。若发现这些情况，应立即打开活性炭过滤器或在过滤器中加入适当的离子交换树脂。一般来说，如果用硫酸铜来治疗，应该持续7天才能生效。

③奎宁对卵圆鞭毛虫、二纤毛孢子虫也具有杀灭的功效，奎宁对鱼没有什么害处，较安全，而且也不会杀死具有过滤作用的硝化细菌。盐酸奎宁或硫酸奎宁按20mg/L的用量，将患病的鱼养在医疗水族箱内至少5天，每3天换一半药浴水，并按换水量追加盐酸奎宁或硫酸奎宁。

④用淡水配制成100mL/L福尔马林溶液浸泡1～5min。

2. 大白点病

海水观赏鱼的大白点病是由刺激隐核虫寄生而引起的。海水鱼大白点和小白点病与淡水鱼白点病很类似，但白点突起较大，分裂的胞囊也比卵圆鞭毛虫大得多。大白点也是最常见的海水鱼疾病。

由于营养型虫体潜入鱼体的鳃、皮肤、鳍条上的上皮细胞鳃受刺激，分泌大量黏液，外观上可见鳃部暗红，并有大量黏液分布于鳃丝间，鱼体常浮于水面，尤其是出口、入水口处，以获得更多的氧气。体表皮肤受刺激也产生大量的黏液，鱼体因摩擦箱底或装饰物，使鳞片脱落，体表皮肤红肿、出血，严重时因细菌二次感染，使鱼体表呈溃疡状。

【防治方法】与小白点病一样，最好维持10天左右的长期药浴。不要看到症状消失就马上把鱼放回旧箱中，因为漂游的病原虫仍然会再次侵袭病鱼。

二、病毒性疾病

淋巴囊肿病（俗称菜花病）

淋巴囊肿病是由鱼淋巴囊肿病毒（lymphocystic virus of fish）引起的鱼病。病鱼的头、皮肤、鳍、尾部及鳃上有单个或成群的珠状肿物，有时淋巴囊肿也可出现在肌肉、腹腔、心包、咽、肠壁、卵巢、脾、肝等的膜上。

淋巴囊肿病用药物处理很难有效果，一般采用手术方法，将鱼取出后用硬薄片刮除，或利用剪刀加以剪除，然后使用稀释的碘酒涂抹患部或涂抹抗生素粉预防细菌感染。这种治疗较为有效敏感，体弱的鱼也可以如此处理（碘酒可以加水以1:3稀释）。处理时，使用湿润的毛巾，小心握住鱼体，用过火的剪刀修剪患部，修剪完后涂碘酒时，小心别沾到鱼眼及鳃瓣，以免伤害鱼。剪除病原体和消毒完后，可以放回箱中，为避免二度感染，可用呋喃剂作预防保护之用。

三、细菌性疾病

正常鱼类的身体表皮和内脏都有细菌存在,而鱼类的生活环境也有很多机会与细菌接触。因此,鱼体受到外伤或环境突变而免疫力下降时,就极容易发生细菌疾病。当患细菌性疾病时,症状有起红色斑点、烂尾、烂鳍、体表溃疡、朦眼等。由于各种细菌的感染时间与发病程度各不相同,一定要仔细诊断,而大多是多种细菌混合感染的并发症。因此,必须进行细菌分离培养,才能作出正确的诊断。也可做抗生素敏感性试验,以求获得较佳的治疗效果。

1. 细菌性鳃病

病原菌是黏细菌,属于革兰阴性细菌。症状为病鱼鳃丝发白腐烂,鳃丝软骨外露,鳃丝附满污泥,此病与水质的好坏有很大关系,水温升高到28℃以上时,水中有机化合物增加,pH值下降,就容易发生此病。

【防治方法】把病鱼隔离,在水中加入新霉素或氯霉素(在每升水中加50mg),连续浸浴7天。

2. 细菌性溃疡病

病原体是布鲁菌属的嗜血菌,属于革兰阴性细菌。病症主要为皮肤溃烂,特别在颚的边缘和口的附近,另外烂鳍、烂尾也很常见。感染的途径大多由不洁的食物和水引起,成年的鱼类与幼鱼都会感染,死亡率则以幼鱼为最高。这种病症通常会与假单胞菌一起混合感染。

【防治方法】把病鱼隔离,用红霉素、新霉素或氯霉素药浴7天以上。

3. 败血症病

病原是假单胞菌,属于革兰阴性细菌。这是一种最普通但对海水观赏鱼影响最严重的细菌性疾病。此病大多发生在夏季水温升高、溶解氧含量低、饲养密度高的时候。鱼患此病,尚无适当的治疗方法,死亡率高达80%以上。主要病症是鱼体表皮肤溃烂和出血、朦眼、肛门红肿脱垂、腹水、内脏器官内有黄绿色积水,腹膜与内脏粘连,肝变黄绿色并有小出血点。诊断显示红细胞及血红素显著降低,有严重的贫血,白细胞增加而淋巴细胞反而减少,还有血糖、血球蛋白、血胆固醇和尿酸均降低。

【防治方法】保持清新的养殖水环境,隔离病鱼,在饲料中加呋喃唑酮喂饲病鱼。

4. 弧菌病

病原是弧菌,属于革兰阴性细菌,病症随受感染的鱼种而异,大多是鱼体表皮发炎红肿和溃疡、鳞片脱落、眼球突出和白浊、各鳍条发红充血。内部器官被侵袭,出现点状出血,尤其是肠道、肝脏和肾的病变明显。

【防治方法】用抗菌药浸泡结合内服,如用磺胺类、卡那霉素或链霉素等较好,在使用抗菌素治疗前,必须先确定有没有寄生虫感染。治疗时先把病鱼捞到医疗水族箱中,每升水中加13mg的氯霉素或新霉素,药浴7天,每天抽换一半水,并补充一半氯霉素或新霉素,使水一直保持原有药量,此法治疗效果良好。

5. 结核菌病

结核菌病病原是鱼结核杆菌,结核病是海水观赏鱼一种相当普遍的疾病,此病的死亡率甚高,当急性发病时,1~2天内可使全部鱼死亡而鱼体没有任何症状。但急性发病少,多为慢性发病。如在体外发病,症状是皮肤上有一块一块褪色的云斑,如在体内发病,内脏有黄色损伤，鱼发病时呼吸急促，失去食欲，经常躲在黑暗的角落里，鳍失去光泽并伴随溃烂、分裂，皮肤上会有瘤，眼睛突出，停浮于水面直至死亡。

【防治方法】发病初期，用四环素治疗有显著的效果。也可将鱼移至医疗水族箱，每升水中加入15mg的金霉素或氯霉素，药浴3～4天，每天换水1次，病情严重的鱼应早日隔离，避免其它健康鱼感染。用臭氧消毒或者用紫外光照射也是比较有效的治疗方法。

6. 凸眼症

病鱼眼睛突出，眼球白浊，甚至单眼或双眼脱落。其病因据观察分析，主要因为捕捞、运输和饲养管理不当，受伤引起继发性细菌（弧菌、假单胞杆菌）感染所致。

【防治方法】用15mg/L氯霉素的药液浸泡，也可以用5～10mg/L吖啶黄液体浸泡，再结合药饵投喂，效果更理想。可添加抗生素、鱼肝油或综合维生素制成药饵。还可采用眼疾灵素或海宝爱斯拉奇。当鱼不吃饵时，将眼疾灵素或爱斯拉奇用蒸馏水溶解，再用滴管注入病鱼口中，连续几天，效果颇佳。

四、真菌（霉菌）性疾病

对于鱼具有病原性的霉菌有以下几种。

1. 霍氏点霉菌

霍氏点霉菌是对鱼感染分布最普遍的一种霉菌。它可以侵入鱼体的任何器官，引起感染，体色呈粗糙状，且为淡黄色，体重减轻。当病菌侵入大脑后，鱼脑失去平衡，身体出现小孔，就无法救治。

【防治方法】早期可以用淡水浸泡的方式，每日2～3次，应注意医疗水族箱与原水族箱水的温度要相同，避免因温差过大而生病。高质量的食物和良好的环境是避免真菌感染的基本要素。用苯氧基乙醇加入饵料中投喂能有效地治疗和预防。受到感染的鱼必须隔离，避免其它鱼感染。

2. 霉菌

这种菌专门危害鱼的内脏器官，海水鱼患这种病的不多。

【防治方法】无特效药，可用臭氧消毒，紫外光照射杀菌。

3. 腐霉菌

此种病菌对海水鱼、淡水鱼都会感染，基本为继发感染（伤口感染）。患病鱼体上遍生白毛，霉菌深入肌肉组织中，病鱼呈狂躁不安的状态，皮肤分泌黏液增多，鳞片出血，运动失调，食欲不振，有时可看到肌肉溃烂，久之则消瘦死亡。

【防治方法】用0.08～0.1mg/L孔雀绿药液浸泡，提升水温。

一般来说，霉菌病与环境关系极大，大多在饲养半年以上的旧海水水族箱里发生，极少在新鲜海水的水族箱里发现。每4～6个月清洗一次水族箱，经常性地补充部分新鲜海水，尽可能避免鱼体受伤，基本上可以避免这些霉菌病的发生。

五、甲壳类寄生虫感染病

在自然界中，寄生在鱼体上的甲壳动物主要有鳃尾类、桡足类和等足类。如水蚤、鱼虱、锚虫等。它们损害鱼体的情况可分为局部性与全部性两种。

（1）局部性感染症状　鳃部感染虫体，引起鳃丝内血管堵塞，发生贫血性坏死，影响鱼体的氧交换；使皮肤黏液增多，食欲减退，随后体侧皮肤腐烂，露出肌肉，鱼体逐渐衰竭死亡；损坏感觉器官，如鼻孔、眼等；损坏骨骼器官；损坏内脏器官。

（2）全身性感染症状　体重减轻；成长速度放慢，通常被感染的鱼个体小于正常鱼；造成代谢方面的障碍；造成繁殖上的障碍，某些寄生虫能在生殖腺上寄生，而形成机械性障碍或分泌毒液，使生殖腺的机能受抑制或完全丧失。

【防治方法】
①用1g敌百虫溶于1000L水中，浸浴30min。
②用0.01mg/L高锰酸钾溶液浸浴10min。

六、其它疾病

1. 外伤

捕捞时因渔网摩擦或是运输过程中鱼群相互打斗都是引起外伤的原因。外伤一般出现在眼球、吻端以及各鳍的前缘等部位。损伤程度不大则肉眼分辨不出，严重者伤及皮下组织、肌肉、鳍基部等。外伤一般直接擦药处理，预防细菌所引起的二次感染，效果很好。

将鱼饲养在清洁的水质中，则轻微的外伤会自然痊愈，严重的可用杀菌剂进行药浴，防止二次感染。此外，饲喂营养成分高的饵料，以使受伤的鱼能够尽早恢复体力。

2. 休克

从大海里捞捕上岸的鱼，要经运输、转换多次环境才能到达养殖者的水族箱。有时会发现有些鱼在水族箱中背鳍伸张、身躯僵硬地躺在鱼箱中不动了，这种情形是因为过度的惊吓或是水质水温差异太大等原因引起的休克。此时必须对鱼进行水中人工呼吸抢救，先将休克的鱼捞出，用拇指将竖立的背鳍硬刺往后按捺，食指、中指按下腹鳍握住鱼体，这时僵硬的鱼体会松软下来。用另一手拨开鱼嘴，对准排水口将海水灌入口中（或用吸管将海水喷入口中），每隔1～2s轻轻按压鳃盖1次，如果经40～50s处理仍未见鳃盖张动时，握住鱼体在海水里作快速的左右摆动5～6次，再使海水流入口中，反复抢救直到鱼鳃能自行开合为止，然后将鱼体放入箱底流水良好的位置等候苏醒，自己游走。一般可在3min内救醒，但也有抢救十几分钟才救活的例子。

炮弹鱼休克僵硬时，无法直接将硬长背棘按倒下来，必须先把后面的短棘按倒后，才能按倒第一长棘。

3. 减压不良症

海水观赏鱼的生命力很强，但人们往往反映海水观赏鱼寿命不长，其实很主要的原因是减压不良的后遗症。在正常情形下，鱼由深水到水面，鱼体调节气压需6～8h，将鱼按正规的减压途径慢慢送上来水面，海水观赏鱼的寿命就会很长。但海水观赏鱼被捕获以后，因人为造成的鱼体快速上升，使鱼体无法及时排除气鳔内的气压来适应急速递减的水压，结果鱼鳔膨胀起来，强大的压力会把鱼的内脏压扁，压力加大时，有些内脏会从肛门挤出来。有些紧闭肛门的鱼体，压力会挤向头部，双眼被挤突出来。这些鱼无论其内脏是否有损伤，都能恢复正常的外形且能维持非常持久的正常游动。因此，减压不良的鱼，从外形和游泳情况实在很难辨别，但大部分会有内出血、肿胀、突眼和内伤导致的拒食症以及其它后遗症。

思考题

1. 诱发观赏鱼发病的因素有哪些？
2. 如何预防观赏鱼病害的发生？
3. 如何对病鱼进行诊断？
4. 防治观赏鱼病害的常用药物有哪些？
5. 金鱼皮肤充血病的发病原因与治疗措施是什么？
6. 锦鲤肠炎病的防治措施有哪些？
7. 热带淡水观赏鱼的常见细菌性病害有哪些？
8. 热带淡水观赏鱼的常见寄生虫病害有哪些？
9. 海水观赏鱼的常见细菌性疾病有哪些？
10. 海水观赏鱼真菌病的防治措施有哪些？
11. 海水观赏鱼的常见寄生虫病害有哪些？

参考文献

[1] 张绍华，郁倩辉，赵承萍. 金鱼、锦鲤、热带鱼. 北京：金盾出版社，1993.
[2] 王吉桥. 水生观赏动物养殖学. 北京：中国农业出版社，2003.
[3] 于静涛. 怎样养好热带鱼. 北京：海洋出版社，1997.
[4] 蒋青海. 观赏鱼饲养大全. 南京：江苏科学技术出版社，2001.
[5] 陈有光. 观赏鱼养殖与疾病防治. 济南：山东科学技术出版社，2001.
[6] 肖光明，黄兴国. 健康养殖技术问答丛书——观赏鱼. 长沙：湖南科技出版社，2008.
[7] 刘洪声，周文军，张龙波. 观赏鱼完全手册. 上海：上海科学技术出版社，2008.
[8] 李素梅. 实用养金鱼大全. 北京：中国农业出版社. 2001.
[9] 陈昌福、李莉. 观赏鱼饲养与疾病防治. 北京：中国农业出版社. 2000.
[10] 占家智. 观赏鱼养护管理大全. 沈阳：辽宁科学技术出版社. 2004.
[11] 成美堂出版编辑部. 世界热带鱼&水草名鉴. 章亚莉译. 北京：中国轻工业出版社，2007.
[12] Keith Holmes等. 可爱的锦鲤. 杨桂文，温武军，邵占涛译. 济南：山东科学技术出版社，2007.
[13] 伯尼斯•布鲁斯特等. 锦鲤百科. 王彩虹，王可洲，刘环，李宁译. 北京：中国农业出版社，2004.